Aus Liebe
zu den Pferden

MARK RASHID

Aus Liebe zu den Pferden

MEINE BEGEGNUNGEN MIT CHARAKTERPFERDEN

KOSMOS

Inhalt

Für all jene, die vor uns kamen und all jene,
die nach uns kommen.

Vorwort

Mark Rashid beginnt das vorliegende Buch damit, dass er auf sein erstes Buch »Considering the horse...« (dt. Titel: »Der auf die Pferde hört...«) zurückschaut. Er berichtet, dass sein erstes Werk Gefahr lief, nicht veröffentlicht zu werden und wie er sich behaupten musste, um den Titel beibehalten zu können.

»Considering the horse ...« hätte ebenso gut ein passender Titel auch für dieses Buch sein können. Darin teilt er mit uns die gesammelten Erfahrungen eines nahezu halben Jahrhunderts mit zahlreichen Problemlösungen und Lernprozessen.

Er erklärt zudem, dass er beim Schreiben seines ersten Buches keine Schritt-für-Schritt-»Bedienungsanleitung« verfassen wollte. Dem aufmerksamen Leser wird nun nicht entgehen, dass dies exakt für das vorliegende Buch gilt. Es ist kein Buch mit einer schrittweisen Anleitung, sondern es enthält Lehrstunden, die Sie führen und zum Nachdenken in Bezug auf Ihren eigenen Weg mit Pferden anregen.

Es zeigt, wer Mark ist und wie er sein Leben führt. Wenn Sie ihn auf dieser Reise durch mehrere Jahrzehnte mit Pferden begleiten, werden Sie sehen, wie die Prinzipien der Kampfkunst Aikido und ihre Adaption für Pferdemenschen, Aibado, eine innere Stille und Sanftheit fördern, die seine Arbeit mit Pferden und das Unterrichten geprägt haben.

Während Sie Marks Worte lesen, erkennen Sie, dass er es vermochte, sich einen »offenen und fragenden Anfängergeist« zu erhalten, was sehr schwierig ist, wenn man es so weit gebracht hat wie er.

Diese Seiten stellen den Mentor aus Marks Jugendjahren, Walter (»der alte Mann«), in einer Art und Weise vor, wie man es nicht erwartet. Falls jemals eine Aussage Mitgefühl und Menschlichkeit in der Zusammenarbeit mit Pferden versinnbildlicht hat, dann wäre Walters Kommentar: »Und wie, glaubst du, fühlt sich das Pferd jetzt damit?« Das gleiche Wohlwollen, ruhig und bedächtig im Umgang mit Pferden, ist durch das gesamte Buch hindurch fühlbar.

Ich habe die Diskussionen mit Mark intensiv genossen und bin beeindruckt von seinem unstillbaren Wissensdurst. Er zeigt alle Merkmale eines guten Wissenschaftlers. Beim Lesen dieses Buches erkennen Sie, wie er zu jeder Zeit hinterfragt, beobachtet und lernt und dabei bescheiden bleibt – ganz ohne Ego. Er möchte um des Pferdes willen mehr wissen, für sich und auch für seine Schüler und Leser.

Ich denke, dieses Buch stellt das wichtigste Werk dar, das Mark bisher geschrieben hat. Es lohnt sich sehr, diese Seiten zu lesen, denn sie beinhalten durchweg aufschlussreiche und tiefgründige Lehren. Was würden Sie denn anderenfalls von einer guten »Bedienungsanleitung« erwarten?

Dr. Steve Peters, Master of Science … (…)

Co-Autor des Buches »Evidenzbasiertes Horsemanship« mit Martin Black

Vor einer Weile wollte ich etwas aus dem Lagerraum in der unteren Etage holen. An der Wand, die denselben von unserem Gästezimmer trennt, hängt ein schön gerahmter Abzug von meinen zwei ersten Buchtiteln »Considering the Horse« und »Ein gutes Pferd hat keine schlechte Farbe«. Ich könnte nicht ansatzweise sagen, wie oft ich in den letzten Jahren daran vorbeigegangen bin, aber ich weiß, es war so oft, dass ich nur selten, wenn überhaupt, noch hinschaue. An einen Tag im Frühjahr 2021 jedoch, da hatte ich das Gefühl, eine Pause einlegen zu müssen, um dieses gerahmte Bild anzuschauen.

Mir gingen eine ganze Reihe Gedanken durch den Kopf, während ich dort stand. Zunächst fiel mir auf, wie gut die Handarbeit dieses Rahmens über die Jahre erhalten geblieben war. Dieser war von einem Freund hergestellt worden, der damals eine Werkstatt für Bilderrahmen bei uns in der Stadt hatte. Er brauchte beinahe einen Monat, um den Rahmen fertigzustellen. Dann dämmerte mir, dass sowohl der Freund als auch die Werkstatt schon seit mehr als zwanzig Jahren der Geschichte angehörten.

Die Erkenntnis, dass mein Freund schon so lange verstorben war, ließ mich realisieren, dass mein erstes Buch »Considering the Horse« nun auch schon vor über 20 Jahren erschienen sein musste. Aber wie konnte das sein? Es schien, als hätte ich es erst wenige Monate zuvor geschrieben. Während ich also »Considering the Horse« im Rahmen ansah, begann ich zu rechnen: Wir hatten den Rahmen in Auftrag gegeben, als »Ein gutes Pferd hat keine schlechte Farbe« gerade erschienen war, und mein Freund verstarb 1997. Das bedeutet, der Rahmen war vermutlich 1996 hergestellt worden. »Considering the Horse« erschien zwei oder drei Jahre früher, was bedeuten würde, das Erscheinungsjahr müsste 1993 gewesen sein.

Sollte das wahr sein? Ich ging die Treppe hinauf zu dem Bücherregal, wo Crissi die Bücher aufbewahrt, die wir beide geschrieben haben und überprüfte das Erscheinungsjahr im Einband von »Considering the Horse«. Tatsächlich, es war 1993 erschienen. Das bedeutete, dass das Buch bald 30 Jahre alt werden würde!

Ich begann darüber nachzudenken, wie dramatisch sich mein Leben mit der Veröffentlichung dieses kleinen Buches verändert hatte. In den folgenden Wochen überlegte ich mir, wie ich den bevorstehenden Jahrestag feiern könnte. Ein weiteres Buch zu schreiben kam dabei zunächst nicht infrage. In den letzten Jahren habe ich mich vom Schreiben von Sachbüchern abgewendet und meine Energie auf das Verfassen von Drehbüchern für Filme verwendet, davon ist eines vor Kurzem in die Entwicklungsphase eingetreten.

Je mehr ich darüber nachdachte, umso klarer tendierte ich zur Möglichkeit eines Jubiläumsbuchs (in Ermangelung eines besseren Begriffs). Zwei große Fragen tauchten auf. Die erste war: Hätte ich überhaupt etwas zu sagen, das für einen Leser von Wert wäre? Die zweite war: Wenn ich etwas zu sagen hätte, würde es ausreichen, um ein ganzes Buch zu füllen?

Es dauerte nicht lange und ich fing an, ein paar Ideen zu notieren, von denen ich dachte, dass sie für die Leute interessant sein könnten. Aus diesen wiederum entstand eine Skizze und aus derselben ergab sich schließlich das Buch, das Sie jetzt in Händen halten.

In diesem Werk sind viele wichtige Konzepte, Prinzipien und sogar wissenschaftlich fundierte Informationen enthalten, die einen großen Einfluss auf meine Arbeit mit Pferden (und Menschen) hatten. Vieles davon finde ich sehr aufregend und hoffe, Sie finden es ebenso spannend und hilfreich für Ihren eigenen Weg des Horsemanship.

Dieses Buch enthält auch einige Geschichten, die den Lesern meiner Bücher aus der Vergangenheit vielleicht bekannt vorkommen. Das ist gewollt. Es gibt bestimmte Erfahrungen in unserem Leben, auf die wir im Nachhinein zurückblicken und verstehen, wie diese Momente zu wichtigen Prüfsteinen oder Wendepunkten wurden, die uns zu dem gemacht haben, was wir heute sind.

Ich glaube nicht, dass es gut ist, zu sehr in der Vergangenheit zu leben, aber ich glaube, dass ein gelegentlicher Rückblick auf die wichtigen Momente im Leben eine gesunde Erinnerung sein kann – nicht nur daran, wo wir gewesen sind, sondern auch wohin wir gehen werden. Das gibt uns hoffentlich auch die Möglichkeit, diese vergangenen Momente aus einer neuen Perspektive des Wachstums und des Lernens zu erleben.

Denn was wäre ein Jubiläumsbuch, wenn wir nicht zumindest ein wenig in Erinnerungen schwelgen würden?

Ich danke Ihnen, dass Sie »Aus Liebe zu den Pferden« in die Hand genommen haben, und ich wünsche Ihnen allen Frieden, Gesundheit und Glück.

Mark Rashid
Estes Park, Colorado

EINLEITUNG

Das Buch, das beinahe nicht erschienen wäre

Im Sommer 1991 zwischen zwei Ranch-Jobs kam ich auf die Idee, eine kleine Reitschule zu gründen, um mit dem Einkommen meine Rechnungen besser bezahlen zu können. Es war nichts Besonderes, nur fünf oder sechs Schüler, die meisten mit begrenzter Pferdeerfahrung, und alle suchten nach Möglichkeiten, besser zu werden.

Wenn du an die Weggabelung kommst, nimm sie!

YOGI BERRA

Die von uns verwendeten Pferde stammten vom BLM (Bureau of Land Management) Mustang-Programm. Es waren Tiere, die kürzlich in Nevada zusammengetrieben und in das Gefängnis von Cañon City in Colorado gebracht wurden, wo die Insassen lernen sollten, sie zu handhaben und zu trainieren. Ich hatte den Programmverantwortlichen etwa ein Jahr zuvor bei einer zufälligen Begegnung kennengelernt.

Es war auf einer kleinen Pferdeausstellung in Denver, wo man mich bat, eine Vorführung mit Mustangs zu geben, die vom BLM bereitgestellt wurden. Er gab mir nach der Vorführung seine Visitenkarte, und ich benutzte sie, um anzurufen und zu erfahren, ob ich ein paar Pferde ausleihen könne, um sie für meine angehende Reitschule zu verwenden. Er kam meinem Wunsch gerne nach.

Ungefähr zwei Monate nach Beginn des Programms kam eine der Schülerinnen, eine Frau namens Julie, nach dem Unterricht zu mir und erwähnte, dass ihr Mann darüber nachdenke, sein Pferd zu verkaufen. Sie fragte, ob ich kommen und mir den Wallach ansehen und ihnen sagen könne, wie viel er meiner Meinung nach wert wäre. Ich sagte zu, an diesem Abend vorbeizuschauen, und so kam es, dass ich mich mit Halfter und Seil in der Armbeuge in ihrem Pferdeauslauf wiederfand und zusah, wie der große Palomino nervös durch den Innenbereich des Auslaufs stürmte.

»Wie ich schon sagte«, bemerkte Julies Ehemann Scott, als das Paar direkt vor dem Zaun stand, »er ist manchmal ein bisschen schwer einzufangen.«

Das Pferd namens Max flitzte um die wenigen Ponderosa-Kiefern herum, die in dem Bereich wuchsen, stampfte mit den Füßen auf der Rückseite eines dreiseitigen Unterstands, in dem eine Fuchsstute stand und träge mit ihrem Schweif Fliegen verscheuchte, tauchte hinter dem Unterstand auf und rannte bockend und pupsend zum anderen Ende der Umzäunung. Bevor ich etwas tun oder sagen konnte und ohne jegliches Zögern von seiner Seite drehte er sich um und wiederholte genau den gleichen Weg, den er gerade genommen hatte, mit der gleichen Geschwindigkeit und Intensität.

Ich stand da und beobachtete, wie Max auf diese Art und Weise einige Minuten lang herumraste. Als er näherkam, trat ich vor ihn, was dazu führte, dass er anhielt, sich drehte und in die entgegengesetzte Richtung lief, wobei er dasselbe Muster rückwärts wiederholte. Nach ein paar Runden in diese Richtung trat ich wieder vor ihn. Er bremste scharf, drehte sich und rannte für ein paar Runden in die ursprüngliche Richtung zurück, bevor ich wieder vor ihn trat. Das ging noch ein paar Minuten so, bevor er schließlich einfach stehen blieb und mich näherkommen ließ.

Wie sich herausstellte, war das Eingefangen werden nicht das einzige, womit Max zu kämpfen hatte. Hatte man ihn eingefangen, wollte er nicht aufgehalftert werden. Wurde er dann gehalftert, wollte er beim Führen nicht folgen. Sobald er folgte, stellten wir fest, dass er Grenzen nicht verstand und in die Führperson hineinlief. Nach alledem wollte er nicht stillstehen beim Aufsatteln. Sobald er gesattelt war, ließ er den Reiter nicht mehr aufsteigen. Nachdem der Reiter saß, ging er nicht vorwärts. Und sobald er ein einmal vorwärts ging, hielt er nicht wieder an.

In fast jedem Fall, in dem er unerwünschtes Verhalten zeigte, schien es, als müssten wir uns nur darüber im Klaren sein, was wir wirklich von ihm wollten. Dies bewirkte in der Regel innerhalb weniger Minuten eine positive Veränderung bei ihm. Von Anfang an zeigte sich, dass er ein williges Pferd war, aber einfach verwirrt darüber, was man von ihm erwartete.

Nachdem wir die Missverständnisse ausgeräumt hatten, wurde Max nicht nur viel ruhiger, sondern auch für die meisten Aufgaben sehr zugänglich. Wenige Stunden später, nachdem er gesehen hatte, wie angenehm sein Pferd in Wirklichkeit war, entschied Scott, dass er es doch nicht verkaufen würde. Er wollte Max behalten und sehen, ob er es schaffen könne, dass die Dinge zwischen ihm und seinem Pferd ein wenig besser laufen würden.

Julie und Scott folgten mir zu meinem Truck, als ich mich zum

Aufbruch fertig machte. »Hast du jemals darüber nachgedacht, ein Buch darüber zu schreiben, wie du mit Pferden arbeitest?« fragte Scott scheinbar aus heiterem Himmel.

Ich kannte Scott erst seit ein paar Stunden, aber während dieser Zeit wurde mir bewusst, dass er einen etwas trockenen Humor hatte. Als er die Frage stellte, nahm ich einfach an, dass er scherzte. Ich stieß instinktiv ein kleines Kichern aus, sowohl über das, was ich als einen Witz wahrnahm, als auch über die Idee, dass irgendjemand auch nur im Entferntesten daran interessiert sein könnte, ein ganzes Buch darüber zu lesen, wie ich mit Pferden arbeite.

Anders als sonst, wenn er einen Witz machte, folgte darauf dieses Mal jedoch kein angedeutetes Lächeln. Mein Kichern verebbte, als mir klar wurde, dass er es vielleicht ernst meinte.

»Ein Buch?«

»Ich habe die Artikel gelesen, die du für »Western Horseman« geschrieben hast«, sagte er. »Ich mochte sie.«

»Ah, die Artikel im Magazin ›Western Horseman‹.«

Ein paar Jahre zuvor arbeitete ich als Manager für den Tierbestand bei einer der lokalen Gästeranches und stellte zur Aushilfe in der Herbst- und Wintersaison einen Burschen namens Matt Bowers ein. Wie sich herausstellte, war dieser ein ziemlich gut vernetzter Marketingleiter, der sich zwischen zwei Marketingjobs befand und auf der Suche nach einer Aushilfsarbeit mit Pferden war.

Es war Matts Idee, nachdem er mir bei der Bewältigung eines Problems mit einem Pferd in Schwierigkeiten zugesehen hatte, einen Artikel für das Western Horseman-Magazin darüber einzureichen, was ich getan hatte, um dem Tier zu helfen. Es stellte sich heraus, dass er den leitenden Redakteur des Magazins kannte und nach einer telefonischen Einleitung und einer Erklärung, was ich mit dem Pferd gemacht hatte, stimmte der Redakteur zu, sich eine Probe anzusehen. Also habe ich den Artikel geschrieben und abgeschickt. Dieser wurde nicht nur in der Zeitschrift veröffentlicht, sondern der Herausgeber gab mir auch eine Liste mit mehreren anderen Themen, über die ich schreiben sollte, die es ebenfalls alle in die Zeitschrift geschafft haben.

»Ich habe nie daran gedacht, ein Buch zu schreiben«, sagte ich zu Scott.

»Das solltest du«, erwiderte er. »Und wenn ja, kann ich helfen.«

Es stellte sich heraus, dass Scott einen eigenen Verlag besaß, der teilweise unter einem größeren arbeitete. Diese Firma hatte ihren Standort ganz in der Nähe in Boulder und konzentrierte sich bis zu dieser Zeit hauptsächlich auf historische Bücher über den Westen der USA. Die Leute dort suchten nach Titeln, die ihnen helfen sollten, auf dem Pferdebuchmarkt Fuß zu fassen, und Scott dachte, ein Buch von mir könnte genau das sein, wonach sie suchten.

»Danke«, sagte ich, als wir uns die Hände schüttelten und ich in meinen Truck stieg. »Das werde ich auf jeden Fall im Hinterkopf behalten.«

Und das war es dann. Kaum hatte ich die Einfahrt verlassen, vergaß ich die Idee wieder. Um ehrlich zu sein war mein Kopf mit dringenderen Dingen beschäftigt, beispielsweise wie ich meinen Lebensunterhalt verdienen sollte, wenn der Sommer zu Ende ging und meine viermonatige Reitschule vorbei war. Klar, ich hatte fast immer Privatkunden, die Unterricht oder Training suchten. Aber die Arbeit war bestenfalls sporadisch und wurde noch seltener, sobald das kalte Wetter einsetzte.

Nicht, dass es mir viel ausmachte, wenn man bedenkt, dass ich damals fast so viel meiner Zeit an Kunden verschenkte wie ich ihnen berechnete. Das empfand ich nur als fair, da ich oft meine eigenen (manchmal steilen) Lernkurven durchlief, wenn es um Training und Unterricht ging. Trotzdem, die Praxis, Zeit zu verschenken, war finanziell nicht besonders hilfreich, besonders mit einer Frau, drei kleinen Kindern und vielen offenen Rechnungen.

Dann, eines Abends, ungefähr zwei Wochen, nachdem ich Scott getroffen und Zeit mit seinem Pferd verbracht hatte, klingelte das Telefon. Das war noch zu einer Zeit, als Telefone an der Wand hingen und man sie physisch abnahm, um herauszufinden, wer in der Leitung war. Handys steckten noch in den Kinderschuhen und lebten größtenteils in schwarzen Taschen, die so viel wogen wie ein kleines Kind, so viel Platz einnahmen, dass man auf der Sitzbank eines Pickups keinen Beifahrer haben konnte, und man nur am Dienstagnachmittag und Donnerstagmorgen ein Netzsignal bekam, solange das Wetter gut war und kein Baum, keine Parkbank oder kein Hund in der Nähe das Signal störte.

»Hallo?«

»Spreche ich mit Mark?« fragte die Stimme am anderen Ende der Leitung.

»Ja.«

»Hier ist Scott, du hast vor ein paar Wochen mit meinem Pferd Max gearbeitet.«

»Oh ja. Hallo Scott. Alles okay?«

»Alles ist gut«, sagte er mit einem Lächeln in der Stimme. »Max und ich verstehen uns super.« »Gut. Freut mich zu hören …«

»Der Grund, warum ich anrufe«, unterbrach er, »ist, zu hören, ob du noch weiter darüber nachgedacht hast, dieses Buch zu schreiben.«

»Buch?«

»Ja, worüber wir gesprochen haben, als du hier warst.«

»Ähm … nein, ich habe nicht darüber nachgedacht …«

»Ich habe morgen ein Treffen mit dem Verleger in Boulder, wenn du also ein Exposé fertig hast, würde ich es mitnehmen und ihnen anbieten.«

Ich hatte kein Exposé. Tatsächlich wusste ich nicht einmal, was ein solches ist, geschweige denn, wie man eines erstellt. Außerdem war ich kein Schriftsteller. Warum versuchte dieser Typ, mich zu überreden, einer zu werden? Ich hatte nicht vor, ein Buch zu schreiben. Ich war ein Pferdemensch. Leute, die Bücher schreiben, sind schlau sowie artikuliert und haben normalerweise etwas Kluges zu sagen. Ich hatte keine dieser Eigenschaften.

Das war zumindest das Ergebnis meiner mentalen Gymnastik in dem Moment zwischen unseren Sätzen.

»Ich bin kein Schriftsteller.«

»Doch, bist du. Ich habe deine Artikel gelesen.«

»Einen Artikel zu schreiben ist eine Sache, ein Buch zu schreiben etwas ganz anderes.« Ich sagte dies mit der Autorität eines Menschen, der von beidem sehr wenig wusste.

»Schreiben ist Schreiben«, lautete seine Antwort.

»Aber …«

»Wie wäre es damit: Was sind die Eigenschaften eines Pferdebuchs, das du lesen möchtest?«

Ich musste innehalten und nachdenken. Ich hatte in letzter Zeit wenige Pferdebücher gelesen und verlor ziemlich schnell das Interesse an denen, die ich zu lesen versuchte, weil sie eine Art Schritt-für-Schritt-Lehrbuch waren, für die ich nie eine Vorliebe entwickelte.

»Kein Ratgeberbuch«, sagte ich. »Ich mag Bücher, die Geschichten erzählen – der Art, wie James Herriot sie geschrieben hat.«

»Okay«, sagte Scott. »Was ist mit Grafiken im Buch? Ja oder nein?«

»Die Illustrationen in den Büchern von Will James haben mir schon immer gefallen.«

Für diejenigen, die es vielleicht nicht wissen: James Herriot war ein englischer Tierarzt, der eine Reihe von anekdotischen Büchern mit erlebten Geschichten von den 1930er bis 1950er Jahren schrieb. Er war einer meiner Lieblingsautoren. Will James war ein Cowboy, Schriftsteller und Künstler. Die meisten seiner Texte stammen aus den 1920er und 30er Jahren. Eines seiner besten Bücher war meiner Meinung nach Smokey the Cowhorse.

»Was ist mit dem Thema?« fragte Scott.

»Das kann so ziemlich alles sein, was mich interessiert.«

»Was ist mit Problemlösungen?«

»Ja, schon möglich.«

»Ich denke, die Pferdewelt braucht ein Problemlösungsbuch.« Damit kehrte das Lächeln in seine Stimme zurück. »Ich hatte keine Ahnung, dass Max missverstanden hatte, was ich wollte. Ich dachte, er hasst mich. Ich wette, es gibt viel mehr Leute da draußen, die genauso über ihre Pferde denken – aus den gleichen Gründen.«

»Ja, vielleicht.« Ich merkte, wie ich zustimmend nickte.

Damals wusste ich noch nichts davon, aber das Gespräch, das nun folgte, sollte letztendlich tiefgreifende Auswirkungen auf mein Leben und meine Zukunft haben. Aber so laufen die Dinge eben manchmal.

In den nächsten zwei Stunden arbeiteten Scott und ich den Rahmen für das aus, was letztendlich mein erstes Buch werden sollte – »Considering the horse: Geschichten über gelöste Probleme und gelernte Lektionen«, obwohl die Titelfindung ein ganz anderer Prozess werden sollte, der erst viel später folgte.

Als wir unser Gespräch an diesem Abend beendeten, besaß Scott die gesamte Gliederung, die er brauchte, um sie am nächsten Tag dem Verlag vorzustellen. Er rief mich am folgenden Abend an, um mir mitzuteilen, dass der Verlag interessiert sei, aber vor einer Zusage, müssten sie zuerst mindestens zwei vollständige Kapitel sehen.

Ungefähr zu diesem Zeitpunkt begann für mich die Realität der Situation zu dämmern. Ich war zugegebenermaßen während unseres Gesprächs am Vorabend von Scotts Enthusiasmus gefangen und redete mir ein, dass ich definitiv ein Buch schreiben könnte. Verdammt, warum nicht? Je länger wir redeten, desto begeisterter war ich von der Idee. Natürlich ist es immer leicht, sich für eine Idee zu begeistern, wenn keine echten Karten im Spiel sind.

Aber jetzt, mit der Nachricht, dass ein Verleger tatsächlich daran interessiert war, dass ich ein richtiges Buch schreibe, schienen die Dinge sehr schnell sehr real zu werden.

Ich schlief in dieser Nacht nicht viel. Ich wälzte mich hin und her und machte mir Sorgen, ob ich das Zeug dazu haben würde, dieses Ding zu schreiben. Ich stand auf und ging umher, öffnete diesen nochmals und schaute hinein, lief noch etwas umher, öffnete den Kühlschrank wieder, setzte mich auf die Couch, starrte aus dem Fenster, ging auf dem Flur auf und ab, schaute wieder in den Kühlschrank.

Und dann, irgendwann zwischen Mitternacht und etwa drei Uhr morgens, wurde mir etwas bewusst. Seit ich klein war, glaubte ich immer daran, dass ich alles tun könnte, was ich mir in den Kopf gesetzt habe – von Schlagzeug- und Gitarrenunterricht über Fallschirmspringen, den Bau meiner eigenen Saiteninstrumente bis hin zur Nachverfolgung der Lewis-und-Clark-Expedition auf dem Missouri River in einem Kanu; Kampfsportler, Körpertherapeut für Pferde und sogar Tontechniker werden.

Als ich ungefähr zum 17. Mal in dieser Nacht in den Kühlschrank sah, wurde mir klar, dass wenn dieses Buch geschrieben werden sollte, ich mich nur dazu entscheiden musste, es zu tun – und dann war es so weit.

Am nächsten Morgen fing ich an zu schreiben. Und wenn ich sage, dass ich geschrieben habe, dann tat ich genau das. Schreiben – ganz altmodisch, mit Tuschefeder und auf gelbem Notizblock. Da ich absolut keine Verwendung für die minimalen Schreibfähigkeiten hatte, die ich während eines Schreibmaschinenkurses als Wahlfach in der High School entwickelte, um einen billigen Kredit zu bekommen, entschied ich, dass es einfacher und schneller für mich wäre, alles in Schreibschrift zu verfassen, als zu versuchen zu tippen.

Auf diese Weise beendete ich das erste Kapitel in etwas mehr als einer Woche. Das zweite Kapitel war in einer weiteren Woche fertig. Dann schrieb ich sicherheitshalber ein drittes Kapitel. Von diesen handgeschriebenen Seiten tippte meine Frau (die im Gegensatz zu mir eine geübte Schreibkraft war) alles in ein gebrauchtes Textverarbeitungsprogramm, das wir irgendwo besorgt hatten, und als sie fertig war, gab ich Scott die Kapitel und er wiederum dem Verlag.

In der Zwischenzeit sprach ich auf Scotts Vorschlag mit meinem Freund Ron Ball, einem Künstler aus dem Westen, dessen Kunstwerke stark denen von Will James ähnelten. Ron stimmte gerne zu, die Grafiken für das Buch sowie den Buchumschlag zu erstellen, falls der Verlag sich dafür entscheiden sollte.

Ein weiterer Monat verging, bevor wir etwas vom Verlag hörten. Dann meldeten sie sich, um ein Treffen mit Scott und mir an ihrem Firmensitz in Boulder zu vereinbaren.

Als ich zum Meeting kam, traf mich eine sehr angenehme Frau namens Mira in der Lobby und führte mich durch den gesamten Betrieb, einschließlich der Produktion, wo die Bücher gedruckt wurden. Danach leitete sie mich in einen kleinen Besprechungsraum, wo Scott, eine Frau namens Barbara, die sich als Eigentümerin der Firma entpuppte, und Steve, der Marketingdirektor, bereits warteten.

Wir wurden einander vorgestellt, und nach ein paar Minuten Smalltalk kam schließlich der Zweck des Treffens zur Sprache.

»Uns gefällt, was Sie geschrieben haben.« Barbara lächelte. »Und wir würden Ihnen gerne einen Vertrag für Ihr Buch anbieten.«

Es kam mir seltsam vor, dass sie die Worte »Ihr Buch« benutzte. Bis zu diesem Moment hatte ich es nicht als mein Buch betrachtet. In meinen Augen war es das Buch oder ein solches, aber nicht meines.

Sie öffnete eine Dokumentenmappe, die vor ihr auf dem Tisch lag, und nahm ein paar Papiere heraus.

»Wir haben uns erlaubt, einen Vertrag zu machen.« Sie reichte mir die Seiten. »Sie werden sehen, es ist weitgehend Standard. Und wenn Sie mit Ihrer Unterschrift heute damit einverstanden sind, können wir Ihren Vorschuss mit einem Scheck auszahlen, bevor Sie gehen.«

»Vorschuss?« fragte ich. Scott und ich hatten zahlreiche Gespräche geführt, seit diese ganze Sache begann, aber in keinem von ihnen sprachen wir darüber, wie ich bezahlt werden würde. Es ist fast schon peinlich zuzugeben, dass ich damals absolut nichts über Zahlungsgewohnheiten in der Buchbranche wusste und was ein Vorschuss ist bzw. wie er funktioniert.

»Ja«, sagte Barbara. »So steht es im Vertrag. Wir geben Ihnen heute die Hälfte Ihres Vorschusses als Vorauszahlung, die andere Hälfte, wenn das fertige Manuskript geliefert wird.«

»Vorauszahlung?« wiederholte ich. Der Raum wurde für ein paar Sekunden still, während alle registrierten, dass ich keine Ahnung hatte, wovon sie sprach.

»Für deine zukünftigen Tantiemen«, mischte sich Scott ein. »Es soll dir finanziell helfen, während du das Buch schreibst. Alle Autoren bekommen diese Vorauszahlung. Sobald das Werk veröffentlicht ist und sich zu verkaufen beginnt, wird dein Vorschuss automatisch von deinen Tantiemen abgezogen, bis derselbe zurückgezahlt ist. Von da an gehen die restlichen Lizenzgebühren in deine Tasche.«

»Oh. Ja. Okay.«

Scott, der schließlich mein Redakteur für das Projekt wurde, war so freundlich, mir den Vertrag so zu erklären, dass es ein Pferdemensch verstehen konnte. Rückblickend hätte ich wahrscheinlich einen Anwalt konsultieren sollen, aber damals konnte ich mir sowieso keinen leisten. Also hörte ich auf Scott, unterschrieb den Vertrag und ging mit einem Scheck hinaus, der mehr Geld wert war, als ich seit einer ganzen Weile gesehen hatte.

Überraschenderweise fand ich anschließend den eigentlichen Prozess des Schreibens relativ einfach. Nachdem ich mich für eine grundlegende Prämisse für den Inhalt entschieden hatte, der eine Kombination aus Geschichten über Walter war, dem alten Horseman, für den ich als Kind gearbeitet hatte, und Geschichten über Dinge, die ich seitdem mit Pferden erleben durfte, kam ich in einen angenehmen Rhythmus, der bis zum Ende des Buches anhielt.

~

Das bedeutet aber nicht zwangsläufig, dass alles rund um das Buch komfortabel war. Beispielsweise gestaltete sich der Versuch, dafür einen Titel zu finden, ein wenig anstrengend. Wir hatten einen Arbeitstitel für die ursprüngliche Einreichung, aber ich weiß nicht mehr, wie er lautete, und wir waren ihn sowieso ziemlich schnell losgeworden, als ich den Vertrag unterschrieben hatte.

Ich schrieb gerade das vierte oder fünfte Kapitel, als Scott vorschlug, dass wir ernsthaft darüber nachdenken sollten, wie wir das Ding nennen würden. Zu diesem Zweck schrieben sowohl Scott als auch ich so viele potenzielle Titel auf, wie wir uns vorstellen konnten und begannen dann, einen nach dem anderen zu eliminieren, auf die wir uns nicht einigen konnten oder die uns nicht gefielen.

Nach ein oder zwei Wochen haben wir die Liste schließlich auf zwei potenzielle Titel reduziert, einen von Scott und einen von mir. »Considering the Horse« war meiner und Scotts »Through the Eyes of Horses« der andere. Wir schickten beide Titel an den Verlag, um Feedback zu erhalten, und sie bevorzugten (angesichts des Inhalts der Seiten, die sie bisher gesehen hatten) »Considering the Horse«. Der Vorbehalt war, dass sie das »ing« aus dem Wort »Considering« entfernen wollten, wodurch der Titel »Consider the Horse« entstand.

Ich mochte die Änderung nicht. Die Verwendung des Wortes »Consider« (dt.: etwas berücksichtigen/erwägen) fühlte sich wie eine Aufforderung an, als würden wir den Lesern sagen, was sie tun sollten. Das war überhaupt nicht das Gefühl oder die Absicht, die das Buch darstellen sollte. Die ganze Idee war, von Anfang an zu zeigen, dass wir uns bemühen, bei der Arbeit mit Pferden Rücksicht zu nehmen,

Geschichten aus dem wirklichen Leben über Situationen zu erzählen – gute, schlechte und gleichgültige – und dann den Lesern die Entscheidung zu überlassen, ob ihnen die Informationen nützten oder nicht. Ich war der festen Überzeugung, dass der Titel die Idee der Wahl verkörpern sollte. Insofern repräsentierte das Wort »Considering« meiner Meinung nach etwas Fortlaufendes und Aktives, eine Entscheidung, die wir trafen und die wir letztendlich durchzusetzen versuchten.

In den nächsten Wochen fanden eine Reihe von Diskussionen über diese drei Buchstaben statt. Aber am Ende und mit Scotts begeisterter Empfehlung auf der Grundlage der Kapitel, die ich ihm schickte, stimmte der Herausgeber schließlich dem Wort »Considering« zu.

Zu diesem Zeitpunkt war der Winter bereits weit vorangeschritten und ich ungefähr zur Hälfte mit dem Schreiben des Buches fertig, als ich einen Anruf von Steve, dem Marketing-Mitarbeiter des Verlags, erhielt. Mit wenig mehr als einem herzlichen »Hallo, wie geht es dir?« wandte er sich sofort dem Zweck seines Anrufs zu.

»Ich habe einige Nachforschungen über Pferdebücher angestellt«, sagte er mit einem sachlichen Ton in der Stimme, »und die aktuell fünf besten Pferdebücher auf dem Markt gekauft und gelesen.«

»Okay…?« Meine Antwort war eher eine Frage als eine Feststellung.

»Ich habe auch alles gelesen, was Sie bisher eingereicht haben.«

»Okay…?« wiederholte ich.

»Jedes dieser meistverkauften Bücher sind Ratgeber. Was Sie schreiben, ist kein Ratgeber«, sagte er, als wäre das eine Überraschung.

»Nein, ist es nicht«, stimmte ich zu.

»Warum nicht?«

»Ich bin mir nicht sicher, ob ich die Frage verstehe.«

»Warum ist Ihr Buch kein Ratgeber?«

Es gab ein langes, verwirrtes Schweigen meinerseits.

Während des Treffens, bei dem ich den Vertrag unterschrieb (und bei dem Steve anwesend war) diskutierten wir ausführlich über die anekdotische Natur des Buches. Tatsächlich war das Geschichtenerzählen eines der Hauptverkaufsargumente und laut Barbara, der Verlegerin, ein wichtiger Grund, warum sie es überhaupt veröffentlichen wollte. Plötzlich gefragt zu werden, warum das Buch nicht etwas war, was es nie sein sollte, besonders nach vier Monaten und sechs Kapiteln, beunruhigte mich ein wenig.

Im Laufe des Gesprächs wurden die Gründe für Steves Besorgnis über das, was wir jetzt unter »Considering the Horse« veröffentlichen wollten, immer deutlicher. Erstens und wie er bereits sagte, waren damals die meistverkauften Pferdetrainingsbücher Schritt-für-Schritt-Anleitungen. Aus diesem Grund sei er zu dem Schluss gekommen, dass Leser von Pferdetrainingsbüchern diese Art von Büchern bevorzugten.

Ich führte ins Feld, dass Ratgeberbücher vielleicht deshalb so beliebt schienen, weil sie zu dieser Zeit mehr oder weniger die einzige verfügbare Option waren. Ich nahm an, wenn man die Wahl hätte, könnten Pferdemenschen zu etwas weniger Starrem tendieren.

Das überzeugte ihn nicht.

Der zweite und wahrscheinlich wichtigste Grund, warum Steve so besorgt über »Considering the Horse« war, dass er nicht wusste, wie er es vermarkten sollte.

»Ist das ein Geschichtenbuch?« fragte er, »Oder ist es ein Trainingsbuch?«

»Ein bisschen von beidem«, antwortete ich.

»Es sollte entweder das eine oder das andere sein«, beharrte er, »besonders von einem Marketing-Standpunkt aus gesehen.«

Fairerweise muss man sagen, der Verlag hatte damals nur einen anderen Pferdetitel, ein Buch über Packpferde, und dies war bereits lange bevor Steve Marketingleiter wurde erschienen. Infolgedessen hatte er keinerlei Erfahrung darin, irgendein Pferdebuch zu bewerben, geschweige denn eines, das seiner Meinung nach nicht in eine bestimmte Kategorie passte.

Ein weiterer Faktor, der Steve sicherlich sehr beschäftigte, war die Tatsache, dass der Verlag klein und daher finanziell ziemlich konservativ war. Laut Scott nahmen sie nur Titel an, von denen sie sich zu neunundneunzig Prozent sicher waren, dass sie eine Rendite erzielen würden. Je länger Steve und ich sprachen, desto mehr gewann ich den Eindruck, dass er nicht glaubte, dass sich »Considering the Horse« verkaufen würde, und aus diesem Grund wollte er nicht für das verantwortlich gemacht werden, was er als das einzige Buch in der Unternehmensgeschichte ansah, das einen Verlust einfahren würde.

Unser Gespräch dauerte vielleicht 20 Minuten und nichts, was ich während dieser Zeit sagte, schien irgendeinen Einfluss darauf zu haben, wie Steve die Situation empfand. Am Ende des Anrufs, kurz bevor er auflegte, sagte Steve mir in unmissverständlichen Worten, er würde den Zuständigen vorschlagen, dass mein Vertrag annulliert werden sollte, ich den Vorschuss zurückzahle und wir getrennte Wege gehen.

Ich geriet in Panik. Der Vorschuss war längst aufgebraucht, um Kleidung für die Kinder zu kaufen, Rechnungen zu bezahlen und Essen zu kaufen. Es war Winter und ich hatte nicht viel Pferdearbeit. Ich hätte den Vorschuss nicht zurückzahlen können, selbst wenn ich gewollt hätte.

Ich rief Scott an, sobald ich das Gespräch mit Steve beendet hatte.

»Ja«, sagte Scott, nachdem er gehört hatte, was passiert war. »Er hat mich auch angerufen. Machen wir uns darüber nicht zu viele Gedanken.«

»Aber ich kann den Vorschuss nicht zurückzahlen.«

»Ich glaube nicht, dass es dazu kommen wird«, prophezeite er. »Wir werden das so machen: Ich halte sie hin und du schreibst weiter.«

In seiner Stimme war nur der Hauch eines Tonfalls, der mich kurz an einen dieser alten Gangsterfilme aus den 1930er Jahren erinnerte. »Ja Bugsy. Hier ist der Plan, siehst du? Ich halte sie auf, und du rennst davon.«

Nachdem ich mich von dem Bild von Scott in Nadelstreifenanzug und Krawatte mit einem leicht zur Seite gekippten Fedora und einer Zigarette, die bedenklich unter einem bleistiftdünnen Schnurrbart hervorbaumelte, befreit hatte, schlug ich vor, dass wir vielleicht einen etwas besseren Plan brauchen könnten.

Dann erklärte er, warum wir uns seiner Meinung nach nicht allzu viele Sorgen um die Situation machen müssten. Wie sich herausstellte, hatte der Verlag jedes Jahr einen bestimmten Produktionsplan für die neuen Bücher, die er produzierte, und der Zeitplan stand normalerweise ein oder manchmal zwei Jahre im Voraus fest.

Kurz gesagt, der Zeitplan hing davon ab, wann jedes einzelne Buch physisch in den Druck ging und davon, wann jeder Autor ein fertiges Manuskript einreichte. So wie Scott es beschrieb, konnte der Druck pünktlich beginnen, wenn das Manuskript rechtzeitig vorlag. Mit anderen Worten, alle Autoren waren während des Jahres in ihrem eigenen Produktionsslot. Je weiter der Abgabetermin eines Autors entfernt war, desto einfacher wäre es für den Verlag, ihn bei Bedarf im Zeitplan zu ersetzen. Je näher der Abgabetermin rückte, desto schwieriger wäre es, einen Ersatzautor zu finden, der in dieses Zeitfenster passte.

Es waren noch einige Monate bis zum Abgabetermin meines Buches, aber ich war bereits ungefähr zur Hälfte fertig und schrieb im Durchschnitt alle paar Wochen ein Kapitel. Bei diesem Tempo wäre ich mindestens zwei Monate vor Ablauf meiner Frist fertig, vielleicht auch schon früher. Scott dachte sich, wenn es hart auf hart kommen würde und es Steve gelänge, den Verleger dazu zu bringen, mich zu ersetzen, müsste Scott den Verleger nur etwa einen Monat lang davon abhalten, eine Entscheidung zu treffen. Wenn er das könnte, gäbe es keinen anderen Autor, der bereit wäre, meinen Platz im Produktionsplan einzunehmen, und wir würden gewissermaßen automatisch veröffentlicht.

Wie sich herausstellte, passierte genau dies. Steve hatte seine Position anscheinend effektiv genug argumentiert, sodass der Verleger ernsthafte Zweifel an meinem Buch hatte. Bald darauf erhielt Scott einen Anruf von ihnen, in dem sie die Durchführbarkeit von »Considering the Horse« infrage stellten und anscheinend darüber nachdachten, meinen Vertrag zu kündigen. Getreu seinem Wort gelang es Scott irgendwie, ihre Entscheidung so lange hinauszuzögern, bis sie keinen anderen Autor finden konnten. Infolgedessen, und wie von Scott vorhergesagt, wurde »Considering the Horse« wie geplant veröffentlicht.

Aber nur weil das Buch auf dem Weg zur Veröffentlichung war, bedeutete das nicht, dass Steve seine Ansicht darüber änderte. Die einzige Werbung, die es erhielt, war ein Erscheinen im Verlagskatalog vor seiner Veröffentlichung. Tatsächlich war sogar ich davon überzeugt, dass sich mein Buch nicht verkaufen lässt, so sehr, dass ich einfach annahm, dass es das einzige Buch sei, das ich jemals schreiben würde. Aus diesem Grund fügte ich in letzter Minute fast eine ganze Seite mit Danksagungen an alle hinzu, die mir auf meiner Horsemanship-Reise bis zu diesem Punkt geholfen hatten.

Wie vermutet verzeichnete das Buch nach seiner Veröffentlichung düstere Verkaufszahlen und eine Zeit lang schien es, als würde Steve Recht behalten mit der Voraussage einer Katastrophe für das Unternehmen. Aber dann geschah etwas ziemlich Interessantes. Das Buch wurde an einige prominente Pferdemagazine verschickt, in der Hoffnung, es rezensiert zu bekommen, und ein paar Monate später erfolgte die Veröffentlichung dieser Rezensionen. Die allererste davon, die das Werk erhielt, kam von der Zeitschrift EQUUS. Darin hieß es unter anderem: »… ein Colorado-Klon von James Herriot enthüllt die Entwicklung seines Trainings durch gut erzählte Geschichten.« Die nächste Rezension veröffentlichte das renommierte Quarter Horse Journal: »Rashid schreibt in einem anekdotischen Format über die universelle Wahrheit, dass man nicht als Sieger hervorgeht, wenn man seine Ergebnisse mit Gewalt erzielt.« Darauf folgte das ebenso prestigeträchtige Paint Horse Journal: »Von buchstäblich Hunderten von Büchern über verschiedene Aspekte der Pferdepflege und Reitkunst … ohne Zweifel … ist dies das interessanteste.«

Und damit startete das Buch durch. Die erste Auflage war innerhalb weniger Wochen ausverkauft, die zweite, viel größere innerhalb weniger Monate und die dritte in ein paar weiteren Monaten. Bis Ende des Jahres hatte der Verlag vier Auflagen hinter sich und mit der fünften begonnen. Bis heute wurde »Considering the Horse« in zwölf verschiedene Sprachen übersetzt und weltweit über eine Million Mal verkauft.

Wie bereits erwähnt, habe ich das gesamte Buch auf einen gelben Notizblock geschrieben, dessen Inhalt meine Frau in ein Textverarbeitungsprogramm getippt und auf eine Diskette gespeichert hat. Für diejenigen unter Ihnen, die es vielleicht nicht wissen, eine Diskette ist das, was Heimcomputer-Pioniere verwendeten, um Informationen zu speichern. Eine Diskette wog 20 Kilo, hatte die Größe eines Esszimmerstuhls, und je nach Schriftgröße konnte man etwa 1.700 Wörter darauf speichern.

Sobald ich eine Diskette mit Text gefüllt hatte, übergab ich sie Scott persönlich, der sie in seinen zimmergroßen Computer mit winzigem Bildschirm einlegte, und gemeinsam gingen wir durch, was ich bisher schrieb.

Als wir uns dem Ende des Schreib- und Bearbeitungsprozesses näherten, erinnere ich mich, dass er bei einem dieser letzten Besuche sagte: »Weißt du, dieses Buch wird Menschen und ihre Pferde verändern.« Er hielt inne. »Es wird sich auch für dich einiges ändern.«

Mein Hauptanliegen war damals nur, das Buch fertigzustellen und an den Verlag zu schicken, bevor es aus dem Zeitplan gestrichen werden konnte und ich gezwungen wäre, den Vorschuss zurückzuzahlen. Der Gedanke, dass es für irgendjemanden etwas ändern könnte – besonders für mich – war mir bis dahin überhaupt nicht in den Kopf gekommen.

Aus diesem Grund hatte ich damals keine Ahnung, wie prophetisch Scotts Worte werden würden.

KAPITEL 1

Ein Blick zurück

Gepflanzte Samen

Ein Tag mit einem großartigen Lehrer ist besser als tausend Tage fleißigen Lernens.

JAPANISCHES SPRICHWORT

In den ersten paar Absätzen von »Considering the Horse« wird dem Leser Walter vorgestellt, der alte Horseman, von dem ich zu lernen begann, als ich noch recht jung war. Er war ein Mann weniger Worte. Wenn Walter sprach, besonders wenn es um Pferde ging, benutzte er seine Worte normalerweise eher als Katalysator, um zum Nachdenken anzuregen und um Anweisungen zu geben.

Auf den ersten Seiten von »Considering the Horse« erzählte ich eine Geschichte, in der Walter und ich zu einer benachbarten Ranch fuhren, um eine Ladung Heu zu holen. Dort hielten wir an, um ein paar Cowboys zu beobachten, die eine junge Stute in einem Roundpen »zuritten«. Die Stute wurde mit einem Lappen über den Augen an einen Pfosten gebunden, während man ihr einen Sattel auf den Rücken schnallte.

Ich habe in der Geschichte erklärt, wie ich das folgende Rodeo, als der Reiter auf dem Rücken saß und die Stute losgelassen wurde, ziemlich aufregend fand. Ich hatte so etwas noch nie zuvor gesehen und keine wirkliche Erfahrung mit Pferden außer dem, was ich in den zweitklassigen Western-Filmen der damaligen Zeit sah. Daher nahm ich einfach an, dass das, was ich erblickte, die Arbeit mit Pferden war.

Bis Walter, der neben mir auf dem alten, verwitterten Zaun saß, mitten in der Aufregung eine einfache Frage stellte: »Was glaubst du, wie sich das Pferd dabei fühlt?«

Dies ereignete sich vor mehr als fünfzig Jahren, und ich kann Ihnen gar nicht sagen, wie oft mir diese Frage seitdem durch den Kopf gegangen ist. Es schien, als ob sie irgendwo tief in meinem Unterbewusstsein lebt, still auf der Lauer liegt und plötzlich auftaucht, wenn ich feststelle, dass ich in einem Pferd übermäßigen Stress auslöse. Sie entwickelte sich zu einem vertrauten Sicherheitsventil und hat mir im Laufe der Zeit ermöglicht herauszufinden, wie ich potenziell unglücklichen Situationen vorbeugen kann, bevor sie tatsächlich zu einer werden.

Verstehen Sie mich nicht falsch. Ich kam im Laufe der Jahre in viele Situationen, in denen diese Frage auftauchte, während ich mit einem gestressten Pferd arbeitete, nur um mich dann komplett darüber hinwegzusetzen. Meistens führte meine unkluge Entscheidung dazu, dass die Situation viel chaotischer wurde, als es sein musste, und später habe ich es immer bereut.

Obwohl diese Momente besonders in den letzten Jahren immer seltener geworden sind – aus Gründen, über die wir später sprechen werden – heißt das nicht, dass ich mich nicht weiterhin auf diese im Unterbewusstsein verborgenen Worte von Walter in allen möglichen Situationen verlasse.

Ehrlich gesagt glaube ich, dass vieles von dem, was ich während der gemeinsamen Zeit mit ihm mitbekommen habe, in meinem Unterbewusstsein schlummerte, bis ich anfing, »Considering the Horse« zu verfassen. Es war erstaunlich und in gewisser Weise auch ziemlich beruhigend, wie viele Erinnerungen an unsere gemeinsame Zeit hochkamen, als ich anfing zu schreiben. Eine Erinnerung führte zu einer weiteren, dann zu einer nächsten und noch einer.

Allerdings waren nicht alle dieser im Unterbewusstsein vorhandenen Erinnerungen so hilfreich wie andere. Damals, in den späten 1990er Jahren, nachdem ich die Rancharbeit aufgegeben hatte, um an verschiedenen Orten Reitkurse zu geben, tauchte ein Typ namens Tim Hayes in einer der allerersten Kurse auf, die ich gebeten wurde zu halten. Der Kurs fand im April an einem Ort etwas außerhalb von Los Angeles, Kalifornien, statt, und Tim, der in New York lebte, hörte irgendwie davon und flog hin, um daran teilzunehmen. Er lieh sich ein Pferd zum Reiten, und in den nächsten vier Tagen wurden Tim und ich Freunde.

Wir blieben danach in Kontakt und ein paar Wochen vor Weihnachten desselben Jahres rief er an und fragte, ob er zwischen Weihnachten und Neujahr zu uns nach Colorado kommen könnte, um uns ein paar Tage zu besuchen, über Pferde zu sprechen und vielleicht zu helfen, wo es nötig sei. Ich sagte ihm, dass aufgrund des unvorhersehbaren Wetters zu dieser Jahreszeit nicht viel los sein würde, außerdem seien die meisten unserer Pferde auf der Winterweide, aber er sei auf jeden Fall willkommen, uns Gesellschaft zu leisten.

Nun, bevor ich fortfahre, möchte ich erwähnen, dass ich in derselben Geschichte im Buch »Considerung the Horse«, in der ich den Vorfall mit der jungen Stute erzählte, auch eine kleine Macke – wenn man es so nennen will – erwähnte, die Walter hatte, wenn es ums Heuaufladen ging. Tatsächlich stapelten wir so viel Heu auf der Ladefläche seines Ford Pickup von 1949, dass es ziemlich wackelig aussah. Dann weigerte er sich, die Ladung festzuzurren und verkündete immer, dass wir nicht so weit fahren müssten. Sobald wir die erste Kurve aus der Einfahrt genommen hatten, wo das Heu abgeholt wurde, verloren wir natürlich die gesamte Ladung und verbrachten die nächste Stunde damit, die Ballen auf der Ladefläche des Lastwagens neu zu stapeln.

Wie sich herausstellte, musste ich während Tims Besuch eine Ladung Heu von unserem Heulieferanten abholen. Wir brauchten nicht viel, nur dreiundzwanzig Ballen. Also fuhren wir mit ihm als Beifahrer die fünfunddreißig Meilen den Berg hinunter zu unserem Lieferanten und luden das Heu. An dem Stapel selbst war nichts Ungewöhnliches. Tatsächlich stapelten er und ich die Ladung genau so, wie ich es Hunderte Mal zuvor getan hatte. Zehn Ballen in der unteren Reihe, alle nach Norden und Süden ausgerichtet, acht in der zweiten (vier auf der linken Seite des Lastwagens, vier auf der rechten), die alle nach Osten und Westen zeigen, und vier Ballen, zwei mal zwei, in der obersten Reihe, die sich nach Norden und Süden richteten.

Dies ist eine sehr stabile Art, Heu zu stapeln, da die Ballen aufgrund der Art des Stapels selbst gewissermaßen »zusammengebunden« sind. Aus diesem Grund und wegen der Tatsache, dass es sich nicht um einen großen Stapel handelte, der nicht einmal über das Fahrerhaus des Lastwagens hinaus reichte, war die Wahrscheinlichkeit, dass Ballen auf der Straße verloren gehen, ohne sie physisch zusammenzubinden, ziemlich gering.

»Willst du die festbinden?« fragte Tim, als wir den letzten Ballen auf den Lastwagen luden. »Nö«, sagte ich. »Das wird schon okay sein. Außerdem haben wir nicht so weit zu fahren.«

Als wir von unserem Heulieferanten wegfuhren, kam ein leichter Wind auf.

Wir leben am sogenannten Osthang der Rocky Mountains. Genau genommen funktioniert das Winterwetter hier so, dass der meiste Schnee und die raue Kälte auf der anderen Seite der Kontinentalscheide, drüben am Westhang, verbleiben. Diese Scheide wirkt dann ein bisschen wie ein Damm, der den Schnee daran hindert, uns zu erreichen, während er gleichzeitig Druck über den Gipfeln der Berge erzeugt. Dieser verwandelt sich auf unserer Seite der Wasserscheide oft in ziemlich starke Winde, die tagelang leicht 30 – 60 Meilen pro Stunde erreichen können.

Als wir den Berg hinauf nach Hause fuhren, entwickelte sich die Brise in einen steifen Wind. Ich hatte natürlich schon früher einmal Heu bei Wind geholt, ohne Ballen zu verlieren, also dachte ich nicht weiter darüber nach. Dann, etwa auf halbem Weg nach Hause, begannen wir mit einer Geschwindigkeit von 45 Meilen pro Stunde eine lange, abfallende Kurve zu nehmen. Aus dem Nichts wurden wir von einer dieser Böen mit einer Geschwindigkeit von 60 Meilen pro Stunde getroffen, die von der Wasserscheide kam und durch die Schlucht, in der wir uns befanden, hindurchraste.

Die kombinierte Geschwindigkeit des Lastwagens und die der Windböe erreichte leicht über 100 Meilen pro Stunde. Anscheinend standen wir genau im richtigen Winkel zur Böe, als sie aufkam, denn der Wind kam irgendwie unter die mittlere Heureihe, hob sie von der Ladefläche hoch und warf dieselbe sowie die oberste Ballenreihe genau in die Mitte der Straße.

Ich musste nicht einmal hinsehen, um zu wissen, dass wir die Ladung verloren haben. Das Schlingern des Lastwagens, als die Ballen herunterfielen, kam dem Schlingern von Walters Lastwagen so nahe, als der seine Ladung verlor, dass ich sofort wusste, was passiert war.

So schnell ich konnte, fuhr ich an den Straßenrand und rückwärts zu der Stelle, wo die Ballen in einem erbärmlichen Haufen lagen. Manche befanden sich noch auf der Straße, manche auf dem Seitenstreifen, manche im Graben.

Tim, der ein Lachen unterdrückte, als wir anhielten, sah zu mir hinüber. »Der Apfel fällt nicht weit vom Stamm!«

Offenbar hatte er das Buch gelesen.

Walter war wie bereits erwähnt kein besonders gesprächiger Mensch. Infolgedessen habe ich viel von dem, was ich während unserer gemeinsamen Zeit von ihm über Pferde zusammentrug, daraus gewonnen, dass ich beobachtete, wie er Dinge tat. Ich habe auch viel von ihm gelernt, meine eigenen Fehler gemacht und anschließend korrigiert (manchmal mit seiner Anleitung, manchmal ohne), auch durch spezifische Fragen, die ich ihm stellen konnte. Selbst wenn ich nachgefragt habe, waren die meisten seiner Antworten jedoch knapp und normalerweise wenig detailliert.

Ich hoffe, die Leute missverstehen mich hier nicht. Ich hatte nie das Gefühl, dass Walter abgeneigt war, meine Fragen zu beantworten, und er war sicherlich nicht dagegen, mir zu helfen, wenn ich Hilfe benötigte. Vielmehr trat er einfach nur als ein ruhiger Typ auf – ruhig mit Pferden, Menschen, Hunden, Katzen sowie Hühnern, was auch immer. Tatsächlich war das Lauteste an ihm sein alter Pick-up-Truck, ein Gefährt, das man immer hörte, lange bevor man es sah.

Im Laufe der Zeit habe ich die Tatsache zu schätzen gelernt, dass er, nachdem er ein Leben lang hart umkämpft als Viehzüchter gearbeitet hatte, unsere Situation wahrscheinlich eher als Chef/Angestellten-Verbindung denn als Lehrer/Schüler-Verhältnis wahrnahm. Von mir wurde erwartet, dass ich wusste, wie man den Job macht, für den er mich »eingestellt« hatte, und wenn ich etwas nicht draufhatte (was am Anfang fast alles war), ging er davon aus, dass ich es herausfinde. Um es herauszubekommen, musste ich ihm normalerweise dabei zusehen, wie er es tat, und dann kopieren, was er unternahm, bis ich es beherrschte. Wenn etwas nicht klappte, dann sprang er ein und half. Selbst dann war es normalerweise gerade genug Hilfe, um mich in die richtige Richtung zu lenken, bevor er mich damit allein ließ.

Auf diese Weise entwickelte ich mich in etwas mehr als einem Jahr von einem, der kaum wusste, wie man den Mist eines Pferdes aufräumt, zu jemandem, der es beherrschte, wie man ein Pferd füttert, tränkt, pflegt, sattelt, zäumt und reitet. Ein Jahr später war ich geschickt genug, um selbst ein junges Pferd unter dem Sattel anzureiten. Wohlgemerkt, ich sage nicht, dass dies das beste Einreiten war, das Sie je sahen, denn ich habe absolut viele Lücken hinterlassen, die gefüllt werden mussten. Aber das ändert nichts an der Tatsache, dass Walter genug Vertrauen in mich und meine jungen Fähigkeiten hatte, um es mich zumindest versuchen zu lassen.

Ich konnte beurteilen, dass das Lernen durch Beobachtung nur eines der Dinge ist, die ich von Walter übernommen habe und die hauptsächlich in meinem Unterbewusstsein existieren. In den meisten Fällen, besonders in einer organisierten Lernsituation wie meinem Kampfkunsttraining oder wenn ich am Unterricht unseres Freundes Dr. Steve Peter über Pferde-Neurowissenschaft teilnehme, sitze ich ruhig da und nehme alles auf, was präsentiert wird. Oft absolviere ich eine gesamt Unterrichtsreihe, bis sich meinerseits herauskristallisiert, dass ich nie eine einzige Frage gestellt habe.

Diese Art des beobachtenden Lernens geht oft in meinen eigenen Unterricht über – manchmal zur Bestürzung meiner Schüler.

Vor ein paar Jahren haben meine Frau Crissi und ich zusammen mit einigen unserer studentischen Ausbilder einen unserer zehntägigen Intensivkurse abgehalten. Die Art und Weise, wie die Dinge auf der Ranch ablaufen, auf der die Kurse stattfanden, besteht darin, dass an einem Ende der großen Reitbahn ein runder Pferch mit Zugang über das Haupttor angebracht ist. Am anderen Ende der Arena befindet sich der Pferch, wo unsere Rinder stehen. Zum größten Teil, insbesondere in den ersten Tagen des Kurses, arbeiten die meisten Reiter in oder in der Nähe der großen Arena. Dieser Tag lief ebenso ab.

Die einzige Person, die nicht in der Arena weilte, war Samantha, die sich mit einer jungen Stute, die sie nur ein paar Mal ritt, im Roundpen aufhielt. Von der Mitte derselben aus sah ich zu, wie sie mit der Stute arbeitete und sie an den Gedanken gewöhnte, still neben einer Aufsteighilfe zu stehen, damit ein Reiter aufsteigen konnte.

Es gibt mehrere Möglichkeiten, einem Pferd diese Fähigkeit beizubringen, wobei einige effektiver sind als andere. Samantha verwendete die Variante einer Methode, die normalerweise in die weniger effektive Kategorie fällt. Ich sage das, weil das, was sie tat, ein Pferd normalerweise verwirrt, was dazu führt, dass es fast alles versucht, nur nicht neben der Aufsteighilfe zu stehen. Als ich jedoch Samantha und ihr Pferd beobachtete, schien es klar, dass die kleine Stute tatsächlich aufgriff, was sie abfragte.

Ich saß auf meinem Pferd und beobachtete das Paar einige Minuten lang, bevor ich hinüberritt, um es mir genauer anzusehen. Ich hielt mich ein paar Meter vom Roundpen entfernt auf und beobachtete still, wie Samantha ihrer Tätigkeit nachging. Von Zeit zu Zeit warf sie mir einen Blick mit einem gezwungenen Lächeln über die Schulter zu, aber meistens machte sie einfach weiter mit dem, was sie tat.

Beim Zusehen aus der Ferne bemerkte ich, dass ihre Bewegungen und die Richtung, die sie ihrem Pferd gab, glatt sowie fließend und ihr Timing tadellos waren. Aber jetzt wirkten ihre Bewegungen ein wenig abrupt, was ihr Timing durcheinanderbrachte, und deshalb fing ihr Pferd an, mit Dingen zu kämpfen, die noch vor ein paar Minuten einfach erschienen.

Samantha unterbrach ihre Handlungen und drehte sich zu mir um.

»Du bist wahrscheinlich herübergekommen, um mir zu sagen, dass ich alles falsch mache«, sagte sie mit einem Hauch von Niedergeschlagenheit in ihrer Stimme.

Die Aussage überraschte mich, denn nichts hätte weiter von der Wahrheit entfernt sein können. In diesem Moment habe ich gelernt und nicht gelehrt. Ich war so vertieft in das, was sie tat und wie sie es machte, dass es mir nicht einmal dämmerte, dass meine Anwesenheit als etwas anderes interpretiert werden könnte.

»Überhaupt nicht«, sagte ich ihr. »Ich war nur daran interessiert, was du tust und dachte, ich könnte etwas lernen.«

»Wirklich?«

Was ich damit zeigen möchte, ist, dass beim beobachtenden Lernen jede Situation eine Lerngelegenheit darstellt und jeder sowohl Lehrer als auch Schüler ist.

~

Im Sommer 2009 nahm ich Crissi zu Walters kleiner Pferderanch mit, die ihm früher einmal gehörte. Als ich ein Kind war, lag dieser Ort mitten im Nirgendwo – ungefähr eine Meile mit dem Fahrrad auf einer unbefestigten Straße von meinem Haus am Stadtrand entfernt.

Aber im Jahr 2009 lag das gesamte Gebiet inzwischen mitten in der Vorstadt.

»Die Auffahrt zur Ranch war irgendwo hier«, sagte ich, als wir die glatt asphaltierte Straße hinunterfuhren, an Reihen identischer Häuser vorbei und auf die Stelle zu, wo einst die Ranch stand. Ich hatte die Entfernung von der Kreuzung, an der wir gerade vorbeigefahren waren, bis zu der Stelle, an der früher die Auffahrt verlief, nur anhand der Anzahl der Fahrten am Tag geschätzt.

Als wir uns der Stelle näherten, an der ich dachte, dass dort die Einfahrt gewesen war, stießen wir auf ein sehr schön gepflegtes einstöckiges, zwischen all den Häusern versteckten Altersheim. Die halbkreisförmige Auffahrt schien sich fast genau an der Stelle zu befinden, an der sich einst dieselbe zur Ranch befand. Ich verlangsamte den Truck, als wir vorbeifuhren, und zeigte Crissi, wo sich einst Walters Einfahrt befand.

Als wir vorbeifuhren und beide auf die Einfahrt des Altersheims blickten, sahen wir, dass sie nach Süden zur Vorderseite des Gebäudes hin gekrümmt war. Diese Kurve in der Auffahrt ermöglichte eine etwa zwölf Meter breite Öffnung zwischen dem Seniorenheim im Süden und dem Beginn der Häuserzeilen im Norden.

Durch diese Öffnung sahen wir die einzige unbebaute Fläche im gesamten Quartier. Diese Fläche, ein Feld voller Wildblumen, reichte bis zur Ostgrenze von Walters Grundstück. In meiner Kindheit war dies der hinterste Teil seines Grundstücks und zeichnete sich durch eine schmale Reihe von Bäumen und Sträuchern sowie einen Zaun aus, den ich in einem Sommer gebaut hatte. Der Zaun war weg, aber die Baumreihe noch da und auch alle alten Ranchgebäude ebenfalls verschwunden.

Da wir uns das Stück Land genauer ansehen wollten, von dem Crissi so viel gehört hatte, fuhren wir ein Stück weiter und fanden eine weitere Straße, die nach rechts abbog. Die Straße war eine Sackgasse, deren Südrand an den Bereich stieß, der Walters nördliche Zaunlinie gewesen war. Wir parkten direkt in der Nähe, wo sich dieselbe einst befand. Es gab keine »Betreten verboten«-Schilder, also betraten wir das Land, das einst Walters kleine Pferderanch war. Ich hatte diesen Grund und Boden seit über 40 Jahren nicht mehr betreten.

Natürlich war das Grundstück vor Jahrzehnten vollständig geräumt worden und es gab keinerlei Anzeichen dafür, dass jemals etwas oder jemand dort gewesen wäre. Als wir herumgingen, zeigte ich Crissi trotzdem ungefähr, wo sich früher die Scheune, die Sattelkammer, die Heuscheune und der Roundpen befanden. Ich erklärte ihr, wo die Ställe und Pferche standen, und dann gingen wir ein Stück weiter nach Süden, fast direkt hinter dem etwa fünfundvierzig Meter entfernten Altersheim, das wir auf unserem Hinweg wahrgenommen hatten.

Ich blickte nach Westen auf das Gebäude, dann nach Osten auf die Baumreihe, die einst die hintere Grenze von Walters Grundstück bildete.

»Früher war hier irgendwo ein Zaun«, sagte ich zu Crissi. »Er verlief von der Straße bis zurück zu dieser Baumreihe.« Ich deutete auf die Bäume. »Auf der anderen Seite war eine Weide und irgendwo da hinten ein Tor.« Ich zeigte nach rechts.

»Bist du sicher, dass er genau hier war?« fragte sie.

»Ziemlich sicher. Ich habe ihn gebaut«, sagte ich. »Diese Zaunlinie und den hinteren Zaun. Walter ließ ihn durch mich ersetzen, als der alte Zaun begann zu verrotten. Ich habe den Eckpfosten bis direkt an die Baumgrenze gestellt. Dafür musste ich ein paar Wurzeln durchschneiden, um ihn tief genug zu bekommen.«

Sie drehte sich zu den Bäumen um und ging direkt auf sie zu, direkt an der Linie entlang, wo ich den Zaun vermutete.

»Wo gehst du hin?«

»Es muss von damals etwas übrig sein«, sagte sie mit Entschlossenheit in ihrer Stimme. »Es kann nicht alles weg sein. Vielleicht ist da ein kleines Stück Draht vom Zaun oder so etwas.«

»Es ist lange her«, sagte ich und wollte nicht, dass sie sich zu große Hoffnungen machte.

Unbeirrt ging sie in die Baumreihe und schob dabei mit dem Fuß das Unterholz beiseite. Ich folgte hinterher.

»Wo sagtest du war dieser hintere Zaun?«

»Genau in diesem Bereich.« Ich zeichnete mit meiner Hand eine Linie in die Luft, die ungefähr anzeigte, wo der Zaun stand. »Und da wäre der Südzaun gewesen.« Ich zog eine weitere Linie in die Luft.

Sie ging an mir vorbei zu der Stelle, an der sich die beiden Zaunlinien schnitten, und schob mit ihrem Fuß weiteres Gestrüpp beiseite. Ihr Fuß stieß dabei gegen etwas Festes. Sie griff nach unten und ein Lächeln huschte über ihr Gesicht.

»Ich habe ihn gefunden!«

»Wen?«

»Deinen Eckpfosten!«

»Was?«

»Er ist genau hier!«

Tatsächlich hatte sie aller Unwahrscheinlichkeit zum Trotz den Eckpfosten gefunden, den ich all die Jahre zuvor gesetzt hatte. Die Zeit und die Elemente hatten ihren Tribut gefordert und von dem Pfosten war nicht mehr viel übrig. Aber er war da.

Crissi fand das Relikt, nach dem sie suchte. Sie machte ein Foto von mir, wie ich mit dem Zaunpfosten dastand und dann legten wir ihn dorthin zurück, wo wir ihn gefunden hatten. Wir bedeckten ihn mit Gestrüpp, sahen uns ein letztes Mal lange um und gingen weiter unserer Wege.

Walter war Raucher. Ich bin mir nicht sicher, ob er ein Kettenraucher war, aber er hat mit Sicherheit seinen Teil dazu beigetragen, die Tabakindustrie am Leben zu halten. Das war eines der Dinge, an die ich mich am intensivsten erinnere. Einer der Gründe, warum es einen solchen Eindruck auf mich machte, war, dass er das Zigaretteanzünden anscheinend dazu benutzte, um eine kurze Pause bei dem zu machen, was gerade vor sich ging oder um seine Gedanken zu formen, bevor er sprach, oder vielleicht sogar etwas zu verarbeiten, das er beobachtete.

Wenn ich ihm eine Frage stellte und er noch keine Zigarette hatte, zündete er sich fast immer eine an, bevor er antwortete, auch wenn er mir bei der Arbeit mit einem Pferd zusah und etwas einwerfen wollte oder ein neues oder in Schwierigkeiten geratenes Pferd einschätzte, tat er dies ebenfalls. Und ich weiß nicht, wie oft ich ihn an diesem Zaun stehen sah, dessen Eckpfosten Crissi im Unkraut vergraben fand, wie er eine Zigarette rauchte und den Pferden auf der Weide auf der anderen Seite zusah.

Tatsächlich war eines der ersten Dinge, die er tat, als wir uns das erste Mal trafen (nachdem er mich dabei erwischt hatte, wie ich mich auf die südliche Weide schlich, um seine Pferde zu streicheln), sich eine Zigarette anzuzünden.

Natürlich werde ich nie wirklich wissen, ob er das Anzünden einer solchen als absichtliche Pause benutzt hat oder ob es nur Zufall war. Ich bin mir jedoch sicher, dass die Verbindung, das Innehalten, bevor er Fragen beantwortete, etwas ist, das auf mich abgefärbt hat. Nicht, dass ich mir eine Zigarette anzünden würde, da ich nie geraucht habe, sondern die eigentliche Gedankenpause vor der Beantwortung einer Frage oder vor dem Sprechen oder beim Beobachten.

Jedes Mal, wenn er pausierte, musste ich pausieren, was mein jugendliches Gehirn zwang, etwas langsamer zu werden. Als die Zeit verging und ich mich an seine Pausen gewöhnte, gab es mir auch ein paar zusätzliche Sekunden, um die Situation zu überdenken. Dies half mir nicht nur, etwas Geduld zu entwickeln, sondern, was noch wichtiger ist, es bot mir die Gelegenheit zu lernen, wie man Probleme alleine lösen kann. Manchmal brauchen wir nur ein paar Sekunden des Nachdenkens, um zu einer praktikablen Lösung zu kommen.

Damals, als ich irgendwo auf einer Ranch mit Pferden arbeitete, war es nie wirklich wichtig, wie lange ich brauchte, um über diese oder jene Situation nachzudenken. Aber als ich anfing, in der Öffentlichkeit zu arbeiten, sei es für Privatpersonen oder in Kursen, wurde mir bewusst, wie viel Zeit ich mir manchmal nehme, um eine Situation mit Pferd und Reiter zu beobachten oder eine Frage zu beantworten. Ich sage das hauptsächlich, weil einige Leute einfach nicht anders konnten, als die tote Luft zu füllen, die meine momentane Stille erzeugte.

Während eines Kurses stellt häufig jemand – normalerweise Zuschauer – eine Frage zu etwas, das er oder sie gesehen hat, oder zu etwas, das ich gesagt habe. In den paar ruhigen Momenten, die ich nutze, um mir selbst zu helfen, eine passende Antwort zu finden, springt oft jemand aus dem Publikum ein und beantwortet die Frage für mich. In den meisten Fällen ist diese Eingabe nicht annähernd so, wie meine Antwort ausgefallen wäre, aber bevor ich etwas dazu sagen kann, hat jemand seine Meinung hinzugefügt und dann wirft jemand anderes eine solche in den Raum und eine weitere Person kommentiert noch etwas dazu. Nach einigen Minuten kehre ich normalerweise einfach zu dem zurück, was ich getan habe, bevor die Frage gestellt wurde, ohne jemals die Gelegenheit gehabt zu haben, die Frage überhaupt anzusprechen.

Je mehr wir über die wissenschaftlich fundierte Gehirnfunktion sowohl bei Pferden als auch bei Menschen lernen (etwas, auf das wir später noch ausführlicher eingehen werden), desto mehr beginnen wir zu erkennen, wie notwendig diese Pausen für das Lernen sein können.

Ich vermute, Walter hat sich, wenn überhaupt, nur sehr wenig Gedanken darüber gemacht, wie ein Pferd oder eine Person lernt. Nur, dass sie dies taten, war wichtig. Und in einem Leben, das auf jahrzehntelanger Beobachtung sowie Versuch und Irrtum basiert, stellte er höchstwahrscheinlich fest, dass einige Dinge, die er mit Pferden durchführte, besser funktionierten als andere. Ich nehme an, er hat irgendwann erkannt, dass das Lernen einfacher und gründlicher würde, wenn man ihm und seinen Pferden das erlaubte, was wir heute als »Einwirkzeit« bezeichnen könnten. Ich glaube, im Laufe der Zeit wurde eine langsamere, nachdenklichere Art, mit Pferden umzugehen, zu seiner Lebensart, die er schließlich an mich weitergab und die ich nun anderen anbiete.

Je älter ich werde, desto mehr weiß ich all die Stunden zu schätzen, die er damit verbracht hat, neben dieser längst vergangenen südlichen Zaunlinie zu stehen, Zigaretten zu rauchen und Pferde zu beobachten.

Harmonie ist ein Wort, das heutzutage in der Pferdewelt vielfach verwendet wird. Für viele beschwört das Wort die Idee von ewiger Freude, Glück und Verständnis in all unseren Interaktionen mit Pferden herauf. Es kann in diesen unvermeidlichen Zeiten, in denen Freude, Glück und Verständnis einfach nicht da sind, auch ein wenig Angst erzeugen.

Wenn es um Pferde geht, handelt es sich bei Harmonie nicht um etwas Ewiges, sondern um Gleichgewicht. Pferde, die verstehen, wie sie Dinge tun können, die von ihnen verlangt werden oder die nicht regelmäßig mit körperlichen Problemen oder unglücklichem Umgang zu tun haben, entwickeln normalerweise ein Gefühl der Sicherheit, was ihnen wiederum ermöglicht, einen Anschein von emotionalem Gleichgewicht zu erreichen.

Andererseits: Je verwirrter Pferde aufgrund von Schmerzen oder mangelnder Beständigkeit ihrer Besitzer sind, wenigem Verständnis dafür, wie sie ihre Aufgaben erledigen sollen, aber dennoch gezwungen sind, sie trotzdem zu tun, oder vielleicht wegen eines Übermaßes an unsachgemäßer Behandlung durch Menschen, desto mehr können Pferde aus dem emotionalen Gleichgewicht geraten.

Emotionales Ungleichgewicht verursacht bei Pferden normalerweise Angst, die sich in unerwünschtes Verhalten wandeln kann, das dadurch hervorgerufen wird, dass diese Tiere das Gefühl haben, sich verteidigen zu müssen. Dieses emotionale Ungleichgewicht beim Pferd wird oft dadurch verschlimmert, wie mit dem Verhalten des unausgeglichenen Pferdes vom Menschen umgegangen wird.

Defensives Verhalten bei Pferden sehen viele Pferdemenschen oft als aggressives Verhalten an. Wenn der Mensch davon ausgeht, dass das Pferd aggressiv ist, wird er auch annehmen, dass die Situation gefährlich ist. Menschen, die nicht gut darin sind, mit feindlichen Situationen umzugehen, werden normalerweise in ihr sympathisches Nervensystem – Kampf, Flucht oder Erstarren – wechseln, genauso wie das Pferd dies bereits getan hat.

Menschen in dieser Verfassung können sich gedanklich nicht sehr gut aus der Situation befreien, sondern stattdessen nur auf das Geschehen reagieren – normalerweise nachdem das Verhalten des Pferdes bereits aufgetreten ist. Aus diesem Grund hinken sie immer mit ihrer Antwort hinterher auf das, was das Pferd tut, was nur zur Verwirrung beiträgt und zur Eskalation im Verhalten desselben führt.

Bitte verstehen Sie mich hier nicht falsch. Ich sage das alles nicht als Urteil über Menschen, die sich in einer solchen Situation befinden. Die Wahrheit ist, dass jeder, der mit Pferden zu tun hat, mich eingeschlossen, sich zweifellos das eine oder andere Mal in einer ähnlichen Situation wie der gerade beschriebenen befunden hat. Wir sollten versuchen, uns daran zu erinnern, dass wir alle zu jeder Zeit unser Bestes geben, und hoffentlich können selbst die Situationen, in denen uns alles über den Kopf wächst, zu Lernmöglichkeiten werden, bei denen die Möglichkeit besteht herauszufinden, wie wir sie in Zukunft vermeiden können.

Eine Sache, die Situationen, wie ich sie beschrieben habe, noch schlimmer machen kann, ist die in der Pferdewelt weit verbreitete irrige Vorstellung, dass Pferde zu Respekt oder Respektlosigkeit fähig sind – das sind sie jedoch nicht.

Vor einigen Jahren, als ich mich mit Pferdegehirnforschung beschäftigte, erfuhr ich, dass Pferde nicht über den Teil des Gehirns verfügen, der es (unter anderem) ermöglicht, abstrakte Konzepte zu verstehen. Diese beinhalten gut und böse, richtig oder falsch, Respekt und Respektlosigkeit, die Fähigkeit zur Vorausplanung und so weiter. Mit anderen Worten, das Verhalten des Pferdes hat für das Pferd keinerlei Wert. Der einzige Grund, warum ein Verhalten einen solchen hat, besteht darin, dass wir ihm einen Wert beimessen, nicht weil das Pferd ihn darin sieht.

Der einzige Weg, wie Pferde letztendlich einen Wert in einem Verhalten sehen, ist, wenn sie in irgendeiner Weise von dem Verhalten profitieren. Sie profitieren unter anderem davon, wenn sie dafür ein Nachgeben bekommen. Beispielsweise kann ein Pferdebesitzer, der jedes Mal zurückweicht (nachgibt), wenn das Pferd in seinen Bereich tritt, diesem dadurch sehr leicht und sehr schnell beibringen, »aufdringlich« zu werden.

Dieses Verhalten war weder die Idee noch die Absicht des Pferdes, als es das erste Mal in den Bereich des Besitzers kam. Alles, was das Pferd tat, war ein harmloses Verhalten, das eine unbeabsichtigte Belohnung nach sich zog. Daraus ergab sich aber, dass das Pferd ein

Verhalten lernte, das wir nicht wollen. Und doch gelten sehr viele Pferde, denen dieses Verhalten auf genau diese Weise beigebracht wurde, als »respektlos« – obwohl sie genau das tun, was man ihnen beigebracht hatte!

Das Verhalten von Pferden hängt auch direkt mit der Art und Weise zusammen, wie sich Pferde fühlen, und im Gegensatz zu Menschen können sie nicht zwischen der Art und Weise, wie sie sich fühlen und der Art und Weise, wie sie handeln, unterscheiden. Ein besorgtes Pferd wird sich besorgt verhalten, ein defensives defensiv sein, ein verängstigtes flüchten wollen, und wenn das Pferd nicht rennen kann, wird es kämpfen. Selbst das Verständnis dieser einen grundlegenden Funktion des Gehirns eines Pferdes kann uns dabei helfen herauszufinden, warum Pferde die Dinge tun, die sie machen, und wie wir besser lernen können, auf positive und produktive Weise mit ihnen umzugehen.

Ich erwähne das alles, weil ich denke, dass wir manchmal bei unserem Streben nach einer harmonischen Beziehung zu unseren Pferden die Realität aus den Augen verlieren. Und diese besteht darin, egal wie sehr wir uns bemühen oder wie sehr wir uns wünschen, dass es wahr wäre: Die Dinge werden einfach nicht immer so laufen, wie wir es gerne hätten. Und das kann den Besten von uns passieren.

Walter verdiente seinen Lebensunterhalt mit Pferden. Er tat dies hauptsächlich, indem er diese Tiere kaufte, trainierte und dann wieder verkaufte – solche, die er beim Pferdeverkäufer erwarb oder diejenigen, die die Leute nicht mehr wollten. Da er hauptsächlich verkrachte Existenzen und »Killer«-Pferde kaufte – solche, die zum Schlachten bestimmt waren, kamen viele dieser Tiere mit Trainingsproblemen, einige davon waren erheblich, zu ihm.

Damals hätte man jemanden wie Walter vielleicht als Pferdehändler bezeichnen können. Heute würde man ihn als jemanden bezeichnen, der Pferde rettet. Ich bezweifle, dass er sich jemals so gesehen hat – weder so noch so.

Damals wie heute kaufen die meisten Pferdehändler solche Pferde, mit denen sie schnell und einfach Gewinne erzielen können. Einige weniger seriöse Pferdehändler wenden hinterhältige Methoden an, um Pferde an den Mann zu bringen, wie beispielsweise das Betäuben von Pferden, um äußerlich ihr Temperament vorübergehend zu ändern oder eine Lahmheit zu verbergen. Walter schien nicht besonders daran interessiert zu sein, wie schnell er ein Pferd verkaufte oder ob er mit dem Verkauf einen Gewinn erzielte, und ich sah ihn nie Pferde kaufen oder verkaufen, die Medikamente brauchten, um ihr Temperament zu verändern oder körperliche Probleme zu verbergen.

Ebenso bin ich mir auch nicht sicher, ob Walter das, was er tat, als das Retten von Pferden betrachtete. Viele Pferderettungsorganisationen da draußen tun alles, um fast jedes Pferd aufzunehmen, unabhängig von Ausbildung, Gesundheit, Temperament oder was auch immer. Dies soll keine Kritik sein, ist aber bei vielen Rettern so. Und wenn sie über das nötige Kleingeld verfügen, um all diese Pferde richtig zu versorgen, bin ich dafür.

Aber das war nicht das, was Walter tat. Er suchte bei den Pferden, die er kaufte, nach sehr spezifischen inneren Qualitäten, wenn man es so sagen will. Oft sah ich, wie er Pferde links liegen ließ, die äußerlich alles zu bieten schienen – Stammbaum, Aussehen, Größe, Training – für irgendeine unterernährte Kreatur mit X-Beinen, Schweineaugen und hervorstehenden Hüften. Oder er kaufte die Pferde, die in ihren Pferchen herumsprangen, wenn Walter sie ansah, oder solche, die niemand einfangen konnte, oder diejenigen, die mit dem Kopf in der Ecke ihrer Boxen standen.

Bis heute kann ich nicht sagen, was er in diesen Pferden gesehen hat, und er hat nur ein paar Mal eine Erklärung abgegeben, die ich sowieso nicht wirklich verstanden habe. Was ich weiß, ist, dass jedes Pferd, das er ausgewählt hat, ein williges war, mit dem fast jeder reiten oder arbeiten konnte.

Nachdem er jedem dieser Pferde Zeit gegeben hatte, sich einzugewöhnen, normalerweise zwischen einigen Tagen bis hin zu Wochen oder Monaten, begann er mit ihnen zu arbeiten. Einige arrangierten sich sofort an seine ruhige und nachdenkliche Art des Umgangs, wobei viele von ihnen anscheinend sogar von dem angezogen wurden, was er ihnen bot.

Aber dann gab es noch ein paar andere, die, egal wie viel Anpassungszeit sie benötigten oder wie leise er Informationen gab, einfach nichts mit ihm oder der Situation zu tun haben wollten. Einige dieser Pferde zeigten die von mir zuvor erwähnte Art von Abwehrverhalten – von manchen Leuten als respektlos bezeichnet.

Diese Pferde konnten angriffslustig werden, wenn er mit ihnen in den Pferch ging. Einige stießen ihn mit ihrem Körper, wenn sie angebunden standen, oder traten in seine Richtung, wenn sie im Auslauf vorbeiliefen. Wieder andere drohten zu beißen oder sich aufzubäumen. Trotzdem hat Walter nie das Wort »Respektlosigkeit« in Bezug auf eine dieser Verhaltensweisen verwendet. Er benutzte jedoch ein anderes Wort: »grantig«.

Wenn ein Wallach mit dem Kopf herumwirbelte und mit den Füßen aufstampfte, sagte Walter: »Sieht aus, als wäre er heute ein bisschen mürrisch.«

Griff ihn eine Stute an, witzelte er: »Graaaantig.«

Wenn ein Pferd, das er einfangen wollte, vor ihm davonlief, zuckte er mit den Schultern und sagte: »Er versucht nur, etwas von seinem Groll loszuwerden.«

War das Verhalten beeindruckend und nicht bedrohlich, wie

beispielsweise sinnlose Kreise im Roundpen laufen, machte er eine relativ kleine Geste, um der Bewegung des Pferdes eine andere Richtung zu geben. Dies konnte bedeuten, vor das Pferd zu treten und einen Führstrick auf den Boden zu schlagen, was wiederum das Pferd dazu brachte, die Richtung zu ändern und damit effektiv aus dem sinnlosen Kreislauf auszubrechen. Dies half auch dem Pferd, sich geistig einzubringen.

In anderen Fällen, wenn das Verhalten des Pferdes beeindruckender und möglicherweise viel gefährlicher war, konterte es mit etwas Bestimmterem und Präziserem.

Ich erinnere mich an einen Wallach namens Cat, der seit ein paar Monaten bei uns war – ein Name, der zu seiner Sportlichkeit passte. Die Beschwerde, die der Vorbesitzer von Cat über ihn vorbrachte, war, dass er Menschen hasste. Als Walter zum ersten Mal in den Pferch ging, um mit ihm zu arbeiten, wurde Cat scheinbar seiner Beschreibung gerecht: Er tat so, als würde er weglaufen, nur um sich in letzter Sekunde umzudrehen und anzugreifen.

Ich erinnere mich, dass Walter »Na, na« sagte – so ähnlich wie man ein kleines Kind zu beruhigen sucht, das einen halbherzigen Wutanfall bekommt.

Walter trug immer Halfter und Strick in der Armbeuge, wenn er mit einem Pferd arbeitete, aber besonders, wenn er mit einem Pferd arbeitete, das er nicht kannte. Dieses Mal war es keine Ausnahme. Im Handumdrehen nahm er das Halfterseil aus seiner Armbeuge, schnippte das Ende in Richtung Cat, wobei das äußerste Ende Cats Nase berührte.

Er kam schlitternd nur wenige Meter von Walter zum Stehen, der leicht zur Seite trat. Fast schneller, als ich begreifen konnte, schnippte Walter das Ende des Seils gerade über Cats Ohren, jedoch ohne sie zu berühren. Dann warf er es zurück, schnippte es erneut und tippte Cat damit auf die Schulter. Dies führte dazu, dass er herumwirbelte und in die andere Richtung davongaloppierte.

Cat erreichte die hintere Ecke seines Pferchs mit ungefähr sieben Sprüngen, wirbelte herum und sah Walter an. Er warf seinen Kopf mit weit aufgerissenen Augen in die Luft und schnaubte.

»Okay«, hörte ich Walter leise sagen, als er sich eine Zigarette anzündete. »Das sollte genügen.«

Der Rest dieser Trainingseinheit, die meiner Erinnerung nach nicht länger als etwa eine halbe Stunde dauerte, begann damit, dass Cat ziemlich besorgt und vorsichtig war, endete aber damit, dass er sich leise an Walter wandte und ihn sogar mit der Nase berührte.

Ich habe Jahre gebraucht, um zu verstehen, dass das, was Walter in seiner Arbeit mit Pferden auszeichnete, Ausgewogenheit war. Er war in der Lage, dem Pferd dort zu begegnen, wo es gerade emotional war, und dann von dort aus weiterzuarbeiten. Er besaß auch eine unheimliche Fähigkeit, unabhängig von der Situation, Ruhe zu bewahren. Es spielte keine Rolle, ob er eines seiner langjährigen, gut ausgebildeten Reitpferde ritt oder ein neues Pferd wie Cat anleitete, das sich schwertat – für ihn sah alles gleich mühelos aus. Walter sah, klang und verhielt sich immer gleich und konnte deshalb mit den Pferden in seiner Obhut erstaunliche Ergebnisse erzielen.

Nachdem ich gesehen hatte, wie Pferde auf ihn reagierten und wie er vorging, wusste ich, dass ich mit Pferden genauso arbeiten wollte wie er – sicherlich ein edles Unterfangen.

Was mir jedoch langsam klar wurde, als ich es alleine versuchte, ist die universelle Wahrheit, dass man eine mühelose Geschicklichkeit selten einfach erreichen kann.

Ein verschwommener Weg

Ich mache immer das, was ich nicht kann, damit ich lerne, wie man es macht.

PABLO PICASSO

Das Haus meiner Großmutter wurde Ende des 19. Jahrhunderts von ihrem Großvater erbaut. Es war ein weißes, zweistöckiges viktorianisches Gebäude am Ufer eines großen Flusses, umgeben von Pflaumen-, Pfirsich-, Kirsch- und Apfelbäumen.

Es hatte drei Schlafzimmer im Obergeschoss, die über eine schmale, leicht geschwungene und knarzende Treppe zu erreichen waren, die wir Kinder nie benutzen durften, weil es zu gefährlich war – aber anscheinend nicht zu gefährlich für Erwachsene, die sie ständig benutzten.

Im Erdgeschoss befand sich ein großes Esszimmer, ein kleineres Wohnzimmer, in dem meine Tante ab und zu auf einem Klavier spielte und abends meine Großmutter saß und die Lawrence Welk-Show schaute. Es gab auch eine ziemlich große Küche mit begehbarer Speisekammer und dann ganz hinten im Haus ein Badezimmer, das Anfang des 20. Jahrhunderts angebaut wurde.

Damals kam es mir mit seinen hohen Decken, großen Fenstern und fleckigen Hartholzböden und -verzierungen wie ein Schloss vor. Tatsächlich war der Ort geräumig genug, um ganz ordentlich Tempo zu gewinnen, wenn man aus dem Wohnzimmer durch das Esszimmer, die Küche und ins Badezimmer »Vollgas« rennen wollte – alles auf gerader Linie. Dies entsprach einer Leistung, die ich nur einmal geschafft habe, bevor mir meine Großmutter unmissverständlich sagte, dass man so etwas im Haus nicht tut.

Unser Haus gestaltete sich dagegen deutlich weniger pompös.

Unsere Familie lebte in einem etwa fünfundachtzig Quadratmeter großen, einstöckigen Haus mit zwei kleinen Schlafzimmern, einem winzigen Badezimmer, einem kleinen Wohnzimmer und einer ebenso kleinen Küche. Mama und Papa schliefen in einem Schlafzimmer, meine drei Brüder und ich hatten das andere, und meine Schwestern nächtigte auf einer ausklappbaren Couch im Wohnzimmer. Ihre Kleider befanden sich in Kisten auf dem Boden eines winzigen Schranks direkt vor dem Badezimmer.

Es gab viele Kinder in unserer Nachbarschaft, aber es schien eine ungeschriebene Regel unter den Eltern zu geben, dass keine anderen Kinder als ihre eigenen jemals in das Haus eines anderen gelassen werden sollten. Infolgedessen verbrachten wir nicht nur fast unsere ganze Zeit damit, draußen zu spielen, sondern es führte auch dazu, dass ich eine extrem enge Sichtweise darauf hatte, wie groß das Innere von Häusern war oder sein könnte.

Zur Festigung dieser Perspektive trug die Tatsache bei, dass alle Häuser in unserer Nachbarschaft von außen ziemlich gleich aussahen. Die meisten waren sogar in denselben Farben gestrichen, entweder in einem schmutzigen Weiß oder in einer Art blassem Grün. Unseres war Letzteres.

Aufgrund all dessen war mein Verständnis bis zu meinem zwölften Lebensjahr, dass die Häuser von Großmüttern innen und außen auf eine bestimmte Weise aussahen und solche aller anderen anders. Mit anderen Worten, Großmütter lebten in Schlössern, Familien in Hütten.

Das änderte sich alles, als ich 13 Jahre alt war. In diesem Jahr entschieden meine Eltern, dass das Haus, in dem ich aufwuchs und nur eine kurze Radfahrt von Walters kleiner Pferderanch entfernt, zu klein für uns geworden war. Und sie lagen nicht falsch. Wir Kinder wurden alle größer, aber das Haus nicht.

Also packten wir in jenem Jahr unsere mageren Habseligkeiten, vergleichbar mit den Clampetts aus der alten Fernsehserie Beverly Hillbillies, und zogen in ein neu gebautes und viel größeres Haus in einer völlig anderen Stadt – etwa zehn Meilen entfernt.

Der größte Vorteil des Umzugs war, dass das neue Haus dreimal so groß war wie unser vorheriges Zuhause. Es hatte die doppelte Anzahl an Schlaf- und Badezimmern sowie eine viel größere Küche und ein Wohnzimmer. Es gab auch eine Garage für zwei Autos, was wie Verschwendung erschien, wenn man bedenkt, dass unser gebrauchter Buick Le Sabre von 1959 noch nie unter irgendeiner Art von Abdeckung gestanden hatte, geschweige denn den Komfort eines ganzen Gebäudes für sich allein gehabt hatte.

Der Nachteil des Umzugs, zumindest für mich, war, dass es jetzt fast unmöglich schien, zu Walters Ranch zu gelangen. Die Entfernung betrug nicht nur zehn Meilen, sondern es gab auch nur zwei Straßen, die aus der neuen Stadt heraus und in seine Richtung führten. Beide waren stark befahrene Autobahnen mit schmalen Seitenstreifen und beide somit nicht förderlich für eine sichere Radtour.

Damit ging meine Zeit bei Walter faktisch zu Ende. Ich habe mir in diesem Sommer die Mühe gemacht, ihn ein- oder zweimal zu besuchen, aber die zwanzig Meilen lange Hin- und Rückfahrt auf einem Fahrrad ohne Gangschaltung, während Autos und Lastwagen gefährlich nahe heransausten und hupten, als sie vorbeifuhren, war etwas mehr als mein vermeintliches Schutzschild aus dreizehn Jahren Unbesiegbarkeit verkraften konnte.

Mit der neuen Nachbarschaft kamen neue und zusätzliche Interessen hinzu. Ich war im achten Schuljahr und lernte neue Freunde kennen, vertiefte mich intensiv in Sport und Schularbeiten, und nachdem ich Schwarz-Weiß-Konzertaufnahmen vom Creedence Clearwater Revival im Fernsehen gesehen hatte, beschloss ich, Schlagzeuger zu werden.

Ein Freund aus unserer Fußballmannschaft besaß ein Schlagzeug, das er für fünfzig Dollar verkaufte, also nahm ich einen Wochenendjob als Tellerwäscher in einem kleinen Imbiss an, wo meine ältere Schwester Kellnerin war. Ich verdiente genug Geld, um das Schlagzeug zu kaufen, brachte mir selbst das Spielen bei und bekam ein paar Monate später einen professionellen Auftritt mit einer Band namens »Jerry and the Jesters«. Die Band bestand aus Jerry (der 28 Jahre alt war und sechs Kinder hatte) und den Jesters. Die Jesters waren ich und ein Freund namens Gary, der gleich nebenan in der Straße wohnte und irgendwie Bass spielte. Gary (der ebenfalls Autodidakt war) und ich trafen uns ein paar Mal pro Woche in meinem Keller, um zu Musik von der Platte zu spielen. Nach einer Weile hielten wir uns für verdammt gute Musiker, weshalb wir uns sicher genug fühlten, auf eine Anzeige zu antworten, die Jerry auf einer Pinnwand in einem Musikgeschäft veröffentlicht hatte.

Es stellte sich heraus, dass Jerry die vorherigen Jesters nur ein paar Tage zuvor gefeuert hatte. Weil ich mehr oder weniger einen konstanten Takt halten und Gary mehr oder weniger in der richtigen Tonart spielen konnte, zusammen mit der Tatsache, dass Jerry eine lange Liste von Gigs hatte, die bereits am kommenden Wochenende anfingen, stellte er uns auf der Stelle ein. Gary und ich waren beide groß für unser Alter, daher ließen sie uns die Auftritte auf allen Hochzeiten und in den meisten Bars spielen, die Jerry gebucht hatte.

Während dieser Zeit schien es, als ob fast alles und jeder in meinem Leben versuchte, mich von Pferden wegzulocken, und beinahe kam das auch so, bis ich 16 Jahre alt wurde und meinen Führerschein machte. Meine Eltern fuhren jetzt ein 1964er Oldsmobile, mit dem auch ich fahren durfte. Dabei hielt ich an einem Fastfood-Laden und traf ein Mädchen namens Jean, mit dem ich zur Grundschule ging.

Jean und ich waren seit der ersten Klasse bis zu meinem Umzug Klassenkameraden gewesen.

Ich mochte Jean schon immer. Sie war lustig, klug, nachdenklich und hart, wenn es sein musste. Sie hatte viele Interessen, aber Sport und Tiere schienen ganz oben auf der Liste zu stehen. Jean war sogar mit einer männlichen Stockente befreundet, die im Wald in der Nähe ihres Hauses lebte. Sie konnte das Pfeifen der Ente nachahmen und wann immer sie es tat, tauchte der Erpel auf und folgte ihr, manchmal nur für ein paar Minuten, manchmal fast den ganzen Tag lang.

Im Laufe der Zeit und nachdem wir uns monatelang durch meine vielen Zwischenstopps im Fast-Food-Restaurant wieder angenähert hatten, begannen wir uns zu verabreden.

Jean besaß eine kleine Schimmelstute namens Tippy, die sie selbst ausgebildet hatte und mit der wir immer Zeit verbrachten, wenn ich bei ihr zu Hause war. Obwohl sie mehr oder weniger »Autodidakt« war, was Pferde betraf, ging sie mit Tippy in ähnlicher Art um, wie Walter es mit seinen Pferden tat. Sie erledigte die Dinge nicht genauso wie Walter, aber was sie machte, fühlte sich sehr ähnlich an. Es war weich, nachdenklich und effektiv.

Es dauerte nicht lange, bis ich mich ihr und Tippy bei allen möglichen Aktivitäten anschloss, darunter Ausritte, Pferdeshows und im Winter sogar Schlittenfahrten, die mir die Gelegenheit gaben, das Wissen über Pferde dort wieder aufzunehmen, wo ich mit Walter aufgehört hatte.

Jean und ich waren während der gesamten High School und danach noch ein oder zwei Jahre zusammen. Wir gingen schließlich getrennte Wege, als sie aufs College ging, um Tierärztin zu werden und ich mit einer Band tourte. Aber wir sind bis heute enge Freunde geblieben.

Der Grund, warum ich Jean und Tippy erwähne, liegt darin, dass meine Zeit mit ihnen mir nicht nur geholfen hat, mich wieder mit Pferden zu verbinden, als ich dabei war, mich von ihnen zu entfernen, sondern, was noch wichtiger ist, sie hat mir geholfen, mich wieder mit einer bestimmten Art des Umgangs mit Pferden zu verbinden.

~

In den nächsten Jahren fand ich sporadische Arbeit mit Pferden, vermischt mit meiner Arbeit als reisender Musiker. Das dauerte, bis ich Anfang zwanzig war – an diesem Punkt verspürte ich das Bedürfnis, wieder mehr auf Vollzeitbasis mit Pferden zu arbeiten und mehr über sie zu lernen.

Ich stellte schnell fest, dass Jobs mit Pferden, insbesondere für jemanden mit meiner relativ begrenzten Erfahrung, Mangelware waren. Aber schließlich fand ich eine Saisonstelle als Wrangler (Cowboy für Pferde) bei einem großen Pferdebetrieb etwas außerhalb des Rocky-Mountain-Nationalparks.

Ich war einer von zwölf Wranglern, die für die Sommersaison angeheuert wurden. Der Betrieb besaß über hundert Pferde, darunter Zugpferde und Ponys, und wir arbeiteten sieben Tage die Woche, zwölf bis vierzehn Stunden am Tag, von Mai bis Ende September. Dafür bekamen wir zweihundert Dollar im Monat plus Unterkunft und Verpflegung.

Als ich im Mai ankam, war einer der ersten Jobs, der mir gegeben wurde, dabei zu helfen, die Pferde von der ca. zehn Quadratkilometer großen Weide zu holen, wo sie den Winter verbrachten. Diese befand sich in den Ausläufern der Hügel, etwa dreißig Meilen von der Ranch entfernt und umfasste große offene Wiesen, die durch felsige Wildpfade verbunden waren und viel steiles Gelände – überzogen von dicht bewaldeten Hängen.

Der Zusammentrieb im Frühling wurde in vier getrennte Aktionen unterteilt, eine pro Woche und das einen Monat lang. Die Arbeitsweise war jeweils so, dass der Chef mit einem motorisierten Dreirad (dem Vorläufer der viel ungefährlicheren Quads von heute) auf die Weide fuhr. Er trieb alle Pferde zusammen, die er finden konnte und die relativ nahe waren, um sie zurück zum Fangpferch bringen, wo der Rest von uns wartete. Im Pferch angekommen, sattelten wir die Pferde, die er mitgebracht hatte und ritten zurück auf die Weide, um alle anderen zusammenzutreiben, die wir finden konnten.

Die Pferde, die wir ritten, waren das, was gemeinhin als »Dude«-Pferde bezeichnet wird. Das heißt, Pferde, mit denen selbst der unerfahrenste Reiter zurechtkommen und denen man in den Sommermonaten anvertrauen würde, unerfahrene Reiter auf gemütliche Ausritte durch die Berge zu tragen. Aber zu diesem Zeitpunkt in der Saison und nachdem sie seit fast neun Monaten keinen Menschen mehr gesehen hatten, waren die meisten ein bisschen wild geworden. Infolgedessen gestalteten sich die ersten paar Minuten des Zusammentriebs für Pferd und Reiter normalerweise ziemlich lebhaft.

Später erfuhr ich, dass der Chef diese Zusammentriebe im Frühjahr dazu nutzte, die neu eingestellten Wrangler besser beurteilen zu können. Eine Möglichkeit herauszufinden, ob ihm gefiel, was er sah, war, wenn er dich für nachfolgende Zusammentriebe auswählte. Wenn ja, bedeutete das, deine Fähigkeiten überzeugten ihn. Wenn nicht, dann fehlten ihm bestimmte derselben.

Eine andere Möglichkeit herauszufinden, was er von deinen Fähigkeiten hielt, war das oder die Pferde, die er dir für den Sommer zuteilte. Wenn er dich auf eines der Gäste-Pferde setzte, stellte er einige deiner Fähigkeiten infrage. Wenn er dir ein echtes »Führungspferd« zuwies, zeigte er sich etwas zuversichtlicher in Bezug auf deine Fähigkeiten.

Bei diesem speziellen Betrieb waren die meisten Führungspferde entweder neu gekaufte und noch nicht geprüfte oder etablierte Pferde in der Herde, die traditionell mit etwas mehr Energie in die Saison starten würden, als der typische Gast verkraften könnte. In jedem Fall war das Ziel während der gesamten Saison, dass die Wrangler die Führungspferde ritten, bis sie für die Gäste sicher genug wurden. Dann würde das Pferd in die Gruppe für die Gäste einsortiert und dem Wrangler ein neues Führungspferd zugewiesen.

Unter den Führungspferden befanden sich zwei, die, egal wie viel man sie ritt, niemals für die Gäste infrage kämen. Eines dieser Pferde war ein 1,65 m großer Fuchswallach namens Sam Hill, der andere ein großer, schwarzer, langbeiniger Quarter Horse-Wallach namens Roulette.

Sam Hill gehörte zu der Gruppe, die der Chef zu Beginn dieses ersten Zusammentriebs mit dem Dreirad zusammengetrieben hatte.

»Mark, du kannst den großen Fuchs reiten«, sagte der Chef und stieg vom Dreirad, nachdem ich das Tor hinter ihm geschlossen hatte, sobald die Pferde im Pferch waren.

Ich brauchte ein wenig Zeit, um Sam Hill zu erwischen, der sich anscheinend ein wenig darüber ärgerte, nach seinen langen Winterferien wieder an die Arbeit zu müssen. Also, nach zahlreichen Hochgeschwindigkeitsrunden um den großen, felsigen Fangpferch ließ er mich schließlich an sich heran, und ich konnte ihn aufhalftern. Bis ich ihn gefangen, geputzt und bereit zum Satteln hatte, waren die anderen schon fertig damit und bereit zum Losreiten.

Anstatt eigene Sättel zu verwenden, ließ uns der Chef Ranch-Sättel verwenden, die wahllos von ihren Gestellen in der Sattelkammer gerissen worden waren, bevor wir das Haupthaus verließen. Weil ich als Letzter mein Pferd erwischte, war ich auch das Schlusslicht beim Putzen und bekam daher auch als Letzter einen Sattel, nämlich den, den niemand sonst haben wollte – einen fünfundsiebzig Jahre alten mit einem 14-Zoll-Sitz.

Im Allgemeinen reite ich einen 15,5-Zoll-Sitz, mindestens 15 Zoll, also zu sagen, dass der 14-Zoll-Sitz eng anliegt, wäre ein bisschen untertrieben. Da es jedoch das erste Mal war, dass der Chef mich reiten sehen würde, wollte ich es aber nicht erwähnen, um keinen schlechten ersten Eindruck zu hinterlassen.

Ich verlängerte die Steigbügel, bevor ich aufstieg, stellte aber fest, dass sie trotzdem noch zu kurz waren. Ich wollte gerade noch einmal absteigen, um sie noch weiter zu verlängern, als der Chef mich aufforderte, auf dem Pferd zu bleiben.

»Wir machen das schon«, sagte er und näherte sich mit einem seiner ehemaligen Wrangler, einem Burschen namens Smiley, der mitgekommen war, um an diesem Tag auszuhelfen.

Ich nahm beide Füße aus den Steigbügeln, während der Chef meinen linken Steigbügel verstellte und Smiley meinen rechten. Sobald er seine Einstellung vorgenommen hatte, zog der Chef schnell und fest am Steigbügel, um die übrig gebliebene Länge des Seitenleders nach der Einstellung anzupassen. Dies verursachte ein lautes Knallgeräusch, als die Fenderleder zusammenschlugen.

Ich glaube, ich erwähnte, dass Sam Hill bereits ein wenig aufgeregt darüber zu sein schien, dass wir seine Pläne für den Tag unterbrachen, und das Klatschen war der perfekte Anlass für ihn, uns zu zeigen, wie aufgeregt er wirklich war. Der große Wallach explodierte regelrecht, als er das Geräusch hörte, und ehe ich mich versah, steckten Sam Hill und ich mitten in einem erstklassigen Buckel-Anfall.

Einerseits war der Boden im Fangpferch mit fußballgroßen Steinen übersät, und ich befand mich weit entfernt vom Boden auf einem großen Pferd, das mit jedem Sprung, den es machte, noch größer wurde. Ich war auch ohne Steigbügel in einem für mich viel zu kleinen Sattel, was zugegebenermaßen etwas unbequem war.

Andererseits hatte ich ein gutes Stück Übung im Reiten auf bockenden Pferden erhalten, als ich mit Walter arbeitete. Die meisten dieser Pferde waren solche, die wir gerade erst bekommen hatten und die als »ruhig« und »eingeritten« bezeichnet worden waren, und vom

Boden aus schien es sicherlich zu stimmen. Aber sobald man einmal auf ihrem Rücken saß, war es oft eine andere Geschichte.

Ich bin damals von einigen dieser Pferde abgeworfen worden und habe schnell gelernt, das Sattelhorn oder was auch immer an Leder ich in die Finger bekommen konnte zu greifen, um mich festzuhalten. Danach hatte ich etwas mehr Glück – bis Walter mir sagte, ich dürfe mich nicht mehr festhalten. Ich sei inzwischen gut genug als Reiter, um bei den meisten von ihm ausgewählten Pferden oben zu bleiben. Sollten sie hart genug bocken, um mich abzuwerfen, dann hätte ich es verdient, auf dem Boden zu landen.

Mit der Zeit habe ich gelernt, den »optimalen Punkt« bei bockenden Pferden zu finden – die Stelle auf ihrem Rücken, die sich fast nicht bewegt, egal wie stark sie bocken. Wenn man diese Stelle gefunden hat und solange das Pferd in einer relativ geraden Linie bockt, sind die Chancen ziemlich gut, oben zu bleiben.

Mit den fußballgroßen Steinen im Fangpferch, dem Chef und allen anderen zuschauend und so weit vom Boden entfernt als Motivation, im Sattel zu bleiben, fand ich irgendwie den optimalen Punkt in diesem winzigen Sattel, und ohne mich festzuhalten konnte ich Sam Hill schließlich wieder ganz bis zum Schritt durchparieren.

Ich ritt Sam Hill den ganzen Tag lang bei diesem Zusammentrieb. Er war unglaublich. Er ging überall hin, wohin ich ihn lenkte und kein Pferd da draußen konnte ihn überholen. Ich ritt ihn auch in der nächsten Woche und auch die beiden danach.

Als es für den Chef an der Zeit war, Pferde für den Sommer zuzuweisen, nahm ich einfach an, dass ich Sam Hill bekommen würde, war aber überrascht festzustellen, dass er Sam einem anderen Wrangler namens Rob gab. Dieser war der unerfahrenste von uns allen, aber äußerst sympathisch, lustig, nett zu den Gästen und furchtlos auf dem Pferd – zugegebenermaßen, weil er nicht anders konnte. Rob und Sam Hill verstanden sich den ganzen Sommer über großartig.

Zu meiner weiteren Überraschung wies mir der Chef das große, langbeinige schwarze Pferd zu, das am letzten Tag des Zusammentriebs als eines der letzten hereinkam.

An diesem Tag, an dem er Pferde zuteilte, standen wir alle im Halbkreis um den Chef. Er blickte auf ein Klemmbrett und schrieb die Namen der Pferde neben die Namen der Wrangler, während er die Zuordnung vornahm. Nach und nach bekam jeder sein Pferd.

»Stephanie, du bekommst Buttercup … Jeff, du bekommst Lace … Justin, Kit …«

Und so ging es weiter, bis jeder in der Crew außer mir ein zugeteiltes Pferd hatte. Dann … »Mark«, nur der Hauch eines Grinsens kam unter dem schmutzigen Rand des Strohhuts vom Chef hervor, »ich werde dir Roulette geben.«

So wie ich es verstanden habe, war Roulette ein Quarter Horse mit eingekreuztem Vollblut, das der Chef bei einem Verkauf vor ein paar Jahren aufgegriffen hatte. Dieses Pferd war von einem Cowboy durch den Verkaufsring geritten worden und soweit ich das beurteilen konnte, lief es nicht gut. Anscheinend war das Gebot dadurch nicht sehr hoch, weshalb ihn der Chef kaufte. Damals, und wahrscheinlich auch heute noch, versuchten die meisten Gastpferde-Betriebe gute Pferde günstig einzukaufen, die sich mit wenig oder gar keiner Arbeit direkt in die Gastpferdegruppe eingliedern ließen. Roulette gehörte nicht dazu.

»Er wird ein gutes Pferd für dich sein, wenn du einen Weg findest, mit ihm auszukommen«, war die einzige zusätzliche Information oder Anweisung, die ich erhielt.

Im Gegensatz zu Walters kleiner Pferderanch, wo alles in einem langsamen, methodischen und oft etwas mäandrierenden Tempo ablief, war dies ein großer, schnelllebiger Betrieb, besonders morgens. Es schien, dass alles auf Geschwindigkeit und Effizienz ausgelegt wurde.

Auf dieser Ranch befand sich eine große Scheune, die drei separate »Scheunen« beherbergte, alle mit Anbindeställen. Es gab eine sogenannte »Hauptscheune«, die aus einem großen Mittelgang mit Holzboden und zwölf Anbindeständen auf jeder Seite des Gangs bestand. Es existierte auch eine sogenannte »hintere Scheune«, die sich unter demselben Dach befand, aber durch eine offene Wand und einen weiteren Gang von der Hauptscheune getrennt war. Sie hatte auch zwölf Stände. Dann gab es noch den sogenannten »Kinderstall«, angebaut an den Hauptstall, aber durch die dazwischen liegende große Sattelkammer von Hauptstall und hinterer Scheune getrennt. Darin befanden sich zehn Anbindestände.

Die Sattelkammer enthielt Sättel und Zaumzeug für alle der über 100 Pferde. Die Sättel waren ordentlich in alphabetischer Reihenfolge in Reihen von fünf übereinander gestapelten Sattelgestellen angeordnet und die Zaumzeuge in alphabetischer Reihenfolge an den Wänden aufgehängt. Eine große Tür öffnete sich auf der einen Seite der Sattelkammer zur Hauptscheune und eine weitere große in die Kinderscheune auf der anderen Seite der Sattelkammer. Durch eine weitere kleinere Tür konnte man zu einem angeschlossenen Büro gelangen. Alles innerhalb und außerhalb der Scheune war immer sauber und ordentlich.

Gegen halb sechs Uhr morgens sammelten sich die Pferde an einem großen Tor am Ende ihrer Weide, das in eine Gasse mündete und zur Hintertür des Hauptstalls führte. Neben diesem Tor war ein großer Heustall und auf der anderen Seite des Heustalls ein weiteres kleineres Tor, wo sich auch Pferde sammelten. Dieses Tor öffnete sich zu einer anderen Gasse, über die man zur hinteren Scheune und zum Kinderstall kam.

Wir Wrangler kamen alle eine halbe Stunde später und gingen sofort zum Getreidespeicher, füllten drei Schubkarren mit Getreide und brachten sie in die Mitte der Hauptscheune, der Hinterscheune und der Kinderscheune. Jeder Wrangler füllte jeweils eine Schaufel pro Hand, wir liefen zu jedem Anbindestall und warfen das Getreide in die kleinen hölzernen Getreidetröge in jedem Stall. Dieser Vorgang wiederholte sich, bis alle Ständer Getreide hatten.

Während die leere Schubkarre eilig weggebracht wurde, rannte ein Wrangler zu jedem der großen und kleinen Tore und ließ Pferde herein, wobei er darauf achtete, nur so viele hereinzulassen, wie jede Scheune aufnehmen konnte, nicht mehr. Sobald sie im Stall waren, gingen die Pferde in einen offenen Ständer und begannen zu fressen.

Während die Pferde fraßen, nahm sich jeder Wrangler einen kleinen Teil der Scheune vor, wobei jeder Teil normalerweise mindestens vier Pferde enthielt, manchmal aber auch bis zu sechs. Die Wrangler halfterten dann jedes davon in ihrem Abschnitt mit den Halftern, die bereits mit kurzen Stricken in den Boxen festgebunden waren. Sobald sich das erledigt hatte, bürsteten die Wrangler ihre Pferde so schnell sie konnten. Nachdem das Putzen beendet war, rannten sie in die Sattelkammer und holten Zaumzeug, das zu den Pferden in ihrem Bereich gehörte.

Zu diesem Zeitpunkt befanden sich bereits zwei Wrangler – einer von ihnen war immer ich – in der Sattelkammer. Während die Wrangler ihre Pferde aufzäumten, schickten sie die Pferde rückwärts aus den Boxen, riefen den Namen jedes einzelnen und eilten zur Tür der Sattelkammer, normalerweise zwei Wrangler mit jeweils einem Pferd, die zwei Reihen bildeten, als sie die Tür erreichten. Der andere Sattelkammer-Wrangler und ich schnappten uns mit der einen Hand den Sattel des entsprechenden Pferdes und mit der anderen Hand ein Sattelkissen und eilten zum wartenden Pferd.

Das Sattelkissen wurde auf den Rücken des Pferdes gelegt, unmittelbar gefolgt vom Sattel. Auf der abgewandten Seite des Pferdes ließ der Wrangler den ordentlich aufgehängten Sattelgurt herab, während die Person, die den Sattel auf das Pferd warf, den ebenso ordentlich aufgehängten Lederriemen auf der Sattelseite öffnete, danach den Sattelgurt ergriff und den Lederriemen in den Ring des Sattelgurtes führte, ein paar schnelle, enge Gurtungen machte und das Team zur Tür hinausschickte. Wir wiederholten diesen Vorgang, bis der Stall leer war und wiederholten ihn dann immer wieder, bis wir alle Pferde auf dem Platz gesattelt hatten. Wir konnten im Durchschnitt ungefähr hundert Tiere gefüttert, gestriegelt, aufgezäumt, gesattelt draußen an Anbindestangen anbinden und Scheunen sowie Sattelkammern in ungefähr fünfundvierzig Minuten fegen und reinigen.

Wenn es für den Chef an der Zeit war, den Gästen Pferde zuzuweisen, verwendeten die Wrangler die gleiche Art von Geschwindigkeit, um das Pferd des Gastes herauszusuchen. Sobald das Pferd des Gastes benannt wurde, rannte ein Wrangler los, um es zu holen und trabte dann langsamer zurück zum Zuweisungsbereich, nur um den Gast zu holen, den sie im Schritt in den Aufsteigebereich für die Gäste mitnahmen, während sie Anweisungen für den Ritt bekamen. Sobald der Wrangler fertig war, rannte er zurück zum Zuweisungsbereich und wiederholte den Vorgang.

Wrangler wurden normalerweise vor der Ankunft der Gäste einem bestimmten Ritt zugeteilt. Wenn also fast die gesamte Gruppe von Reitern aufgestiegen war, unterbrachen die zugewiesenen Wrangler ihre Hilfe beim Aufsteigen und rannten los, um ihre Führpferde zu holen, die man normalerweise in einem Bereich relativ nah im Vorderbereich des Aufsteigebereichs anband. Sie sprangen auf ihre Pferde, eilten an die Spitze des Ausritts, und wenn das Timing beim Aufsteigen gut lief, waren die Wrangler, sobald sie an der Spitze der Linie ankamen, sofort bereit, den Ausritt zu führen.

Ich begriff bald, dass es einige Schritte in diesem Prozess gab, mit denen Roulette Schwierigkeiten hatte. Das Erste war, dass er sich morgens beim Betreten des Stalls zwar aufhalftern ließ, aber wenn er wusste, dass man das Halfter festgebunden hatte, zog er sofort so stark zurück, dass entweder das Halfterseil oder das Halfter riss. Ebenso blieb er draußen an der Anbindevorrichtung nicht stehen.

Fairerweise muss man sagen, dass er nicht das einzige Pferd auf dem Platz war, das nicht angebunden werden konnte. Es gab noch eine Handvoll andere. Anstatt zu versuchen, die Anbindeprobleme mit diesen Pferden zu beheben, was an einem Ort, an dem die Zeit knapp war, ein zeitaufwendiger Prozess gewesen wäre, bestand die Lösung darin, eine Reihe individueller »Einzelboxen« für sie zu bauen. Es gab etwa zehn dieser 2,40 × 1,80 m großen, überdachten Boxen, in denen Pferde standen, die nach dem Satteln nicht angebunden werden wollten – unter ihnen auch Roulette.

Er war auch nicht allzu verrückt danach, mich aufsteigen zu lassen, als ich an die Reihe kam, einen Ritt zu führen oder zu begleiten. Nachdem ich ihn aus seiner Box genommen hatte, trabte er Kreise um mich herum, während ich seinen Sattel zurechtrückte und festzog, und es folgten dann weitere Kreise, während ich versuchte, meinen Fuß in den Steigbügel zu bekommen, um aufzusteigen.

Ich war damals jünger und hatte immer noch einen Anschein von Athletik, also ließ ich ihn, um Zeit zu sparen, oft weiterkreisen, während ich mit meiner rechten Hand das Sattelhorn packte und dann zog, sprang und mich mit einem Schwung in den Sattel warf. Sobald ich darauf saß und ihn geraderichtete, sprang Roulette halb galoppierend bis zur Spitze der Abteilung, wo ich ihn zu einer Art kreiselndem Stopp bis zum Start des Rittes bremsen konnte.

Einmal unterwegs, ging Roulette beim Ritt selten einen entspannten Schritt, sondern wir verbrachten die meiste Zeit damit, zwischen einer unglücklichen Kombination aus Schenkelweichen, Passage,

Piaffe und Pirouette hin und her zu wechseln. Die Gäste dachten normalerweise, dass diese Darbietung etwas ganz Besonderes sei, kommentierten oft, wie toll es aussah, und manchmal brachte sie mir sogar etwas zusätzliches Trinkgeld ein. Aber für mich hat es sich nie gut angefühlt, und ich bin mir sicher, dass dies auch für Roulette galt.

Die ganze Sache mit ihm nagte an mir von Anfang an, und je länger es dauerte, desto schlechter ging es mir. Während meiner Zeit bei Walter haben wir vor allem daran gearbeitet, Wege zu finden, um Pferden mit Problemen zu helfen, sich besser zu fühlen. Aus diesem Grund war es eine Sache zu wissen, dass Roulette unglücklich war, aber ihn Tag für Tag in dieser Verfassung zu reiten, ohne jemals zu versuchen, ihm zu helfen, war eine andere.

Bei dem straffen Tagesablauf wollte der Chef nicht, dass jemand außerhalb der Arbeitszeit auf einem der Pferde ritt oder mit ihm arbeitete. Aus diesem Grund fragte ich, ob ich in unseren Mittagspausen etwas mehr Zeit mit Roulette verbringen dürfte, und der Chef stimmte zu.

Unsere Mittagsroutine verlief ungefähr genauso wie die morgendliche. Die Tröge in den Ställen wurden mit Futter gefüllt und die Pferde gruppenweise in den Stall gelassen, bis alle versorgt waren. Die einzige Ausnahme waren die Pferde in den Einzelboxen, einschließlich Roulette. Diese blieben zur Mittagszeit in ihren Boxen, wo wir ihnen das Futter brachten, und ihnen auch immer ein Eimer Wasser zur Verfügung stand.

Sobald alle Pferde versorgt waren, gingen die Wrangler zum Mittagessen. Die Mittagspausen dauerten zwischen anderthalb und zwei Stunden, je nachdem, welche Ritte am Nachmittag anstanden. Das bedeutete, dass ich, wenn ich mich beeilte, mein Mittagessen zu verschlingen, zwischen fünfundvierzig Minuten und einer Stunde mit Roulette verbringen konnte, bevor die Gäste wieder auftauchten.

Nach dem Essen ging ich um die Vorderseite der Scheune herum, am Gästebereich vorbei und um die Ecke, die sich zu einem großen offenen Bereich öffnete, neben dem alle Kinderpferde angebunden und hinter dem die Einzelboxen waren. Dabei dachte ich an meine Zeit mit Walter zurück. Bei mehreren Gelegenheiten, als er anfing, mit einem problematischen Pferd zu arbeiten, stellte ich ihm dieselbe Frage: »Woher weißt du, wo du anfangen sollst?«

Er gab mir immer eine Variation der im Grunde gleichen Antwort: »Das Pferd wird es dich wissen lassen.«

Zugegeben, diese Antwort ergab für mein zwölfjähriges Ich nie wirklich einen Sinn, und als ich mich auf den Weg zu Roulette machte, schien sie auch nicht sehr hilfreich zu sein. Aber dann geschah etwas Interessantes. Als ich um die Ecke bog und über den offenen Bereich zu den Einzelboxen ging, blickte ich zu Roulette auf und sah, dass er ruhig in seiner Box stand. Es war das erste Mal, dass ich mich erinnern konnte, dass er jemals ruhig in seiner Box stand, besonders als ich näherkam.

Ich hielt für eine Minute inne, um zu versuchen, den Unterschied herauszufinden. Dieser war offensichtlich, dass kein Ritt bevorstand, also fehlte all diese Aktivität. Aber es schien noch einen anderen, vielleicht subtileren Unterschied zu geben. Ich stürmte nicht in Eile zur Box, um ihn herauszuholen und mich an die Arbeit zu machen.

Ich ging weiter in Richtung seiner Box, und zu meiner Überraschung blieb er die ganze Zeit still. Ich ging hinein, nahm sein Zaumzeug vom Sattelhorn und trenste ihn auf. Dann führte ich ihn aus der Box und während er immer noch ruhig stand, stellte ich seinen Sattel ein und zog den Gurt fester. Hier fing er an, ein wenig nervös zu werden, also führte ich ihn herum, bis er sich wieder beruhigte, löste den Gurt, nahm das Zaumzeug ab und brachte ihn wieder in seinen Pferch.

Ich stand mehrere Sekunden da und wusste nicht recht, was ich von dem, was gerade passierte, halten sollte. Es war buchstäblich das ruhigste, was ich je bei ihm gesehen hatte. Dazu gehörte, wie er sich verhielt, als wir ihn von der Winterweide holten, wie er sich während der morgendlichen Fütterungs- und Sattelroutine verhielt, wann immer ich versuchte, aufzusteigen oder ihn zu reiten, wie er sich auf den Reitstrecken verhielt und sogar die Absattelroutine am Ende des Tages. Während ich dort stand, drehte er sich um und nahm einen großen Schluck aus seinem Wassereimer und hob den Kopf, als er fertig war. Er ließ einen Teil des Wassers aus seinem Mund laufen, während er den Rest schluckte, dann stieß er einen leisen Seufzer aus und blickte lässig zu mir hinüber.

Da ich nicht recht wusste, was ich als Nächstes tun sollte, ging ich einfach weg und lief zurück über das offene Gelände vorbei an den Kinderpferden, die alle am Anbindebalken angebunden waren. Ich bog um die Ecke um die Vorderseite der Scheune herum, ging am Gästebereich vorbei zu einer Bank auf der Veranda vor der Scheune und setzte mich.

»Das Pferd wird es dich wissen lassen«, ging mir immer wieder durch den Kopf. Aber so einfach kann es doch nicht sein, oder? Versuchte Roulette mir hier wirklich etwas zu sagen?

Ich saß lange da, obwohl ich bezweifle, dass es mehr als fünf Minuten waren, bevor ich aufstand und zu seiner Box zurückging. Ich beobachtete ihn genau, als ich näherkam und versuchte, mich mit der gleichen Geschwindigkeit und Intensität zu bewegen, die ich beim letzten Mal benutzt hatte. Wieder stand Roulette ruhig da, während er mich ansah, als ich in seine Richtung lief. Ich ging wieder in die Box, legte ihm sein Zaumzeug an, holte ihn heraus, richtete seinen Sattel und schnallte den Gurt fest.

Dieses Mal stand er ruhig da, also führte ich ihn ein wenig herum, hielt dann an und versuchte, meinen Fuß in den Steigbügel zu setzen. Das schien ihm einen Schritt zu weit zu gehen, und er fing an, sich

Sorgen zu machen – sehr sogar. Ich lief mit ihm herum, bis er ruhig war, dann stellte ich mich neben ihn und dachte nach. Wäre Walter jetzt da, hätte er sich zweifellos eine Zigarette angezündet und einen langen Atemzug gemacht, bevor er etwas gesagt oder getan hätte.

Der Rhythmus und das Timing dieser altbekannten Pause beim Anzünden einer Zigarette überfluteten mich, und in diesem Moment hatte ich einen Gedanken. Eigentlich war es eher eine Frage: Welchen Teil der Bewegung des Beinanhebens mochte Roulette nicht? Ich hob mein Bein ganz schnell und er reagierte genauso schnell, dass ich keine Ahnung hatte, welcher Teil des Prozesses, in dem ich mein Bein anhob, ihm das Problem verursachte. War es mein Fuß, der dem Steigbügel zu nahekam? Habe ich mein Knie gebeugt, war es mein Knie, das sich seiner Seite näherte? Ich hatte keine Ahnung. Aber ich wollte es herausfinden. Während ich also neben ihm stand, versuchte ich es noch einmal, diesmal viel, viel langsamer.

Nach mehreren Versuchen und Neustarts und mit der Hilfe von Roulette konnte ich schließlich genau herausfinden, woher seine Sorgen kamen. Es ging nicht darum, mein Knie zu beugen oder meinen Fuß nah an den Steigbügel oder mein Knie nah an seine Seite zu bringen. Das Problem war schon lange zuvor da – tatsächlich weit, sehr weit vorher. Das, was seine Besorgnis auslöste, geschah, bevor ich auch nur daran dachte, meinen Fuß vom Boden abzuheben. Um die Sache noch schlimmer zu machen, war es etwas, von dem ich nicht einmal bemerkt hatte, dass ich es tat.

Nach zahlreichen Versuchen und weiterer Verlangsamung bei weiteren Tests kam ich schließlich zu der Erkenntnis, dass ich jedes Mal, wenn ich daran dachte, mein Bein zu heben, zuerst unbewusst die Außennaht meiner Jeans zwischen Daumen und Zeigefinger leicht einklemmte, um den Jeansstoff von der Außenseite meines Beins zu heben.

Das war es, was ihn beunruhigte.

Um sicherzustellen, dass dies das Problem war, nahm ich in den nächsten Minuten eine Reihe von Änderungen an meinem ursprünglichen Verhalten vor, indem ich entweder das Anfassen der Hosennaht wegließ oder sie wieder hinzufügte. Jedes Mal, wenn ich sie wegließ, ließ er mich mein Bein ohne viel Aufhebens anheben, vorausgesetzt, ich tat es langsam genug. Sobald ich aber die Hosennaht kniff, egal wie langsam oder in welcher Form ich das tat, eskalierte seine Sorge sofort.

Versuch und Irrtum machten in den nächsten Minuten klar, dass wir einige Fortschritte machen konnten, solange ich nicht die Naht anfasste. Aber wenn er auch nur dachte, meine Hand würde auf diese Naht zusteuern, konnte man für nichts garantieren.

Als das Mittagessen vorbei war, ließ er mich meinen Fuß in den Steigbügel nehmen und sogar aufsteigen, ohne dass er das Gefühl zeigte, losschießen zu wollen. Es war das erste Mal, seit ich anfing, ihn zu reiten, dass er wirklich damit einverstanden zu sein schien, dass ich auf seinen Rücken stieg.

In den nächsten Tagen und Wochen nahm ich weitere Anpassungen in der Art und Weise vor, wie ich mit Roulette umging – die meisten davon liefen darauf hinaus, alles, was ich mit ihm tat, zu verlangsamen. Dies übertrug sich sogar auf die morgendliche Fütterungs-, Sattel- sowie die Absattelroutine. Wenn Roulette morgens kam und nicht in meiner Gruppe war, tauschte ich mit dem Wrangler, in dessen Gruppe er sich befand, und nahm mir ein wenig mehr Zeit, um ihn zu pflegen und aufzuzäumen. Als er zur Sattelkammertür kam, um gesattelt zu werden, ging ich den Prozess mit mehr Sorgfalt und Überlegung mit ihm durch.

Am wichtigsten war der Moment, wenn es für uns an der Zeit war, einen Ritt zu führen: Ich beeilte mich, ihn zu holen, wie es von allen Wranglern erwartet wurde, aber verlangsamte meine Schritte, sobald ich etwa zehn Meter vor seiner Box angekommen war. Solange ich das tat, mir dann Zeit nahm, ihn aufzuzäumen, seinen Sattel zu justieren, den Gurt anzuziehen und natürlich nie die Naht meiner Jeans berührte, während ich langsam mein Bein anhob, blieb er ruhig stehen und ließ mich aufsteigen. Wir konnten uns dann an die Spitze der Gruppe schlängeln, anstatt den ganzen Weg dorthin zu taumeln und zu springen. Sobald wir auf dem Reitweg waren, wurde unser Verhalten beim Führen der Ritte erheblich weniger auffällig als zuvor.

Verstehen Sie mich nicht falsch, es gab noch viele Dinge, für die wir Zeit aufwenden mussten, bevor wir ein solides Team waren, aber im Laufe des Sommers und solange ich mich zumindest bemühte, auf das zu hören, was Roulette zu sagen hatte, überwogen unsere guten Tage die schlechten bei Weitem.

~

Während meiner Zeit bei Walter folgte ich immer seiner Anleitung, was zu tun war, um einem geplagten Pferd zu einem besseren Gefühl zu verhelfen, und ich habe im Grunde nur nachgemacht, was er tat, ohne wirklich zu verstehen, welche Auswirkungen es insgesamt hatte. Rückblickend weiß ich jetzt, dass ich damals keine persönliche oder innere Verbindung zu dem gespürt habe, was ich tat oder was überhaupt getan wurde. Die Arbeit mit Roulette war mein allererster wirklicher Vorgeschmack darauf, was es bedeutet, meine wenigen Fähigkeiten einzusetzen, um eine positive Veränderung in der Art und Weise zu bewirken, wie sich ein Pferd fühlt … und dies zu tun, weil es das Beste für das Pferd ist, aber nicht unbedingt für mich, obwohl das sicherlich eine Nebenwirkung war.

Kurz gesagt, dieser Sommer mit Roulette war meine allererste Anstrengung – sowohl innerlich als auch äußerlich – wo ich mir endlich die Zeit nahm, das Pferd wirklich zu berücksichtigen. Und dafür bin ich unendlich dankbar.

Eine letzte Bemerkung für diejenigen, die daran interessiert sind, wie Roulette zu seinem Namen kam …

Wie der Chef erzählte, versuchte er einige Monate, nachdem er Roulette gekauft hatte, ihn bei einem der Frühlingstermine zum Zusammentreiben der Herde einzusetzen. Offenbar hat Roulette ihn bei drei von fünf Gelegenheiten per Buckeln abgeworfen. Von diesem Tag an nannte er ihn Roulette, weil er sagte, ihn zu reiten sei wie russisches Roulette: Man wisse nicht, ob er mit Buckeln anfangen würde oder nicht …

Ich habe die Tatsache immer geschätzt, dass Roulette in der Zeit unserer Zusammenarbeit diese besondere Charaktereigenschaft offenbar schon hinter sich gelassen hatte.

Die Wolken verschwinden

Du musst verstehen, dass es mehr als einen Weg zum Gipfel eines Berges gibt.

MIYAMOTO MUSHASHI

Nachdem meine Zeit bei der Gästeranch zu Ende war, bekam ich Tagelohnarbeit auf ein paar Rinderfarmen, arbeitete als Teamleiter an einem anderen Ort, der immer noch seine ganze Rancharbeit mit Pferden erledigte, machte etwas Außentraining und Jungpferdeanreiten für einige Leute, und schließlich wurde ich als Manager für den Tierbestand auf einer Gästeranch unweit der Stadt eingestellt.

In den Jahren, bevor ich die Stelle bekam, hatte diese spezielle Ranch den zweifelhaften Ruf, die Hauptursache für Sommerunfälle, Verletzungen und Krankenhauseinweisungen in der gesamten Gegend zu sein. Mindestens einmal in der Woche beendete ein Gast seinen

Ausritt mit einem Abtransport in einem Krankenwagen oder Helikopter.

Während meines Vorstellungsgesprächs für den Job sagte mir der stellvertretende Geschäftsführer der Ranch, ein Typ namens Jeff, dass sie jemanden suchen, der »die Dinge in Ordnung bringt«, da insbesondere ihre Mitgliedschaft in der angesehenen Dude and Guest Ranch Association aufgrund ihres zweifelhaften Pferdebetriebs in Gefahr sei. Es war Anfang April, die Sommersaison stand vor der Tür, und ich hatte den deutlichen Eindruck, dass er unter Druck stand, jemanden einzustellen, um den Laden schnellstens zum Laufen zu bringen.

Ein Teil meines Vorstellungsgesprächs beinhaltete einen Rundgang über die gesamte Ranch. Das Hauptgebäude war eine Kombination aus Konferenzzentrum, Gästeunterkünften, Angestelltenunterkünften, Hauswirtschaftszentrum, Wartungsgebäude und Bürozentrum für die Manager, die sich um die verschiedenen Abteilungen auf der Ranch kümmerten. Es war ein massives Blockhaus – damals das größte in Colorado, obwohl ich glaube, dass es jetzt von viel größeren und opulenteren Komplexen in den Schatten gestellt wird.

Einer der ersten Orte, an den Jeff mich während des Rundgangs führte, war die Vorhalle – ein spitzes Dach, das von sechs großen Holzpfosten getragen wurde, die groß genug waren, sodass mindestens vier Autos gleichzeitig darunter fahren konnten. Wir gingen zu einem der Pfosten hinüber, wo er auf einen großen, gezackten Schnitt im Baumstamm zeigte.

»Weißt du, was das ist?« fragte er.

»Hat es jemand mit einem Auto angefahren?«

»Nein«, antwortete er. »Letzten Sommer nahm der Tierbestands-Manager Gäste bei einer Fahrt mit dem Heuwagen mit, als das Gespann durchging. Sie rasten den Hügel hinauf«, er deutete auf die lange, ansteigende Auffahrt, die zu dem Parkplatz führte, auf dem wir uns befanden, »und beim Durchgehen raste ein Pferd auf dieser Seite dieses Baumstamms und das andere auf der anderen Seite vorbei …«

»Oooh …«, hörte ich mich sagen.

Er wandte sich ab und bedeutete mir, ihm zu folgen. »Das ist nur einer der vielen Gründe, warum er nicht mehr hier ist.«

Wir bahnten uns unseren Weg über den Parkplatz, um schmelzende Haufen schmutzigen Schnees herum und vorbei an dem Heuwagen – ebenfalls teilweise im Schnee vergraben. Aus schmutzigem Schnee ragte die lange Metalldeichsel gefährlich heraus. Sie war in einem scharfen rechten Winkel nach oben gebogen und Reste des zerbrochenen Holzjochs noch an dem schweren Metallring am Ende der Deichsel befestigt. Auch die Ortscheite, an die man die Pferde anspannte, hatten sich hoffnungslos verbogen, ebenso die gesamte metallene Lenkung im Untergestell des Wagens.

Wir gingen einen langen, schneebedeckten Pfad hinunter, vorbei an einer kleinen Wasseraufbereitungsanlage und in ein Gebiet, das früher einmal eine anständige Pferdeanlage gewesen sein könnte. Offensichtlich waren diese Tage lange vorbei, denn die meisten Zäune und Anbindestangen fielen in sich zusammen oder fehlten komplett. Dort, wo der Schnee schmolz, lagen kleine Misthaufen, die vom vergangenen Sommer übrig blieben. Zwei viel größere Haufen, beide ungefähr zwei Meter hoch und zweieinhalb Meter im Durchmesser, waren nicht weit von der Vorderseite der heruntergekommenen Scheune aufgeschüttet, deren Eingangstür weit offen stand.

Schneemobile, die in Schmutzflecken stecken blieben, saßen wie gestrandete Wale in einem wahrscheinlich großen Paddock direkt oberhalb von der Scheune, und es sah so aus, als hätten sich auf der anderen Seite der Scheune einige kleinere Pferche befunden, aber man konnte es nicht mehr genau sagen.

»Aus den Aufzeichnungen, die wir haben«, sagte Jeff, als wir durch die große offene Tür gingen, »ist dieses Gebäude über einhundertzwanzig Jahre alt.«

Nur ein paar Meter hinter der Tür blieb ich stehen, da es unmöglich war weiterzugehen. Der Boden war übersät mit Lastwagenteilen, alten Sätteln und Zaumzeug, Reifen, verrosteten Wassertanks, rattenzerfressenen Satteldecken und Polstern, und auf einem Haufen an der Seite lag das zerrissene Zugpferdegeschirr, das zweifellos zu dem Unfall mit dem Heuwagen gehörte.

»Das ist die Sattelkammer«, sagte er und riss eine heruntergekommene Sperrholztür auf. Sie war nur teilweise aufgehängt, und der untere Teil der Tür schleifte protestierend über den alten Holzboden, bis er schließlich stecken blieb und uns nicht mehr als einen knappen halben Meter Platz ließ, um hindurchzukommen.

Die Sattelkammer war nur ein Raum im wörtlichen Sinne, da sie aus vier Wänden, einer Decke und einem Boden bestand. Sie hatte eine Türe, durch die wir kamen, und eine weitere aus Sperrholz, die sich zur Außenseite der Scheune öffnete, aber ansonsten nicht viel zu bieten. Ein paar Sättel hingen an Gestellen an den Wänden, und an einigen der Sattelhörner baumelten Zaumzeuge. Einige der Zaumzeuge hatten Zügel, andere nicht. Ein weiterer Haufen zerbeulter und von Nagetieren zerfressener Satteldecken und -unterlagen lag verstreut auf dem Boden in der Nähe.

»Wo sind die Pferde?« fragte ich.

»Pferde?« Er schien von der Frage überrascht.

»Ja. Besteht die Chance, dass ich sie sehen kann?«

»Sie sind draußen auf der Winterweide, ungefähr zehn Meilen entfernt«, sagte er. »Du willst sie sehen?«

»Wenn das in Ordnung ist.«

»Ja … ich meine, sicher.« In seiner Stimme schien mehr als ein bisschen Zögern zu liegen. »Ist es ein Problem?«

»Überhaupt nicht«, sagte er und führte mich durch die Sperrholztür zurück, durch die wir gerade kamen. »Es ist nur so, dass mehrere Bewerber sich hier vorgestellt, jedoch alle abgesagt haben nachdem sie diesen Ort sahen.« Er schwenkte seinen Arm, um das Innere der Scheune zu umfassen. »Niemand hat auch nur nach den Pferden gefragt.«

Die Ranch besaß siebenunddreißig Pferde, von denen die meisten in einem Hochgebirgstal verstreut waren, das einer benachbarten Ranch gehörte. Da sie sich so weit verteilt hatten, konnte ich nur ungefähr zehn von ihnen sehen, die um die gut gebauten Pferche und einen großen Wassertank mit darin schwimmenden Eisbrocken in der Nähe des Aufseher-Hauses verstreut waren. Keines von ihnen ließ mich an sich heran.

Zurück auf der Ranch beendeten Jeff und ich das Vorstellungsgespräch, das mit einem Angebot endete, das ich akzeptierte – unter einer Bedingung, dass ich die totale Kontrolle über den gesamten Pferdebetrieb hätte. Dazu gehörten die Einstellung von Mitarbeitern, der Kauf und Verkauf von Pferden, der Wiederaufbau der Pferdeanlage, die Struktur des Programms und die Planung der Ausritte.

Er entschuldigte sich, stand hinter seinem Schreibtisch auf, verließ den Raum und kehrte etwa fünfzehn Minuten später mit dem Geschäftsführer zurück, einem etwas untersetzten, bebrillten und geselligen Burschen namens Boyd, der Jeanshemd und -hose trug.

»Warum willst du diesen Job?« fragte Boyd und kam nach unserer Vorstellung gleich zur Sache.

»Ich denke, hier steckt viel Potenzial«, war meine Antwort.

»Und du denkst, du könntest dieses Potenzial zum Vorschein bringen?«

»Ich würde es gerne probieren.«

Im Raum war es für ein paar Sekunden still.

Boyd und Jeff sahen sich an, dann nickte Boyd.

»Schön dich kennenzulernen«, sagte er und schüttelte mir die Hand, bevor er den Raum verließ und die Tür hinter sich schloss.

Jeff setzte sich hinter seinen Schreibtisch und stieß einen Seufzer aus. »Wie schnell könntest du anfangen?«

In der darauffolgenden Woche begann ich mit dem Job und stellte schnell fest, dass es eine Sache ist, Potenzial zu haben, aber einen Weg zu finden, dieses Potenzial zur Entfaltung zu bringen, eine ganz andere. Die Anlage in Ordnung zu bringen war ziemlich einfach und bestand hauptsächlich aus Aufräumarbeiten und einigen grundlegenden Bauarbeiten sowie Zaunbau. Ich hatte etwas Hilfe in Form einer Wranglerin aus dem Vorjahr, die als Haushälterin den Winter über geblieben war. Sie hieß Carol und hatte nicht nur ein gutes Händchen für Pferde, sondern war auch eine fleißige Arbeiterin.

Als wir beide uns daran machten, die Einrichtung wieder zusammenzubauen und zu organisieren, unterhielt Carol mich mit erschütternden Geschichten aus der vergangenen Saison. Als ich zuhörte, kam ich nicht umhin, mich zu fragen, wie die Dinge so außer Kontrolle geraten konnten.

Sie erzählte, dass fast jeden Tag ein Pferd, ein Wrangler oder ein Gast in irgendeinen Unfall verwickelt war – einige davon geringfügig, andere wiederum viel schwerwiegender. Gebrochene Gliedmaßen, Gehirnerschütterungen, Schnitte und Abschürfungen waren anscheinend an der Tagesordnung, in dem Maße, dass die Erste-Hilfe-Sets, die jeder Wrangler in seinen Satteltaschen trug, bis zum Ende des Sommers drei- oder viermal ersetzt wurden.

Einerseits fand ich die Informationen ziemlich beunruhigend, andererseits dachte ich mir, dass es von dort aus nur noch aufwärts gehen konnte.

Nach einigen Wochen Zwölf-Stunden-Arbeit waren der Stall und die Umgebung wieder in Schuss. Wir bauten die Sattelkammer komplett um, indem wir sie der viel größeren und sehr effizienten Sattelkammer aus meiner früheren Arbeit auf der Gästeranch nachempfanden, einschließlich ordentlicher, handgefertigter Sattelgestelle aus Holz und einer Wand voller Haken für die Trensen. Es gab auch einen separaten Platz in der Nähe der Tür, die in die Scheune führte, der speziell für Satteldecken und Pads bestimmt war.

~

Ich baute und installierte zwei Halbtüren, um die schwachen Sperrholztüren zu ersetzen, eine innerhalb der Scheune von der Sattelkammer zum inneren Gang, die andere für den äußeren Vordereingang in die Sattelkammer. Ich baute auch eine kleine Veranda für die Vordertür der Sattelkammer. Wir trugen dann einen frischen Anstrich auf die Vorderseite der Scheune auf, bauten alle Paddockzäune um oder ersetzten sie und errichteten spezielle Aufsteige- und Anbindeplätze.

Während all dies geschah, erhielt ich eine Mappe mit Informationen über die sechs Leute, die für den kommenden Sommer als Wrangler eingestellt worden waren. Diese Leute hatte nicht ich eingestellt, sondern Jeff heuerte sie an, bevor ich dort Manager wurde. Von den sechs Personen auf der Liste besaßen nur zwei echte Pferdeerfahrung: Carol und eine College-Studentin aus dem Osten namens Linda.

Ich ging zu Jeff und erklärte ihm, dass wir, wenn wir eine positive Veränderung im Pferdeprogramm herbeiführen wollten, zumindest Leute bräuchten, die sich wirklich mit Pferden auskannten. Zu diesem Zweck sagte ich ihm, dass ich die Verträge der unerfahrenen Leute, die er angestellt hatte, annullieren und drei sehr erfahrene Leute kontaktierte, mit denen ich bei meinem letzten Job gearbeitet hatte, und sie stattdessen anstellen würde. Ich brauchte noch einen weiteren Wrangler, konnte diesen Platz aber besetzen, indem ich einige bereits eingereichte Bewerbungen durchging.

Während ich im Grunde fast die gesamte Crew nur wenige Wochen vor unserem geplanten Öffnungstermin feuerte und dies bei Jeff und Boyd schon einiges Stirnrunzeln verursachte, verlor ich mit dem, was ich als Nächstes tat, fast meinen Job.

Nachdem wir das Anwesen selbst wieder hergerichtet hatten, kam die Zeit, die Pferde hereinzubringen und in Augenschein zu nehmen. Wie sich herausstellte, war das, was wir sahen, nicht gut. Von den siebenunddreißig Reitpferden, die die Ranch besaß, eigneten sich nur vier für die Arbeit, für die wir sie brauchten. Der Rest war entweder zu alt, zu verkrüppelt, völlig untrainiert oder einfach halb wild.

Da uns nur noch zwei Wochen zur Verfügung standen, bis die ersten Gäste für Ausritte eintreffen sollten und daher wenig kostbare Zeit für die eigentliche Arbeit mit den Pferden, die wir besaßen, vorhanden war, musste ich eine Entscheidung fällen. Sollten wir mit diesen Pferden, die in der Vergangenheit offensichtlich nicht funktioniert hatten, in die Saison starten oder lieber etwas anderes machen?

Unter anderen Bedingungen oder in einer besseren Situation hätte ich vielleicht versucht, den Pferden eine Chance zu geben – zu sehen, ob wir mit ihnen einig werden, sie für uns gewinnen und ihnen vielleicht sogar helfen könnten, sich in ihrer Arbeit zu entspannen. Aber das entsprach nicht der Realität. Die Quintessenz war, dass Änderungen vorgenommen werden mussten – und zwar sofort.

Ich verkaufte jedes Pferd auf der Ranch, außer den vieren, von denen ich dachte, dass sie gute Gästepferde abgeben würden und ein paar der älteren Pferde, bei denen ich davon ausging, dass sie gute Kinderpferde für kurze Ausritte sein könnten. Ich verwendete dann das Geld aus dem Verkauf der Pferde, um erfahrene Gastpferde von einem großen Unternehmen zu leasen, das sich darauf spezialisiert hatte, Pferde an verschiedene Gästeranches in Colorado zu liefern. Alle Pferde, wurden mit Hufeisen, Sattel und Zaumzeug geliefert und alle eigneten sich garantiert dazu, in unserem Programm arbeiten zu können. Falls sie aus irgendeinem Grund nicht infrage kamen, konnte man sie gegen ein anderes Pferd eintauschen. Es war meiner Meinung nach eine Win-Win-Situation und ich hoffte, dass dies der positive Wendepunkt sein würde, den wir in unserer Situation benötigten.

Doch zwischen dem Verkauf der Pferde und kurz vor der Übergabe der geleasten Pferde wurde ich in Boyds Büro zitiert.

»Du hast die Pferde verkauft?« rief er aus, noch bevor ich die Tür hinter mir schließen konnte.

»Nicht alle.«

»Wie viele?"

»Achtundzwanzig.«

»Das ist die ganze Herde!«

»Wir haben neun behalten.«

»Wir können kein Sommerreitprogramm mit neun Pferden durchführen!«

Dies war die erste Gelegenheit, die ich hatte, um die Situation mit Boyd zu besprechen, da er in der Vorwoche nicht im Büro gewesen war. Nachdem ich den Plan und die Gründe dafür erklärt hatte, und für mich noch wichtiger, dass die gepachteten Pferde aus dem Verkauf der Herde bezahlt wurden, sodass es keine Auslagen geben würde, schien Boyd sich ein wenig zu beruhigen.

»Kannst du garantieren, dass diese Pferde besser sind als die, die wir hatten?«

»Noch nicht«, sagte ich. »Aber ich kann garantieren, dass sie nicht schlimmer sind.«

Die Pferde und die meisten Wrangler tauchten am nächsten Tag auf, wobei Erstere in einem Sattelzug auf dem Seitenstreifen des Highways vor der Ranch angeliefert wurden. Nachdem wir die Pferde beim Entladen überprüft und dann das ganze Zaumzeug abgeladen hatten, das auf der Ladefläche eines Pickups ankam, der den Sattelschlepper begleitete, brachten wir alle Pferde und die Paddocks in den Stall.

Normalerweise hätte ich sowohl den Pferden als auch den Wranglern einen Tag zum Ausruhen und Eingewöhnen gegeben, aber wir hatten keine Zeit. Am späten Morgen saßen wir alle fünf auf dem Pferd und da Carol die einzige war, die die Reitstrecken kannte, übernahm sie die Führung.

Die Ranch lag auf einer Meereshöhe von knapp 2.900 Metern, und obwohl es Mitte Mai war, lag auf den Pfaden immer noch etwas Schnee, besonders im Wald, der hauptsächlich aus Kiefern bestand. Je höher wir kamen, desto mehr Schnee wurde es. Infolgedessen konnten wir nur vier der sieben oder acht Reitwege ausprobieren, die wir den ganzen Sommer über regelmäßig benutzen würden.

Sobald wir von einem Ritt zurückkamen, sattelten wir weitere fünf Pferde und ritten aus, danach nochmal fünf und so weiter. Am Ende des Tages hatten wir alle bis auf acht der neuen Pferde geritten, und alle waren genau wie angekündigt – alles gute, solide Gästepferde, von denen sich eine Handvoll für Kinder und sogar drei oder vier als Führungspferde eigneten.

Die Wrangler nutzten unsere Zeit bei den Ausritten, um sich kennenzulernen, ein bisschen zu scherzen und Geschichten von ihren vergangenen Pferdeerlebnissen zu erzählen, und auch dafür, den Pferden, die sie ritten, Namen zu geben, da unseres Wissens keines der gemieteten Pferde einen Namen hatte.

Die beiden Wrangler aus dem Osten erschienen am nächsten Tag zur Arbeit, und nachdem sie unsere neue Morgenroutine für den gesamten Sommer mit Füttern, Putzen, Zaumzeug anlegen und Satteln durchlaufen hatten, gingen alle wieder hinaus, um sich weiter mit den Pferden und Reitstrecken vertraut zu machen.

Etwas später an diesem Tag traf ich mich mit allen Wranglern, um die Philosophie unseres Programms darzulegen, die auf eine einfache Sache hinauslief: Sicherheit.

Ich betonte, dass unsere Hauptaufgabe das Wohlergehen unserer Gäste, unserer Pferde und uns selbst sei, wobei die Gäste ganz oben auf dieser Liste und der Rest ganz dicht dahinter an zweiter Stelle stehe. Wir waren Profis, und als solche mussten wir uns auch verhalten. Zu diesem Zweck gäbe es spezifische Richtlinien für die Art und Weise, wie wir unsere Ritte durchführten.

Beispielsweise würden jedem Ritt mit mehr als vier Gästen zwei Wrangler zugeteilt. Die Aufgabe des hinteren Wranglers war es, alles und jeden von hinten in der Reihe nach vorne im Auge zu behalten, und das galt auch für den vorne reitenden. Auf diese Weise konnten wir hoffentlich mögliche Unfälle verhindern, bevor sie passierten.

Obwohl es wichtig war, die Dinge im Auge zu behalten, galt es als noch wichtigeren Schlüssel zur Sicherheit auf dem Ritt, den Gesamtstress der Pferde auf einem überschaubaren Niveau zu halten. Eine Möglichkeit war, diese selbst kennenzulernen. Wir mussten ihre Stärken und Schwächen herausfinden, sie dann das tun lassen, worin sie gut waren und das vermeiden, was sie nicht konnten. Wir sahen, welche Pferde sich miteinander verstanden und welche nicht und stellten dann sicher, dass diejenigen, die sich mochten, auf Ausritten immer nah beieinander waren.

Wenn Pferde Anzeichen von Müdigkeit, Wundsein oder Schmerzen jeglicher Art zeigten, sollten sie aus dem Betrieb genommen und entweder von uns, einem Tierarzt oder einem Chiropraktiker versorgt oder möglicherweise ein paar Tage nicht eingesetzt werden, um sich auszuruhen und zu erholen.

Und nicht zuletzt trainierten und behandelten wir unsere Pferde so ruhig und effektiv wie möglich. Wir zeigten den Gästen anschließend, wie man sie so reitet, dass diese Beständigkeit erhalten blieb, was wiederum dazu beitrug, das gesamte emotionale Gleichgewicht unserer Herde zu bewahren.

Ich hatte damals nicht wirklich darüber nachgedacht, aber was wir machten, stellte ein Experiment dar, das fast ausschließlich auf der Philosophie über die Arbeit mit Pferden basierte, die ich von Walter übernommen hatte und seitdem in meiner Reitkunst nachzubilden versuchte. Das heißt, Pferde scheinen einfach besser zu funktionieren, wenn wir ihnen helfen können zu verstehen, was vor sich geht – unabhängig von der Situation, in die wir sie bringen.

Das Ergebnis des Experiments war nicht nur, dass wir während unserer ersten viermonatigen Saison eine Rekordzahl von Reitern auf Ausritte geführt hatten, sondern wir schlossen auch die allererste unfallfreie Saison der Ranch ab. Finanziell ging es uns gut genug, um die Herde von siebenunddreißig Pferden im ersten Jahr auf fünfzig im nächsten Jahr zu erweitern – alles Pferde, die wir kauften, darunter zwei (und schließlich drei) Zugpferde-Gespanne, mit denen wir im Sommer Heutransporte und im Winter Schlittenfahrten unternahmen. Im dritten Jahr vergrößerten wir unsere Herde noch einmal, erhöhten die Anzahl der Pferde von fünfzig auf fünfundsiebzig und erweiterten unser Programm um Unterricht, Mini-Kurse und fortgeschrittene Ausritte, bei denen wir auch etwas Trab und Galopp ritten.

Ich blieb insgesamt drei Jahre auf der Ranch und behielt dabei die ursprüngliche Philosophie mit unseren Pferden bei, Vertrauen und Verständnis durch ruhigen, effektiven Umgang aufzubauen. Während dieser Zeit führten wir letztendlich über 17.500 Reiter auf Ausritten und konnten gleichzeitig unseren Rekord ohne Unfälle aufrechterhalten.

Ein paar Jahre später, als ich an einem anderen Ort Jungpferde zuritt, wurde ich vom Besitzer der benachbarten Gästeranch neben der, die ich verlassen hatte, kontaktiert (die beiden Ranches teilten sich eine gemeinsame Zaunlinie). Es stellte sich heraus, dass diese Ranch anfing, ebenfalls einige der gleichen Probleme mit Unfällen zu bekommen, die die andere hatte, bevor ich eingestellt wurde. Er bot mir die Position des Vorarbeiters der Ranch an, um zu sehen, ob wir seinen Pferdebetrieb in Ordnung bringen könnten.

Wir implementierten dann im Grunde die gleiche Philosophie und die gleichen Richtlinien für sein Pferdeprogramm, die wir auf der benachbarten Ranch verwendet hatten, und am Ende erzielten wir beinahe die gleichen Ergebnisse. Der einzige Unterschied bestand darin, dass in den fünf Jahren, in denen ich sein Ranch-Vorarbeiter war, tatsächlich ein Reiter vom Pferd fiel, oder genauer gesagt: Eine Person hat versucht aufzusteigen, es aber nie geschafft. Nicht, weil das Pferd irgendetwas tat, was es nicht tun sollte, denn es bewegte sich noch gar nicht, sondern weil der Typ eine für diese Aktivität viel zu enge Jeans trug und einfach nicht in der Lage war, sein Bein über den Rücken der Stute zu schwingen. Als ein Wrangler ihm beim Aufsteigen helfen wollte, traf der rechte Oberschenkel des Mannes den Sattel, sein linker Fuß rutschte aus dem Steigbügel, und er fiel kurzerhand auf den Hintern in den Dreck, riss seine Jeans auf und verstauchte sich dabei den Daumen.

Damit endete unsere perfekte Sicherheitsbilanz.

Was ich aus meiner Zeit als Wrangler auf der großen Gästeranch lernte, war, dass es viele kleine Variablen und bewegliche Teile gibt, die mit einem gut geführten Pferdebetrieb verbunden sind. Ich habe auch aus erster Hand gesehen, wie schnell Dinge aus den Fugen geraten können, wenn eine dieser Variablen und beweglichen Teile nicht so funktioniert, wie sie sollte. Während ich meine eigenen Gruppen von Gastreitern verwaltete, dachte ich mir, dass der beste Weg, diese Art von unglücklichen Problemen zu mildern, darin bestand, alles und jeden dazu zu bringen, sozusagen in die gleiche Richtung zu gehen. Das bedeutete, dass ich herausfinden musste, was unser Ziel für das Programm sein würde und dann von dort aus zurückentwickeln musste, um alle Teile zu entwickeln, die wir benötigen würden, um dieses Ziel zu erreichen.

Für mich stand immer die Sicherheit aller, mit denen wir in Kontakt kamen, im Mittelpunkt – unter anderem Gäste, Pferde, Reiter und Eigentum. Ich ging einfach davon aus, dass der beste Weg, die Dinge so voranzutreiben, darin besteht, dass sich unsere Pferde in erster Linie sicher fühlen. Ich konnte einfach nicht anders, als das Gefühl zu haben, dass wenn sich unsere Pferde im Allgemeinen in ihrem Leben wohlfühlten, es einen enormen Druck von uns nehmen würde, diese anderen kleinen Variablen und beweglichen Teile immer genau richtig zu justieren. Unter dieser Prämisse legten wir alle Handhabungs- und Trainingsverfahren für Pferde und Reiter und teilweise sogar für die Gäste fest.

Abgesehen davon glaube ich jedoch, dass ein Großteil unseres Erfolgs auch auf die Art und Weise zurückzuführen ist, wie wir sowohl unsere Pferde als auch unsere Wrangler auswählten. Wir verbrachten viel Zeit, um sicherzustellen, dass die von uns eingestellten Wrangler und Pferde, die wir in das Programm einbrachten, (zumindest) nicht nur die grundlegenden Fähigkeiten hatten, die sie für die Arbeit benötigten, sondern auch das Temperament dazu, um in dieser Arbeit erfolgreich zu sein. Nachdem wir alles getan hatten, um erfolgreich zu sein, einschließlich der langen Stunden und der harten Arbeit, die mit der Führung einer solchen Operation einhergehen, war es dann ziemlich lohnend, als wir das gewünschte Ergebnis nicht nur erreichten, sondern es auch über einen längeren Zeitraum aufrechterhalten konnten.

Rückblickend kann ich sehen, wie viel von dem, was ich in diesen Jahren getan habe, mit dem Beispiel begann, was Walter gezeigt hat: wie man mit Pferden eine gesunde Atmosphäre entwickelt und erhält. Er konzentrierte sich immer auf das emotionale und körperliche Wohlbefinden des Pferdes und das spielte sicherlich eine große Rolle in meiner Herangehensweise an das, was ich damals tat und das auch für mich heute noch gilt.

Meine Zeit auf den Gästeranches hat mich gelehrt, dass es nicht wirklich wichtig ist, ob wir mit einem Pferd in unserem Hinterhof oder mit hundert irgendwo in einem großen Betrieb arbeiten. Das meiste wird sich höchstwahrscheinlich viel eher einfach ergeben, wenn wir unseren Hauptfokus darauf legen, Pferden dabei zu helfen zu verstehen, was von ihnen verlangt wird und dass sie sich dabei wohlfühlen.

Die Kunst in der Kunst

Es erfordert großen Mut, ein Schwert in die Hand zu nehmen, es erfordert noch größeren Mut, es nicht zu benutzen.

UNBEKANNTER AUTOR

Vor Jahren kaufte ich ein damals siebzehnjähriges Ranchpferd namens Mouse. Dieses hatte viele Jahre unglücklicher Behandlung hinter sich, die dazu führten, dass es in der Nähe von Menschen im Allgemeinen und Fremden im Besonderen ziemlich beunruhigt war. Mouse hatte Angst, eingefangen zu werden, er mochte es nicht, gesattelt, angebunden, gestriegelt oder geritten zu werden. Er liebte es ebenfalls nicht, wenn Leute ihn berührten, sich ihm näherten oder sich in irgendeiner Weise um ihn herumbewegten.

Tatsächlich war die Liste der Dinge, die er nicht mochte, viel länger als die Liste der Dinge, die er liebte. Man muss ihm zugutehalten, dass er trotzdem immer versuchte, das zu tun, was verlangt wurde, auch wenn es ihn beunruhigte, höchstwahrscheinlich, weil er im Laufe der Jahre gelernt hatte, dass diese Dinge einfach Teil seines Jobs waren. Aber er mochte einfach nichts davon.

Ich bekam ihn von einem Freund, der ihn ungefähr ein Jahr zuvor gekauft hatte, um mit ihm seine Lassoarbeit zu üben. Mein Freund versuchte nach eigenen Angaben nicht viel, um dem Pferd bei seinen Problemen zu helfen, auf der anderen Seite verschlimmerte sich aber auch keines der Probleme.

Ich sah meinen Freund bei mehreren Gelegenheiten auf Mouse reiten und erkannte dabei aus erster Hand, welche Sorgen der Wallach mit sich herumschleppte. Aber trotzdem, da war einfach etwas an ihm, das mich ansprach, und als mein Freund beschloss, zu einem geeigneteren Roping-Pferd zu wechseln, kaufte ich ihm Mouse ab.

Nachdem ich gerade mein gutes Reitpferd Buck vom Kursbetrieb in Rente geschickt hatte, nahm ich Mouse als mein primäres Pferd für Kurse mit auf die Reise. Mir war fast von Anfang an klar, dass das Letzte, was Mouse brauchte, mehr Training war – ich meine die Art von Training, die manche Leute für nötig halten, um einem geplagten Pferd zu helfen, sich besser zu fühlen. Er hatte in seinem Leben viel Training und mehr als genug Umgang geübt. Was ihm nicht gegeben wurde, war die Zeit zu lernen, wie man sich in der Nähe von Menschen verhält und besonders, wenn jemand auf seinem Rücken sitzt. Zum Glück hatte ich genug Zeit.

Verstehen Sie mich hier bitte nicht falsch: Ich behaupte keinesfalls, es sei eine schlechte Sache, mit Pferden zu arbeiten, damit sie sich besser fühlen, wenn sie besorgt oder unruhig sind. Wenn es richtig gemacht wird, wie ich in Bezug auf die Arbeit auf den Gästeranches erwähnt habe, kann es ein äußerst effektiver Weg sein, Pferde dazu zu bringen, die Aufgaben zu verstehen und letztendlich mit den Aufgaben einverstanden zu sein, die sie kennen müssen, um ihre Arbeit zu erledigen. Aber wie gesagt, im Fall von Mouse schien mehr Training nicht wirklich die beste Vorgehensweise zu sein.

Stattdessen traf ich früh die Entscheidung, dass ich einfach mit ihm arbeiten und ihn so reiten würde, wie ich es wollte. Das bedeutete für uns beide, dass ich die Dinge, die ihn störten, oder das Verhalten, das er anbot, nicht unbedingt ignorieren würde, aber ich steckte nicht wirklich viel Energie in diese Dinge. Mit anderen Worten, ich machte keine große Sache aus allem, was er anbot, das ich nicht wollte. Stattdessen leitete ich die Dinge, die ich nicht akzeptierte, so um, dass sie zu solchen wurden, die ich gebrauchen konnte. Dies nahm je nach Situation und Verhalten, das er zeigte, ein unterschiedliches Aussehen an, aber letztendlich war das Endziel immer dasselbe. Mein Ziel war, dass er sich auf mich verlassen konnte, und merkte, dass ich ihm half und führte, wenn er in Schwierigkeiten war, ohne noch mehr Druck auf ihn auszuüben, indem ich versuchte, ihm die Schwierigkeiten abzutrainieren.

Das stellte für mich nicht wirklich ein neues Konzept dar. Um ehrlich zu sein, war es eine Idee, mit der ich buchstäblich aufgewachsen bin. Wie ich bereits erwähnt habe, wenn Walter auf verschiedenen Auktionen »Wegwerf«-Pferde kaufte, arbeitete er mit ihnen, holte das heraus, was er »die Flausen« nennen würde und verkaufte sie schließlich weiter. Heute gilt er möglicherweise als Pferderetter, aber ich glaube nicht, dass er das jemals so gesehen hat. Für ihn war es einfach eine Möglichkeit, seinen Lebensunterhalt (so mager er auch gewesen sein mag) mit Pferden zu verdienen.

Obwohl ich mich erinnere, dass er von Zeit zu Zeit bestimmte Trainingstechniken bei einigen Pferden anwandte, arbeitete er hauptsächlich einfach mit dem, was das Pferd anbot, und versuchte, aus nichts eine große Sache zu machen. Ich blicke zurück, wie und was er damals tat und auf die positiven Ergebnisse, die er mit Pferden erzielen konnte, die ehrlich gesagt manchmal etwas beängstigend waren, und bewundere noch heute die Wirksamkeit seiner Einfachheit.

Mir ist jetzt klar, dass er im Grunde Vertrauen zwischen sich und seinen Pferden aufbaute – die Art von Vertrauen, die wirklich nur erreicht werden kann, wenn man sich die Zeit nimmt, eine auf Verständnis basierende Beziehung aufzubauen – nicht die Art von hergestelltem und oft schwachem Vertrauen, die manchmal durch bloße Wiederholung der Technik entsteht. In erster Linie glaube ich jedoch, dass es seine Art war, seine Pferde (und sie ihn) kennenzulernen. Und wenn ich sage, dass er dies tat, meine ich, dass er sie wirklich kennengelernt hat – von innen nach außen. Er verstand, wie jedes einzelne Pferd tickte, was es mochte und was nicht, die Eigenheiten und Angewohnheiten des Pferdes und vor allem die spezifischen Dinge, die jedes Pferd tat, um mit einem Reiter zu kommunizieren. Indem er seine Pferde auf diese Weise wirklich kennenlernte, war Walter in der Lage, auf den Punkt zu bringen, was die Pferde wirklich störte, um dann auf dieser Ebene mit ihnen zu arbeiten. Danach war es einfach, Pferde dazu zu bringen, mit ihm arbeiten zu wollen. Indem er auf diese Weise Zeit mit seinen Pferden verbrachte, musste er nicht mehr vermuten oder spekulieren, was mit ihnen los war – er wusste es einfach.

Zunächst hatte ich, als ich Mouse kaufte, eigentlich nicht vor, auf diese Weise mit ihm zu arbeiten und tatsächlich wirklich überhaupt keinen Plan, wie ich mich mit ihm beschäftigen sollte. Doch innerhalb kürzester Zeit schien diese Richtung nicht nur die beste, sondern wirklich die einzige Möglichkeit zu sein.

Seltsamerweise war die Entscheidung, auf diese Weise mit ihm zu arbeiten, jedoch eine, die ich eher fühlte als dachte, oder vielleicht könnte man es besser beschreiben, dass es eine instinktive Entscheidung war. Es schien einfach der beste Weg zu sein. Für Mouse war es jedenfalls die richtige Entscheidung. Mit der Zeit verschwanden nicht nur seine Probleme, sondern er wurde auch zu einem äußerst reaktionsschnellen und bereitwilligen Partner, egal ob wir mit Rindern arbeiteten, durch die Berge ritten, Lassoarbeit machten oder Reiter während eines Kurses unterrichteten.

Eines der vielen Dinge, mit denen Mouse zumindest anfangs zu kämpfen hatte, war jedoch zu wissen, wie er sich in Bezug auf die Menschen, die um ihn herumstehen, verhalten sollte. Selbst wenn man ihn führte, versuchte er, entweder vor Menschen wegzulaufen oder sie zu überrennen und es schien keinen Anhaltspunkt zu geben, welche Option er wählen würde oder wann.

Schon früh in unserer Beziehung zeigte ich ihm, wo seine Grenzen sein sollten, wenn er in der Nähe von Menschen war. Auch hierbei wurde dies hauptsächlich dadurch erreicht, dass wir die unerwünschte Handlung in die gewünschte geändert haben. Jedes Mal, wenn er beim Führen in Richtung der Menschen scheute, führte ich ihn in eine Position mindestens eine Armlänge hinter mir. Machte er sich Sorgen und schickte sich an, mich zu überrennen, steuerte ich ihn wieder in eine Position in einer Linie mit und mindestens eine Armlänge hinter mir. Innerhalb von nur etwa einer Stunde, verteilt auf ein paar Tage, fand er seine Grenzen heraus und wurde dadurch viel entspannter, wann immer man ihn führte.

Einmal, nur ein paar Monate, nachdem ich ihn übernommen hatte, führte ich ihn und ein anderes Pferd durch eine einsachtzig oder zwei Meter breite Gasse zwischen einem Pferdeanhänger und einem weißen Plastikzaun. Hinter uns und etwas abseits war meine Assistentin, die ebenfalls zwei Vierbeiner führte. Als wir uns dem Ende der Gasse näherten, die dann in eine große offene Einfahrt überging, sprang ein Kaninchen aus dem hohen Gras, das unter dem

Zaun wuchs. Überrascht machte Mouse einen Satz auf mich zu, blieb aber kurz vor der Grenze stehen, an der wir gearbeitet hatten. Im Bruchteil einer Sekunde sprang er dann seitwärts auf meine Assistentin zu, blieb aber mitten in der Luft stehen, bevor er sie erreichte. Dann, den Bruchteil einer Sekunde später, stellte er sich genau dorthin zurück, wo alles begann, schnaubte, senkte den Kopf und tat so, als wäre nichts passiert.

Das spielte sich alles so schnell ab, dass ich keine Chance hatte zu reagieren und, ehrlich gesagt, ich ging die ganze Zeit einfach weiter. Innerhalb von weniger als einer Sekunde ergab sich für Mouse die Gelegenheit, in zwei verschiedene Menschen hineinzulaufen oder sie zu überrennen, aber stattdessen bemühte er sich, keinen von beiden zu berühren.

Je mehr er anfing, in dieser neuen, ruhigeren Art mit Menschen umzugehen und ihnen zu vertrauen, desto mehr Möglichkeiten fand er, seine Angst loszulassen. Tatsächlich kam an einem warmen, sonnigen Nachmittag während eines Kurses in Florida eine Zuschauerin zu mir, während Mouse und ich darauf warteten, dass der nächste Reiter in die Arena kam. Ich saß im Sattel und Mouse hatte die Gelegenheit genutzt, um ein kurzes Nickerchen in der Sonne zu machen, also legte ich ihm die Zügel auf den Hals. Die Zuschauerin kam hinzu und fragte: »Wohin ist er abgetaucht?«

»Wer?« fragte ich.

»Er«, sie zeigte auf das Pferd. »Er schläft tief und fest. Es würde ewig dauern, ihn aufzuwecken, um einen Job zu erledigen.«

Damit griff ich nach unten und berührte mit meinem Zeigefinger leicht den Zügel, der auf Mouses Hals lag. Er öffnete leise die Augen, hob leicht den Kopf und war bereit zur Arbeit. Ich nahm meinen Finger vom Zügel weg, Mouse zögerte einen Moment, senkte dann den Kopf und schlief wieder ein.

»Er ist nirgendwohin abgetaucht«, antwortete ich.

Die Verwandlung von Mouse ging jedoch über seine Arbeit unter dem Sattel hinaus. Als er ankam, war er so etwas wie eine störende Kraft in unserer Herde gewesen, immer in Bewegung, jagte andere wahllos vom Futter weg und versetzte die Herde immer dann in Panik, wenn jemand auf die Weide ging, um eines der anderen Pferde zu holen. Aber auch dieses Verhalten ließ nach nur wenigen Monaten nach, und etwa ein Jahr später war er oft der Erste, der uns morgens am Tor begrüßte.

Von Zeit zu Zeit konnte er immer noch Fremden gegenüber misstrauisch sein – etwas, an dem er bis zu seinem Tod festhielt, und es gab einige Menschen, mit denen er sich nie anfreundete. Er machte von Anfang an sehr deutlich, dass man sein Vertrauen verdienen, aber nicht einfach nehmen konnte und Menschen, die ihn kannten, schienen immer ein Gefühl der Erfüllung zu verspüren, wenn Mouse erlaubte, dass sie sich nähern und ihn streicheln konnten.

Das gehörte wie so viele seiner anderen Eigenschaften einfach zu seinem Wesen. Es waren Dinge, die akzeptiert und mit denen gearbeitet wurden, aber keine solchen, die er ändern musste, damit wir uns mit ihm besser fühlen konnten. Indem ich ihm einfach die Zeit gab, die er brauchte, war er in der Lage, uns zu erklären, bei welchen der Verhaltensweisen er sich besser fühlte, über welche wir verhandeln könnten und welche bestehen bleiben würden.

~

Ich denke, manchmal sind wir als Pferdemenschen so mit Informationen überschwemmt worden, wie wir dieses oder jenes Problem beheben können, dass wir denken, wir hätten keine andere Möglichkeit, als jedes, auf das wir stoßen, direkt anzugehen, indem wir eine beliebige Anzahl von Techniken oder Werkzeugen anwenden, über die wir verfügen. Wenn diese Dinge dann fehlschlagen oder das

Verhalten möglicherweise sogar verschlimmern, gehen wir einfach das gleiche Protokoll noch einmal durch – normalerweise mit den gleichen unglücklichen Ergebnissen.

Ich nehme an, es ist Teil der menschlichen Existenz: Wenn etwas nicht funktioniert, möchten wir es reparieren. Wenn Pferde Probleme haben, helfen wir ihnen natürlich, sich besser zu fühlen. Diese Tiere liegen uns natürlich sehr am Herzen, und wir wollen wirklich, dass es ihnen besser geht. Aber in manchen Fällen möchten wir, dass sie sich besser fühlen, weil ihr Verhalten uns als Pferdemenschen oder Trainer direkt widerspiegelt. Wenn sie sich nicht auf eine bestimmte Art und Weise verhalten, zeigt das irgendwie Lücken in unserer Pferdeausbildung, und damit können wir nicht umgehen.

Etwas anders betrachtet gibt es ein interessantes Phänomen, das viele Kampfkünstler zu Beginn ihres Trainings durchlaufen (insbesondere diejenigen, die ihr Training als Erwachsene beginnen). Normalerweise fangen neue Schüler nach ein oder zwei Monaten an, die Grundlagen ihrer gewählten Kunst zu begreifen. An diesem Punkt haben sie ein paar einfache Techniken wie Schläge, Griffe, Tritte oder was auch immer gelernt. Deshalb beginnen einige dieser Schüler, ein Gefühl der Macht in ihren neu entdeckten, wenn auch noch jungen Fähigkeiten zu spüren.

Was als Nächstes passiert, ist der interessante Teil. Viele dieser Schüler – die meisten von ihnen friedliebende Durchschnittsmenschen, die nie zuvor daran gedacht haben, sich mit jemandem anzulegen – fangen plötzlich an, sich manchmal komplizierte Selbstverteidigungsszenarien auszumalen. Sie sehen sich vielleicht als Helden in einem Möchtegern-Überfall, wehren einen Angriff von einem Tyrannen irgendwo auf der Straße ab oder sehen sich in einer beliebigen Anzahl anderer Szenarien, in denen sie ihre neu entdeckten Fähigkeiten einsetzen können.

Was wirklich passiert, ist, dass diese Schüler eine neue Fähigkeit erlernen und sie auf irgendeine Weise anwenden wollen – auf irgendeine Weise. Tatsächlich sind es viele der neuen Kampfkunstschüler, die erst seit kurzer Zeit trainieren und sich auf die Suche nach einem Kampf machen, nur um von jemand anderem in die Schranken gewiesen zu werden, der schneller oder größer ist und mehr Fähigkeiten oder Talent hat.

Ich denke, manchmal sitzen wir als Pferdemenschen im selben Boot. Wir gehen zu diesem oder jenem Kurs, lernen ein paar Fertigkeiten, eignen uns ein paar neue Techniken an, kaufen eine Fahne oder ein Seil oder irgendwelche anderen Trainingsgeräte und verspüren plötzlich das Bedürfnis rauszugehen und eine Situation zu finden, in der wir sie benutzen können. Manchmal ist dieselbe die richtige, und wir sind in der Lage, bedeutende Fortschritte zu machen, um einem Pferd zu helfen. In anderen Fällen scheint das Pferd zu gehorchen, zeigt sich aber nicht sehr willig und wieder andere Male werden uns von einem Pferd unsere Grenzen aufgezeigt, weil das, was wir anbieten, nicht dem entspricht, was es braucht.

Wenn wir Glück haben, lernen wir eines Tages den Unterschied kennen. Wenn wir das nicht tun, werden wir Tag für Tag, Jahr für Jahr einfach weitermachen und immer wieder die gleichen Fehler machen.

Vor nicht allzu langer Zeit unterrichtete ein Aikido-Meister mit vierzig Jahren Erfahrung einen Kurs, an dem ich teilnahm. An einer Stelle erwähnte er, dass er in den ersten zehn Jahren seiner Ausbildung fast alle Techniken gelernt hatte, die er jemals brauchen würde. Dann sagte er, er habe die nächsten dreißig Jahre damit verbracht herauszufinden, wie man die Techniken nicht benutzt.

Das war für mich sowohl in meinem Kampfsporttraining als auch in meiner Arbeit mit Pferden ein tiefgreifendes Statement. Nur weil wir vielleicht gut im Kampfsport sind, heißt das nicht, dass jeder Streit, den wir mit jemandem haben, damit enden muss, dass wir ihm ins Gesicht schlagen. Und nur weil wir gut darin sind, Pferde zu trainieren, heißt das nicht, dass wir jedem Pferd, dem wir mit irgendeinem Problem begegnen, dieses auch abtrainieren müssen.

Wenn es eine Sache gibt, die Mouse und unzählige andere wie er mir im Laufe der Jahre beigebracht haben, dann, dass die Kunst in jedem Fall darin besteht zu wissen, wann die Fähigkeiten, an deren Verfeinerung wir so hart gearbeitet haben, benötigt werden und wann nicht. Natürlich ist dies am Ende wohl die am schwierigsten zu entwickelnde Fähigkeit von allen, was sie wiederum auch zur wertvollsten macht.

Wahrhaftig bleiben

Wir sind alle Besucher dieser Zeit und dieses Ortes.
Wir sind alle nur auf der Durchreise. Unser Ziel hier ist es,
zu beobachten, zu lernen, zu wachsen, zu lieben …
und dann kehren wir nach Hause zurück.

SPRICHWORT DER ABORIGINIES

Während einer Frage-und-Antwort-Runde in einem unserer letzten Kurse wollte ein Zuschauer wissen, ob es heute irgendwelche aktuellen Trainer oder Kursleiter gäbe, die ich bewundere oder denen ich regelmäßig folge. Ich erklärte, dass es viele Reiter und Reiterinnen gäbe, die ich bewundere, aber nicht viele, denen ich folge.

Der Grund, warum ich nicht im Gefolge anderer Trainer oder Kursleiter zu finden bin, ist, dass ich bisher niemanden in der Pferdewelt getroffen habe, der wirklich ein bestimmtes Element wie den Aspekt des Umgangs mit Pferden (und des Lebens) vorlebt, das nicht nur meiner Meinung nach die größte Bedeutung hat, sondern von dem ich auch gerne ein besseres Verständnis erlangen möchte.

Walter bei der Arbeit mit einem Pferd zuzusehen glich, wie jemandem beim Zaubern zuzuschauen, besonders für den jungen und beeinflussbaren Jungen, der ich damals war. Aber schon damals, und abgesehen von seinen erstaunlichen Fähigkeiten im Umgang mit Pferden, erkannte ich, dass er eine besondere Qualität hatte, von der ich annahm, dass sie jedem innewohnen würde, der so mit Pferden arbeitete.

Er hatte eine Art an sich, die sowohl Tiere als auch Menschen beruhigen konnte, nur weil er sich in der Nähe befand – ein ruhiges Selbstvertrauen, frei von Ego, das versicherte, dass alles gut werden würde, selbst wenn es so aussah, als ob es vielleicht nicht so wäre – und eine wahre Freundlichkeit, die alles zu durchdringen schien, was er tat und womit er in Kontakt kam. Es war wirklich nicht so sehr, was er machte, sondern wer er war – für mich zumindest der Schlüssel. Damals stellte die Zeit mit ihm auf seiner kleinen Pferderanch meine einzige Erfahrung mit Pferden oder Pferdemenschen dar, ich kannte nichts Vergleichbares. Ich ging wie gesagt einfach davon aus, dass alle Pferdemenschen so wären. Ich wusste auch, dass es Eigenschaften waren, die ich nicht hatte, aber irgendwie nahm ich einfach an, wenn ich lange genug bei Pferden bliebe, würde ich sie im Laufe der Zeit entwickeln.

Als ich älter wurde und mich in der »echten« Welt der Pferde bewegte, begriff ich zu meinem Leidwesen langsam, dass die besonderen Qualitäten, die meinen alten Freund auszeichneten, bei anderen nicht so verbreitet waren, wie ich erwartete. Tatsächlich begann ich bei vielen der Pferdemenschen, denen ich begegnete, fast das komplette Gegenteil zu sehen. Ich beobachtete Menschen, deren Ego ihren gesunden Menschenverstand außer Kraft zu setzen schien und die Pferde routinemäßig viel schneller und härter drängten, als sie bereit waren zu gehen, fast immer zum Nachteil der Pferde. Je mehr ich davon sah, desto mehr fing ich an zu erkennen, dass diese

Art von Pferdearbeit in der »realen« Welt eher die Norm als die Ausnahme zu sein schien, und eine Zeit lang war ich dadurch ziemlich entmutigt.

Die Zeit verging jedoch, und als ich anfing, auf verschiedenen Ranches zu arbeiten und Pferde für Privatpersonen zu trainieren, trat der Wunsch in den Hintergrund, aktiv nach jemandem mit den gleichen Eigenschaften Ausschau zu halten, wie mein alter Freund sie hatte. Trotzdem hielt ich immer meine Augen und Ohren offen, für den Fall, dass ich zufällig auf jemanden stoßen würde, der sie haben könnte und setzte die Arbeit mit Pferden auf eine Weise fort, von der ich glaubte, dass sie das ehrte, was ich all die Jahre zuvor von Walter gelernt hatte.

Dann, Ende der 1980er-Jahre, lud mich ein Freund und ehemaliger Angestellter der Gästeranch, die ich leitete, zu einer eintägigen Demonstration ein, die von einem Trainer abgehalten werden sollte, von dem er sagte, er arbeite mit Pferden auf die gleiche Weise wie ich. Ich ging eifrig hin und hoffte, dass mein Kumpel vielleicht jemanden mit den Eigenschaften gefunden hatte, mit denen ich aufgewachsen war.

Bevor ich fortfahre, möchte ich erwähnen, dass nichts von dem, was ich sagen werde, in negativer oder abwertender Weise gegenüber diesem Trainer oder seiner Arbeit gemeint ist. Ich kenne keinen der Gründe für die Entscheidungen, die er an diesem Tag traf, oder was möglicherweise hinter den Kulissen passierte, was diese Entscheidungen beeinflusst hat. Nicht nur das: Da ich aus Erfahrung spreche, weiß ich nur zu gut, wie einfach es ist, die besten Absichten zu haben, während man mit einem Pferd arbeitet, nur um das Ganze schiefgehen zu lassen, bevor man es merkt. Ich möchte also klarstellen, dass diese Geschichte nicht als Beurteilung des Trainers oder seiner Fähigkeiten erzählt wird.

Am Morgen der Demonstration wurde dem Trainer ein unruhiger fünfjähriger Morgan präsentiert, der noch nicht angeritten war. Als der Trainer mit dem Pferd in den Roundpen ging, schienen sein Verhalten und Temperament dem Pferd gegenüber sehr dem von Walter zu ähneln, und als er seine Arbeit mit dem Pferd begann, war es, als ob ich in die Zeit zurückgekehrt wäre – nämlich zu der kleinen Pferderanch meiner Kindheit. Ich beobachtete den Trainer und Morgan aufmerksam, und sah, wie sich im Laufe des Morgens das kleine Pferd von verängstigt über alles und jeden, die Augen aufreißend, in ein ruhiges, braves Wesen verwandelte, das aufmerksam jede Bewegung und Anforderung des Trainers verfolgte.

Als die Zeit zur Mittagspause kam, war ich überzeugt, dass ich jemanden beobachtete, der lebte, was er lehrte, und ich konnte kaum erwarten zu sehen, was er nach dem Mittagessen mit einem anderen Pferd machen würde. Das setzte natürlich voraus, dass er mit Morgan fertig war, nachdem er den kleinen Wallach an diesem Morgen so großartig weiterentwickelt hatte.

Ich war ein bisschen überrascht und ein wenig verwirrt an diesem Nachmittag, als ich Morgan immer noch im Roundpen sah. Ich war noch erstaunter, als der Trainer anfing, davon zu sprechen, dass das Pferd Probleme mit »Respekt« habe (etwas, das er während der Trainingseinheit morgens nicht einmal erwähnt hatte), und dann ein bisschen schockiert, als er das kleine Pferd eilig zum ersten Mal sattelte, was der Wallach nicht gut vertrug.

Kaum zog der Trainer den Gurt fester an, explodierte der Wallach, bockte, brüllte und krachte gegen die Paneele des Roundpens. Der Trainer hielt ihn in Bewegung, indem er das Ende eines Lassos nach ihm warf und schließlich bewegte er sich vorwärts und hielt nach einer Weile an, heftig atmend und schweißgebadet.

Dann stieg der Trainer auf das junge Pferd, und das Ganze begann von Neuem, wobei das Pferd bockte, durchging, brüllte und gegen den Zaun krachte. Zum Glück konnte er die ganze Zeit auf Morgan bleiben und ritt ihn schließlich in einen Zustand der Erschöpfung.

Nach diesem Szenario leistete er noch recht gute Arbeit mit dem Pferd, und tatsächlich konnte ich im Laufe des Tages einige neue Ideen aufschnappen. Das war für mich aber auch alles – es handelte sich einfach um noch mehr Technik und überhaupt nicht um das, was ich ursprünglich zu sehen oder zu fühlen gehofft hatte.

In den nächsten Jahren hörte ich von anderen Trainern und Kursleitern, die so klangen, als hätten sie die Qualitäten, die ich bei meinem alten Freund sah, aber jedes Mal ging ich zu ihnen, schaute mir eines ihrer Videos an oder sprach sie persönlich an und wusste danach sofort, dass es nicht der Fall war. (Nebenbei bemerkt: In dieser Zeit hörte ich auch zum ersten Mal von Tom Dorrance, von dem ich sicher bin, dass er die Qualitäten besaß, die ich als Heranwachsender erlebte. Aber leider hatte ich nie die Ehre, ihn zu treffen oder ihm persönlich zuzusehen.)

Auch wenn ich sicherlich viele dieser Trainer schätzte, respektierte und bewunderte, ebenso wie ihre Fähigkeiten und was sie mit einem Pferd erreichen konnten, und obwohl es immer etwas von jedem von ihnen zu lernen gab: Die einfache Wahrheit ist, dass keiner, den ich getroffen habe, das lehrte, was ich wirklich lernen wollte. Vielleicht könnte man besser so sagen, dass sie nicht das lebten, was ich mir aneignen wollte. Und für mich war das der wichtige Teil.

Ich wusste, dass das, wonach ich suchte, man nicht auf Knopfdruck aktivieren konnte, wenn es bequem war, und ebenso wieder ausschalten, wenn es nicht passte. Es schien entweder ein Teil dessen zu sein, wer die Person war oder eben nicht. Zu diesem Zweck beobachtete ich immer wieder, wie sich Trainer und Kursleiter alle Zeit der Welt nahmen, um einem Pferd zu helfen und den Besitzer dann oft wie ein Stiefkind behandelten. Für mich ist diese Vorgehensweise der Kern der Inkongruenz, die ich zu vermeiden versuche.

Eine Reihe von Trainern und Kursleitern weltweit sagen ihren Schülern oft, dass sie für das Pferd da sind, nicht für den Reiter. Allein diese Art von Aussage macht mich nachdenklich, und daher möchte ich nicht zu viel Zeit damit verbringen, diesen Trainern folgen zu wollen. Aus meiner Sicht sollten Pferd und Reiter eine Einheit sein. Es scheint mir, dass die Spaltung durch die Art und Weise, wie sie behandelt oder unterrichtet werden, von Natur aus eine Trennung schafft, die für Reiter schwer zu überwinden sein kann. Diese Trennung ist nicht die Art von Dingen, die ich an Leute weitergeben möchte, mit denen ich arbeite.

Offensichtlich gibt es so viele Lehr- und Lernstile, wie es Lehrer und Schüler gibt. Im Allgemeinen unterrichten die meisten Lehrer jedoch unabhängig vom Fach nicht nur das, was sie wissen, sondern auch so, wie es ihnen beigebracht wurde. Wenn ihre Lehrer Informationen mit allgemeiner Rücksichtslosigkeit gegenüber den Schülern vermittelten, dann geben sie dies oft auf die gleiche Weise weiter. Wenn sie mit Respekt und Würde unterrichtet wurden, bieten sie ihren Schülern oft dasselbe an. Das Letztere traf auf mich zu. Und nachdem ich es in jungen Jahren so erlebt hatte, war es eine Sache, die bei mir einen unauslöschlichen Eindruck hinterlassen hatte, der selbst nach all den Jahren nicht vergeht oder verblasst. Zu diesem Zweck verstehe ich nicht nur, wonach ich bei einem Lehrer suche, sondern ich weiß auch, wonach ich nicht trachte.

Schließlich fand ich die Lehrer, nach denen ich gesucht hatte, Männer und Frauen, die nicht nur lehrten, was sie wussten, sondern lebten, was sie lehrten. Dies waren Personen, deren Hauptziel nicht darin bestand zu beweisen, wie überlegen ihre eigenen Fähigkeiten waren, sondern ihren Schülern zu helfen, Fortschritte in den Fähigkeiten zu machen, an deren Verbesserung sie so hart arbeiteten und deren Freundlichkeit und Empathie für andere über das Klassenzimmer hinausgingen.

Aber ich fand diese Lehrer nicht in der Pferdewelt, vielmehr in der Welt der Kampfkünste. Und ich verstand, dass diese besonderen

Pädagogen zwei Dinge gemeinsam hatten: Sie alle wählten ihre Lehrer mit Bedacht aus und keiner ließ sich von äußeren Einflüssen davon abhalten, sich in die Richtung zu bewegen, die er oder sie für richtig hielt.

Besonders einer dieser Lehrer, Hiroshi Ikeda Sensei, ein Aikido-Meister und einer der freundlichsten Männer, die ich je traf, hat mich letztendlich so beeindruckt, dass ich bei jeder Gelegenheit nicht nur bei ihm studiert und trainiert habe, sondern feststellte, dass ich selbst sowohl in unseren Horsemanship-Kursen als auch in unseren Aibado-Workshops (Aikido für Reiter) ziemlich oft über ihn sprach.

Vor einiger Zeit war ich in England und hatte die Gelegenheit, mit einem Freund und Kommilitonen des Aikido zu sprechen, der auf einer seiner Reisen nach Großbritannien an einem Wochenendseminar von Ikeda Sensei teilnehmen konnte.

Als ich meinen Freund nach seinen Erfahrungen fragte, führte er aus, wie beeindruckt er von Sensei sei, nicht nur als Ausbilder, sondern auch, wie freundlich und großzügig er jeden Tag in allen Aspekten zu allen sei, unabhängig von Rang oder Erfahrungsstufe. Dann sagte er etwas, das wirklich zusammenfasste, was mich nicht nur auf der Suche nach Lehrern wie Ikeda Sensei hielt, sondern auch, was mich vor all den Jahren zu Walter zog. Er sagte, der Unterschied für ihn ist, dass wenn man mit Sensei zusammen und mit ihm im Dojo sei oder ihm zuhöre, wie er eine Technik erklärt, oder ganz sicher, wenn man ihn berührt, dann könne man umgehend seine Menschlichkeit spüren.

Und das war es. Nach all den Jahren hatte das, wonach ich sowohl bei meinen Lehrern als auch in meiner eigenen Arbeit mit Pferden gesucht habe, endlich einen Namen – Menschlichkeit.

Ich denke, der Grund, warum es sich für mich so schwierig gestaltete zu definieren, wonach ich gesucht habe, liegt darin, dass man dieses Ding, diese Menschlichkeit, nicht erzwingen, fälschen oder mechanisch replizieren kann. Es muss gefühlt, erfahren, geübt und immer wieder neu erarbeitet werden, Tag für Tag, bis es schließlich einfach ein Teil von uns wird und in allem ist, was wir tun – nicht nur in dem, was wir mit Pferden machen.

Wenn ich für mich selbst spreche, gab es Zeiten – Tage, Wochen und sogar Monate, in denen ich das Ziel in monumentalem Ausmaß verfehlt habe, sowohl mit Pferden als auch in meinem Leben. Entschuldigungen mussten gemacht und Lehren gezogen werden. Und dann geht die Arbeit weiter.

~

Vor einigen Jahren erlebte ich das, was ich für einen großen Durchbruch in meiner Reitkunst hielt. Das Interessante war, dass ich mich nicht einmal in der Nähe eines Pferdes befand, als es passierte.

Eines Abends wurde ich nach dem Aikido-Unterricht von Ikeda Sensei zum Abendessen eingeladen. Diese Einladung empfand ich als eine große Ehre, und obwohl es bereits nach neun Uhr abends war und ich noch fast eine Stunde Fahrt bis nach Hause hatte, nahm ich dankend an. Zu dritt – Sensei, ein weiterer Student, den er ebenfalls eingeladen hatte, und ich – fuhren zu einem nahe gelegenen Restaurant, wo wir uns an einen Tisch setzten und unser Essen bestellten.

Wir unterhielten uns ein paar Minuten lang, bevor Sensei fragte, was ich beruflich mache. »Ich arbeite mit Pferden«, sagte ich ihm. »Deshalb habe ich angefangen, Aikido zu studieren. Ich wollte etwas finden, das mir hilft, meine Arbeit zu verbessern.«

Er lächelte, verschränkte die Arme vor der Brust und lehnte sich in seinem Stuhl zurück. »Hat es zur Verbesserung beigetragen?« An seinem Gesichtsausdruck war zu erkennen, dass er die Antwort bereits kannte.

»Ja, hat es.« Ich lächelte. »Sehr viel sogar.«

Er nickte.

Dann fragte er, was die Ähnlichkeiten zwischen Horsemanship und Aikido seien, und in den nächsten paar Minuten teilte ich ihm und dem anderen Schüler am Tisch mit, was ich bisher herausgefunden hatte. Ich sagte ihm auch, mein ultimatives Ziel mit Pferden sei es, einen Weg zu finden, mit ihnen auf der gleichen Ebene zu kommunizieren, auf der sie das miteinander taten – einer Ebene, die so subtil ist, dass man sie oft schwer, wenn nicht gar unmöglich erkennt.

»Ich verstehe nichts von Pferden«, sagte Sensei und legte seine Hand flach auf den Tisch zwischen uns. »Aber vielleicht machen sie das so.« Er bat mich, meine Hand auf die seine zu legen und dann nach unten zu drücken, damit er seine Hand nicht vom Tisch heben könne. Ich tat es. Er versuchte, seine Hand zu heben, aber ich hielt sie mit so viel Druck und Energie fest, wie ich konnte und dieselbe rührte sich nicht. »Wir machen das zum Beispiel so«, sagte er und bedeutete mir, weiterhin seine Hand zu halten. »Wir kämpfen, gehen gegen den Partner.«

Dann spürte ich ohne Vorwarnung, wie sich mein Körper zu verändern begann. Diese Veränderung war eine unkontrollierbare Entspannung all meiner verspannten Muskeln. Sie begann in der Hand, mit der ich seine Hand auf dem Tisch hielt, ging aber sehr schnell durch mich hindurch bis zu meinen Füßen. Dann, irgendwo tief drinnen, begann sich etwas aufzubauen, was ich nur als langsame Welle beschreiben kann. Er lächelte wieder.

»So machen die Pferde das?« Es war eher eine Frage als eine Feststellung. »Zuerst eine Einheit herstellen. Dann zusammen gehen.« Seine Hand, mit meiner darauf, hob sich mühelos vom Tisch, während ich vergeblich versuchte, sie davon abzuhalten, sich zu bewegen.

»Ändere zuerst das Äußere, indem du das Innere veränderst.« Er nahm seine Hand vom Tisch, verschränkte die Arme vor der Brust und lehnte sich wieder in seinem Stuhl zurück. »Im Aikido ist Einheit schwer zu sehen. Spüre die Einheit in dir und deinem Partner, das macht es einfacher.«

Die Idee, eine Veränderung in uns selbst von innen heraus zu entwickeln, um einen Partner im Aikido zu verändern oder weicher zu machen, war mir nicht neu. Tatsächlich befasste sich die Klasse, wo Sensei gerade den Unterricht abgeschlossen hatte sowie eine Reihe der Klassen, die er unterrichtete und an denen ich teilnahm, ausschließlich mit den inneren Elementen des Aikido. Auch im Umgang mit schwierigen Pferden habe ich mit den gleichen Prinzipien große Erfolge erzielt, seit ich bei ihm studierte.

Allerdings sagte er dieses Mal etwas, das meine Aufmerksamkeit erregte. Er bemerkte, Einheit sei schwer zu sehen, aber wenn man sowohl bei sich selbst als auch bei seinem Partner Einheit fühlt, kann es einfacher werden. Wollte er damit sagen, dass tatsächlich eine »innere« Einheit zu sehen war? Wenn ja, wäre das der Schlüssel, um die Art der subtilen Kommunikation, die Pferde einander anbieten, irgendwie physisch zu sehen? Die Art der Kommunikation, die uns unsichtbar erscheint?

Als ich weiterhin Senseis Unterricht besuchte, begann ich sehr genau darauf zu achten, sogar noch penibler als zuvor, was er seinen Partnern anbot und ob ich irgendeine winzige sichtbare Veränderung bei ihnen sehen konnte, bevor er Kontakt mit ihnen aufnahm. Ich fand, dass es Zeiten gab, in denen eine Veränderung sichtbar war, aber um ehrlich zu sein, nicht mehr, als ich normalerweise in einer ähnlichen Situation sehen würde.

Dann, während eines Unterrichts, sah ich diese Veränderung. Ich glaube sogar, wir haben sie alle gesehen. Tatsächlich hätte ein Blinder es wahrnehmen können. Sensei bat einen Schüler, bei einer Demonstration sein Partner zu sein. Der Partner sollte Senseis Handgelenk ergreifen, damit er Einheit durch Kontakt demonstrieren konnte. Und da passierte es.

Gerade als der Partner (Uke) auf sehr kraftvolle Weise nach Senseis Handgelenk greifen wollte, huschte ein kleines Lächeln über sein Gesicht. Als das Lächeln auftauchte und bevor die beiden sich berührten, ließ Ukes Intensität ganz leicht nach. Ein leises, aber einheitliches »Ooh« hallte durch uns alle, die zusahen, und als der Schüler tatsächlich Kontakt mit Senseis Handgelenk aufnahm, brach der Schüler unkontrolliert auf der Matte zusammen.

»Zuerst innere Einheit, dann Einheit im Partner«, sagte Sensei. »Seht ihr die Einheit?«

Wir alle nickten, nachdem wir die offensichtliche Verbindung zwischen den beiden gesehen hatten, bevor der Kontakt hergestellt wurde. Sensei bedeutete Uke, es noch einmal zu versuchen. Der Schüler griff erneut kraftvoll nach Senseis Handgelenk. Dieser lächelte wieder, aber Uke schien in seiner Reichweite nicht an Intensität zu verlieren. Als er jedoch Kontakt aufnahm, brach Uke erneut auf der Matte zusammen. Sensei drehte sich zu uns um, immer noch lächelnd.

»Sehr ihr die Einheit?« Wir saßen alle still da, keiner von uns hatte tatsächlich den Punkt der Entspannung in Uke gesehen, den wir zuvor gesehen hatten. »Im Aikido ist Einheit schwer zu sehen. Wenn man die Einheit in sich selbst und im Partner spürt, macht man es sich leichter.«

Da fiel mir der Punkt auf, den er, glaube ich, auszudrücken versuchte. Wir neigen dazu, nach äußeren körperlichen Veränderungen zu suchen, tun das aber selten nach inneren. Doch es sind die internen Veränderungen, die zu den externen führen – sowohl bei uns als auch bei unseren Partnern.

Beim Horsemanship ist es ganz ähnlich. Uns wird beigebracht, äußere Veränderungen bei den Pferden, mit denen wir arbeiten, zu beobachten oder zu fühlen, aber den inneren Veränderungen wenig Aufmerksamkeit zu schenken. Selbst wenn wir nach inneren Veränderungen im Pferd suchen, schenken wir dem, was in uns vorgeht, oft zu wenig davon.

~

Ich besuche weiterhin so viele Kurse von Sensei über die inneren Elemente des Aikido wie möglich und konnte bisher wie erwartet feststellen, dass die Konzepte, die ich von ihm lerne, in fast jeder Situation direkt auf Pferde angewendet werden können. Ich war auch in der Lage, mein eigenes inneres Bewusstsein zu verbessern, das keineswegs auf dem Niveau ist, auf dem Sensei arbeitet, aber immer noch Lichtjahre besser als vor Beginn meines Studiums bei ihm.

Eines der Dinge, die ich ebenfalls bemerkte, als sich mein eigenes inneres Bewusstsein zu verbessern begann, war, dass meine Fähigkeit, innere Veränderungen bei Pferden zu sehen und zu fühlen, sich nicht nur verbessert, sondern auch genauer geworden ist. Während ich in der Vergangenheit vielleicht auf eine winzige äußere Veränderung gewartet hätte, bevor ich aufgreifen würde, was das Pferd vielleicht denkt oder fühlt, konnte ich jetzt gewissermaßen »fühlen«, was passieren könnte, bevor die äußere Veränderung des Pferdes tatsächlich sichtbar wurde. Diese Bewusstseinsveränderungen wirkten sich direkt auf die Ebene der Sanftheit oder des Gefühls aus, die mein Körper produzieren und replizieren konnte. So sehr, dass ich mir vor fünf Jahren überhaupt nicht bewusst war, dass ein solches Maß an Sanftheit überhaupt in mir oder in Pferden existiert. Diese Veränderung war, als würde man plötzlich in der Lage sein, dreidimensional zu sehen, nachdem man ein Leben lang nur in zwei Dimensionen sehen konnte.

Natürlich benötigen Körper und Geist eine Zeit der Anpassung oder Rekalibrierung, wenn sie eine größere Veränderung der Fähigkeiten oder des Verständnisses von Konzepten zu greifen beginnen. Es ist ein Teil des Wachstums, der manchmal ziemlich unangenehm sein kann. Und bei mir war es nicht anders. Als ich versuchte, zwischen dem, was ich schon immer gewusst und getan hatte, und diesem neuen Verständnis zu navigieren, geriet ich ein wenig ins Wanken, machte Fehler, die mir normalerweise nicht passierten, kämpfte mit meinem Gefühl und Timing und hinterfragte sogar die Richtung, in die ich ging. Es war sehr beunruhigend, um es gelinde auszudrücken.

Aber im Laufe der Zeit beschloss ich, einfach zu akzeptieren, was vor sich ging, anstatt zu kämpfen oder mir Sorgen zu machen. Bald darauf begannen sich die Dinge zu beruhigen. Schließlich lichtete sich der Nebel der Ungewissheit, wie es immer der Fall ist, und der Weg wurde klarer und ein bisschen einfacher zu navigieren. Jetzt, einige Jahre später, finde ich diese neue Richtung nicht nur sehr spannend, sondern auch unendlich in ihren Möglichkeiten.

Vor fünf Jahren hätte ich mir nicht ausmalen können, welches Maß an Sanftheit mir heute zur Verfügung stehen würde. Heute kann ich mir nicht vorstellen, was in den kommenden Jahren verfügbar sein wird. Aber eines ist sicher, ich freue mich auf die Reise.

KAPITEL 2

Warum tun Pferde, was sie tun?

Die Perspektive des Pferdes

Stolz beschäftigt sich damit, wer Recht hat. Demut befasst sich mit dem, was richtig ist.

EZRA TAFT BENSON

Es war kurz nach zehn Uhr morgens. Dieser Tag erwies sich als einer jener Tage, an denen die Hitze in der Luft ein paar Meter über den weiten Feldern und der Schotterstraße in der Ferne flimmert. Ich hatte den Wassertank auf der Südweide gerade geleert und geputzt und füllte ihn wieder auf, als Walter durch das Tor ging und einen kleinen Wallach namens Mack freiließ, dessen Hufe er gerade bearbeitete. Ungefähr zur gleichen Zeit kamen drei oder vier Pferde der

Herde herüber, um sich aus dem sich schnell füllenden Metalltank etwas zu trinken zu holen.

Walter zog Mack das Lederhalfter von der Nase, warf einen Blick auf die herannahenden Pferde und ging zurück durch das Tor, schloss und verriegelte es hinter sich. Mack stand dort, wo er zurückgelassen worden war, und die Hitze des Tages ließ ihn ein wenig wie einen einmal aufgeblasenen Ballon aussehen, der die Hälfte seiner Luft verloren hatte.

Am Tank angelangt, senkten die Pferde ihre Köpfe und begannen gerade zu trinken, als der zuvor halb aufgeblasene Mack plötzlich um etwa einen Meter zu wachsen schien. Mit angelegten Ohren verlagerte er sein Gewicht auf die Hinterbeine und stürzte sich auf die Artgenossen am Tank.

Ein kurzes, aber lebhaftes Durcheinander folgte, als die Pferde, anscheinend genauso überrascht wie ich über die unerwartete Wendung der Ereignisse, ineinanderkrachten und versuchten, dem Zorn des kleinen Wallachs zu entkommen. Nachdem sie sich schnell organisiert hatten, drehten sie und sprangen gemeinsam in die entgegengesetzte Richtung von Macks Angriffslinie. Als sie davonstoben, klemmte eine von ihnen, eine Farbstute namens Misty, ihren Schweif ein und trat mit beiden Hinterfüßen in Macks Richtung aus. Dieser kam schlitternd vor dem Tank zum Stehen, sein Hinterteil berührte fast den Boden, und entkam auf diese Weise dem Tritt.

Das Ganze dauerte weniger als ein paar Sekunden, aber da ich mich nur auf der anderen Seite des Zauns ein paar Meter von der Aktivität entfernt befand, war ich instinktiv zurückgewichen, während ich gleichzeitig zu Walter blickte. Er war noch dabei, das Tor zu verriegeln, während er das Halfter und Seil in der Armbeuge trug und machte den Eindruck, als sei nichts Außergewöhnliches passiert.

Die Pferde galoppierten davon, während Mack, anscheinend zufrieden mit dem Ergebnis, ausatmete, den Kopf senkte und die Augen schloss, als wäre die Hitze des Tages einfach zu drückend für ihn, um irgendetwas anderes zu tun. Zu meiner Überraschung warf er dem Wassertank nicht einmal einen Seitenblick zu, dabei dachte ich, er hätte die anderen Pferde weggetrieben, damit er trinken könnte.

Walter kam herüber und warf einen Blick auf den fast vollen Wassertank.

»Heute wird es ziemlich heiß«, sagte er, nahm die halbgerauchte Zigarette zwischen die Finger und ließ bläulichen Rauch aus seinem Mundwinkel strömen. »Behalte alle Tränkebottiche im Auge.«

Er drehte sich um, um wegzugehen.

»Warum hat Mack das getan?« fragte ich.

»Was getan?« Er blieb stehen und blickte über seine Schulter.

»Er hat die Pferde von der Tränke verjagt und dann nicht einmal etwas getrunken!«

»Er ist ein Pferd«, er nahm einen weiteren Zug. »Manchmal tun sie das.«

Es war nicht das erste Mal, dass ich diese Antwort hörte. Tatsächlich bin ich nicht sicher, wie oft ich gesehen habe, dass ein Pferd etwas tat, was ich nicht verstand, ich dann Walter darüber befragte und die gleiche oder eine ähnliche Antwort bekam. »Es ist nur ein Pferd, das sich wie ein Pferd benimmt.« »Manchmal werde ich aus Pferden nicht schlau.« »Scheint seltsam, nicht wahr?«

Damals habe ich Walters Antworten so verstanden, dass er nicht wusste, warum Pferde das zeigen, was ich als seltsames oder unvorhersehbares Verhalten empfand. Aber jetzt wird mir klar, dass er ausdrücken wollte, dass Pferde sich immer wie Pferde verhalten. Ihre Motivation, Dinge zu tun, unterscheidet sich von der unseren. Infolgedessen ist ein Verhalten, das uns seltsam oder unvernünftig erscheinen mag, da wir die Welt nur aus menschlicher Sicht sehen, für ein Pferd vollkommen vernünftig, weil es die Welt aus der Sicht eines Pferdes sieht. Und das sind zwei völlig unterschiedliche Perspektiven.

Ich glaube auch, dass Walter so geantwortet hat, weil er Pferde so akzeptiert hat, wie sie sind. Er sah Pferde als Pferde, ohne sie aus einer anderen Perspektive zu sehen, nur damit es für ihn einfacher wäre, sie zu verstehen. Aus diesem Grund konnte er ihr Verhalten als das akzeptieren, was es war … *einfach Pferde, die Pferde sind.*

Wenn er also etwas sagte wie: »Manchmal werde ich aus Pferden nicht schlau« oder »Scheint seltsam, nicht wahr?« dann meinte er es wörtlich. Pferde *können* manchmal schwer zu verstehen sein und das Verhalten von Pferden *erscheint* uns in der Tat seltsam – weil wir keine Pferde sind.

Ohne viel Wert darauf zu legen, *warum* Pferde das taten, was sie machten, blieb mir nur das Verhalten selbst und wenn es nötig war der Versuch, Wege zu finden, damit umzugehen. Als ich in meinem Lernen voranschritt, konzentrierte ich mich also darauf, mich mit Verhalten zu befassen, anstatt mir so viele Gedanken darüber zu machen, woher es kam.

Erst Jahre später änderte sich meine Denkweise. Ich besuchte ein paar Monate lang einmal pro Woche einen kleinen Wallach in einem Pensionsstall in der Nähe von Denver – ein freundliches, kleines athletisch gebautes Quarter Horse, das bei der Bodenarbeit großartig war, aber aufgrund anhaltender Verhaltensprobleme nicht viel Spaß beim Reiten hatte. Oft zeigte er innerhalb einer Stunde diverse Verhaltensweisen wie Hüpfen, Durchgehen, Verweigern, Sich-Umdrehen, Anhalten oder Rückwärtsgehen. Jedes Mal, wenn ich ihn besuchte, schienen wir einen gewissen Erfolg zu erzielen, indem wir ihn dazu brachten, sich besser zu fühlen, aber dann kehrten alle Verhaltensweisen innerhalb von ein oder zwei Tagen zurück. Ungefähr zur gleichen Zeit tauchte ein junger Pferdechiropraktiker auf und arbeitete an einigen der anderen Pferde im Stall, und ich bemerkte, dass es den Pferden, mit denen er sich beschäftigte, nach seinen Sitzungen immer besser zu gehen schien.

Nachdem ich dem Chiropraktiker bei der Arbeit zugesehen und ihm bei der Erläuterung seiner Tätigkeit zugehört hatte, fragte ich ihn, ob er sich den Quarter Horse Wallach ansehen könnte. Kurz gesagt, nach nur einer Sitzung mit ihm schienen die meisten Verhaltensprobleme, die ich in den letzten zwei Monaten zu lösen versuchte, verschwunden zu sein. Drei Sitzungen später waren die Verhaltensweisen vollständig verschwunden.

Da wurde mir klar, dass einige Verhaltensweisen, die Pferde anbieten, sicherlich in die Kategorie »ein Pferd ist nun mal ein Pferd« passen, andere wiederum wie eine solche, mit denen der kleine athletische Wallach zu kämpfen hatte, sehr wohl aus einer anderen Quelle stammen könnten. Nachdem ich zu dieser Erkenntnis gekommen war, wusste ich, dass ich den Unterschied herausfinden und verstehen musste.

Ich wusste damals noch nicht, dass mich diese eine Entscheidung auf eine jahrzehntelange Entdeckungsreise zu den Pferden schicken würde, die es mir ermöglichte, von einigen der weltweit führenden Fachleuten in den Bereichen Hufpflege, Sattelanpassung, Chiropraktik, Zahnpflege, Akupressur als auch -punktur, Kaltlaser, Körperarbeit (danach wurde ich ausgebildeter Körpertherapeut für Pferde), Ernährung, Augenheilkunde und Neurologie/Hirnwissenschaften zu lernen.

~

Der große Kampfkünstler Bruce Lee sagte einmal: »Bevor ich die Kunst erlernte, war ein Schlag nur ein Schlag und ein Tritt nur ein Tritt. Nachdem ich die Kunst gelernt hatte, war ein Schlag kein Schlag mehr, ein Tritt kein Tritt mehr. Jetzt, wo ich die Kunst verstehe, ist ein Schlag nur ein Schlag, und ein Tritt ist nur ein Tritt.« Er erklärte, wie er im Laufe seines Trainings die Hilfe von Meistern suchte, die ihm halfen, die Nuancen von Schlag und Tritt zu verstehen, und er lernte, wie man jede einzelne Komponente von beiden aufschlüsselt. Er eignete sich verschiedene Arten des Schlagens und Tretens an und wie oft er sie in verschiedenen Situationen anwenden musste. Er lernte und übte immer noch mehr, bis er schließlich nicht mehr in der Lage war, die Informationen, die er aufnahm, effektiv und effizient zu verarbeiten. An diesem Punkt sagte er: »Ein Schlag war kein Schlag mehr, ein Tritt kein Tritt mehr.«

Irgendwann begannen sich die Dinge zu ändern. Seine Kontrolle, sein Fokus, sein Timing und seine Kraft begannen sich zu verbessern, sodass er nicht mehr darüber nachdenken musste, welchen Schlag oder Tritt er ausführen, wann er sie einsetzen oder wie viel Energie er dazu benötigte. Seine Geschwindigkeit und sein Timing verbesserten sich ebenso wie sein Gleichgewicht und seine Präzision. Irgendwann nach vielen Jahren kam er an den Punkt, an dem er nicht mehr über Technik oder Mechanik nachdenken musste, weil beides nun zu seiner zweiten Natur geworden war. »Jetzt war ein Schlag wieder nur ein Schlag und ein Tritt war nur ein Tritt.«

Etwas Ähnliches ist mir passiert, wenn es darum geht, das Verhalten von Pferden zu verstehen. Schon früh habe ich geglaubt, Pferdeverhalten sei einfach Pferdeverhalten. Es war die Art und Weise, wie sich Pferde in Bezug auf ihre Gefühle verhielten. Als ich dann anfing, die verschiedenen Aspekte und möglichen Ursachen sowie die Wirkungen des Verhaltens zu studieren, schien das Verhalten von Pferden nicht mehr nur ein Verhalten von Pferden zu sein.

Während ich mir etwas über Chiropraktik aneignete, schien jedes unerwünschte Verhalten auf chiropraktische Probleme zurückzuführen zu sein. Als ich etwas über die Sattelanpassung lernte, begann ich, unerwünschtes Verhalten als potenzielle Sattelanpassungsprobleme zu sehen. Genauso verhielt es sich mit den Zähnen, der Körperarbeit, der Ernährung und allem anderen.

Dann, im Laufe der Jahre des Studierens und Beobachtens, begannen sich die Dinge wieder zu verändern. Ich begann zu erkennen, dass, obwohl viele unerwünschte Verhaltensweisen fraglos auf ein zugrundeliegendes körperliches oder emotionales Problem zurückgeführt werden können, das Verhalten am Ende nur Verhalten ist. Es ist die Art und Weise, wie ein Pferd sich in Bezug darauf verhält, wie es sich fühlt.

Wenn ich heute mit Pferd und Reiter arbeite und fast immer, bevor wir überhaupt anfangen, schaue ich nach, ob es irgendwelche offensichtlichen körperlichen Probleme oder Asymmetrien in der Bewegung des Tieres gibt. Ich achte auf mögliche Anzeichen von Sattelpassform-, Zahn- oder Hufproblemen. Je nach Pferd und gezeigtem Verhalten frage ich, wie es gefüttert wird, wie seine Lebenssituation ist oder sogar wie das Pferd gezüchtet wurde (darauf werde ich später noch genauer eingehen). Ich suche nie nach etwas Bestimmtem, noch urteile ich über das, was ich sehe. Vielmehr versuche ich, die Informationen einfach aufzunehmen und in meinen Hinterkopf zu packen. Wenn das Pferd irgendein Verhalten zeigt, hängt es meistens mit einer oder mehreren möglichen Ursachen zusammen, die mir schon aufgefallen sind, und dann bespreche ich es mit dem Reiter.

Meistens können wir den möglichen Auslöser eines unerwünschten Verhaltens herausfinden, indem der Reiter dasselbe beschreibt und wir dann dem Pferd beim Bewegen zusehen. Ein Beispiel hierfür ereignete sich vor einigen Jahren, als eine unserer Kurs-Gastgeberinnen, eine versierte Trainerin und Reiterin, mich bat, einen Blick auf ein Pferd zu werfen, das sie für einen Kunden ritt.

Sie hatte ein paar Probleme mit der kleinen Stute, die sie nicht genau benennen konnte. Zum Einen waren sie oft gut gemeinsam unterwegs, aber dann führte die Stute plötzlich ihren Kopf für mehrere Schritte ganz nah zum Boden, bevor sie ihn fast gerade nach oben warf und ihn schüttelte. Nach dem Kopfschütteln brachte die Stute ihren Kopf wieder in eine normale Position. Dieses Verhalten wurde normalerweise schlimmer, je schneller das Pferd ging.

Das andere Problem, das sie hatte, war, dass die Stute stolperte, was ebenfalls schlimmer wurde, je schneller sie ging. Dieses verschlimmerte sich so sehr, dass sie beim Galopp sogar einmal gestürzt waren.

Stolpern kann auftreten, wenn die Hufe eines Pferdes zu lang geworden sind oder aufgrund körperlicher Probleme oder einer Verspannung irgendwo im Körper wie an den Schultern, am Widerrist oder Hals. Wir haben es auch bei Pferden mit erheblichen Zahnproblemen gesehen. Aber diese Stute schien keines dieser Probleme zu haben.

Nachdem das Pferd-Reiter-Paar begann, auf einem 25-Meter-Zirkel zu galoppieren, zeigten sich bald beide Probleme, die die Kurs-Gastgeberin beschrieben hatte. Wenige Schritte nach dem Übergang in den Galopp senkte die Stute ihren Kopf so tief, dass ihre Nase fast den Boden berührte. Dann neigte sie ihren Kopf von einer Seite zur anderen, hob ihn an, sodass ihre Nase fast zum Himmel wies, schüttelte ihn erneut und senkte ihn dann wieder in eine normale Position.

Etwa eine halbe Runde später wiederholte sie fast genau das gleiche Verhalten und in den nächsten Minuten unzählige weitere Male, unabhängig davon, in welche Richtung sie geritten wurde. Sie stolperte auch ein paar Mal, obwohl sie sich immer wieder selbst fing.

Nichts an den Verhaltensweisen der Stute sah für mich normal aus. Pferde, die ihren Kopf beim Reiten senken, tun dies möglicherweise, um sich zu strecken, aber sie neigen ihren Kopf selten von einer Seite zur anderen, während ihre Nase fast auf dem Boden ist und dem folgt fast nie ein gerades Nach-oben-Strecken des Kopfes und Kopfschütteln. Was das Stolpern angeht, so ist das sicherlich keine Seltenheit. Ungewöhnlich dabei jedoch war, dass die Gastgeberin, als ich sie fragte, ob sie das Pferd jemals beim Herumgaloppieren auf der Weide stolpern sah, diese Frage mit Ja beantwortete. Nicht nur das, sie sagte auch, dass die Stute alle Verhaltensweisen auch ohne Reiter auf dem Rücken ausführte.

Das war eine wichtige Information. Wenn Pferde unter dem Sattel ein seltsames oder unerwünschtes Verhalten zeigen, aber nicht, wenn sie alleine unterwegs sind, dann wird das Verhalten im Allgemeinen wahrscheinlich durch etwas verursacht, das mit ihrem Reiter zusammenhängt wie beispielsweise das Training, schlecht sitzende Ausrüstung oder möglicherweise sogar etwas Körperliches, das sich nur zeigt, wenn sie Gewicht auf dem Rücken tragen. Wenn andererseits das gleiche Verhalten auftritt, ob das Pferd geritten wird oder nicht, könnte das sehr wohl ein Zeichen dafür sein, dass das Problem, was auch immer es ist, die ganze Zeit existiert und möglicherweise nichts mit dem Reiter zu tun hat.

Auf den ersten Blick waren die Verhaltensweisen der Stute nicht unbedingt ungewöhnlich, was die Dinge betrifft, die Pferde von Zeit zu Zeit tun. Aber sie schienen auch nicht ganz richtig zu sein. Die Schwierigkeit lag darin, zumindest anfangs, dass ich nicht genau sagen konnte, was los war. Im Laufe der Jahre sah ich Variationen von allem, was die Stute bot, aber nie alle zusammen und nie so dramatisch wie das, was sie jetzt präsentierte.

Als ich ihren Kopf etwa zum zehnten Mal Richtung Boden sinken sah, gefolgt von einem Schütteln des erhobenen Kopfes, begann ich den Eindruck zu bekommen, dass die Stute Schwierigkeiten mit ihrer Sehkraft haben könnte. Ich war nicht überzeugt, dass dies der Fall ist. Im Laufe der Jahre fielen mir einige Pferde mit seltsamem Verhalten auf, bei denen ich mich fragte, ob sie Probleme mit ihrer Sehkraft hatten. Von diesen wurde nur eine Handvoll als solche diagnostiziert.

Aber trotzdem sah das ziemlich seltsam aus. Ich filmte das Verhalten der Stute und schickte die Aufnahme an einen Freund – zufällig ein führender Augenarzt für Pferde –, um seine Meinung zu erfahren. Er schlug vor, nach Einbruch der Dunkelheit Nahaufnahmen von jedem ihrer Augen mit Blitz zu machen. Wenn irgendetwas ihrem Sehfeld im Wege war, würde es wahrscheinlich auf den Fotos zu sehen sein.

Tatsächlich zeigten die Aufnahmen etwas, das wie eine kleine, gezackte Insel aussah, die teilweise die Linse in ihrem rechten Auge bedeckte. Ich schickte die Fotos an meinen Freund, der bestätigte, dass das, was wir sahen, eine schwimmende Zyste war. Da die Zyste schwebte, konnte die Stute sie bewegen, indem sie ihren Kopf hob, senkte und schüttelte. Wie sich herausstellte, war ihr Stolpern eine Folge ihrer Sehbehinderung und alles andere nichts anderes, als dass sie versuchte, die Zyste zu bewegen, damit sie besser sehen konnte.

Glücklicherweise wurde dies durch ein nicht-invasives Verfahren eines örtlichen Pferdeaugenarztes behoben, und die Stute konnte innerhalb relativ kurzer Zeit nach der Behandlung wieder zu ihrer normalen Aktivität zurückkehren.

~

Vor nicht allzu langer Zeit hatte ich eine interessante Situation bezüglich des Verhaltens von Pferden. In diesem Fall war das Verhalten selbst relativ harmlos und kein wirkliches Problem. Das Verständnis der Besitzerin für das Verhalten und die vermutete Ursache wurde für sie jedoch so beunruhigend, dass sie erwog, ganz auf Pferde zu verzichten.

Es war Mittagszeit, aber Mary stand bereits mitten in der großen Halle, als ich hereinkam, um mich für die Nachmittagsunterrichtseinheiten des Kurses fertig zu machen. Ihr Pferd, ein unauffälliger Fuchswallach namens Sharpie, war abgesattelt und stand still neben ihr, den Kopf gesenkt, im Halbschlaf.

Sharpie, so erfuhr ich, war Marys erstes Pferd. Reiten und Pferde besitzen war für sie und ihren Mann ein Lebenstraum, den sie schließlich verwirklichten, als ihre Kinder auszogen und ein eigenes Leben begannen. Sie erwarben etwas Land für Pferde, nahmen beide Unterricht und kauften schließlich Sharpie, das Pferd, das sie von ihrem Ausbilder gemietet hatten.

»Hallo«, sagte ich. »Ihr zwei seid die nächsten?«

»Ja«, antwortete sie.

Ich ging zu meiner Lautsprecheranlage, ersetzte die Batterien im Sender meines kabellosen Mikrofons und wandte mich wieder Mary zu.

»Er sieht aus wie ein ziemlich netter Kerl.« Ich lächelte.

Mary antwortete nicht. Sie drehte sich mit einem gequälten halben Lächeln zu Sharpie um und gab ihm einen leichter Klaps auf den Hals.

Am ersten Kurstag war es oft so, dass neue Reiter (d. h. Reiter, die ich noch nie gesehen oder mit denen ich noch nie gearbeitet habe) etwas nervös waren. Das hatte ich schon oft erlebt. Tatsächlich gab es vor Jahren eine Zeit, in der ich zwei Reiter in aufeinanderfolgenden Kursen hatte, die aufgrund ihrer Nervosität buchstäblich krank wurden, kurz bevor sie zur Arbeit in den Pferdebereich kamen.

Also, ich erkannte Nervosität, sobald ich sie sah. Mary sah nicht nervös aus, sondern eher traurig. »Alles okay?« fragte ich.

»Ich hoffe, du kannst uns bei unserer Beziehung helfen.« Sie sah ihr Pferd die ganze Zeit weiter an.

Ich ging dorthin, wo sie standen, blieb aber weit genug davor stehen. Sharpie sah auf und drehte mir ein Ohr zu, aber weiter ging sein Interesse an mir erstmal nicht.

»Beziehung?«

»Er vertraut mir nicht.« Sie sagte das so, als wäre das eine ausgemachte Sache, auch wenn das Bild von den beiden, die dort standen, sicher nicht wie ein Pferd-Reiter-Paar aussah, bei dem es um Vertrauen ging.

»Darf ich fragen, warum du so denkst?«

Es gab eine lange Pause, bevor Mary sich schließlich zu mir umdrehte, die Hand immer noch am Hals ihres Wallachs.

»Kann ich es dir zeigen?«

»Natürlich.«

Sie drehte sich zu Sharpie um, tätschelte ihn, legte ihm das Halfterseil um den Hals und entfernte sein Halfter. Sie standen zusammen und sahen nicht anders aus als vor ein paar Sekunden, als er es getragen hatte. Nach ungefähr einer Minute hob sie das Halfter sanft an seine Nase. Sharpie wandte sich leicht von ihr ab. Sie senkte das Halfter und sah mich an.

»Verstehst du, was ich meine?«

»Ich bin mir nicht sicher«, sagte ich ein wenig perplex.

Mary erklärte, sie habe einen Artikel gelesen, in dem der Autor beschrieb, dass ein Pferd, was sich abwendet, wenn man ein Halfter oder Zaumzeug anbot, ein sicheres Zeichen dafür war, dass es ein Problem mit seinem Reiter hatte. Wie sie es beschrieb, war seine Aussage in Bezug auf das Abwenden des Pferdes, dass es dem Menschen nicht vertraue, und wenn es dieses Verhalten zeige, sei der Beziehung zwischen Pferd und Mensch bereits viel Schaden zugefügt worden.

Bisher hatte Mary noch keinen Weg gefunden, ihrem Pferd zu helfen, gehalftert oder gezäumt zu werden, ohne dass es sich abwendete. Und weil dieser Artikel von jemandem geschrieben wurde, dessen Meinung sie vertraute, stellte sie nun ihre Anfängerfähigkeiten *und* die Beziehung zwischen ihr und Sharpie infrage.

Wie es in solchen Situationen oft der Fall ist, fühlte sie sich umso schlechter, je mehr sie über die ganze Sache nachdachte. Da sie Sharpie nicht ständig Sorgen bereiten wollte, überlegte Mary nun, ihm ein Zuhause bei jemandem zu suchen, bei dem er sich wohler fühlen würde.

Ich nehme an, dass Marys Reaktion auf die Situation einigen Leuten wie eine Überreaktion erscheinen mag. So ist es aber nicht. Solche Dinge passieren Pferdemenschen ständig – sowohl mit als auch ohne Erfahrung. Pferdemenschen, die versuchen, ihre eigenen Kenntnisse und Fähigkeiten zu verbessern, vertrauen regelmäßig auf die Meinungen etablierter Trainer, Ausbilder und Profis. Aber für die relativ Unerfahrenen kann es wirklich verheerend sein, wenn einer dieser vertrauenswürdigen Profis ihnen sagt, dass sie ihre Beziehung zu ihrem Pferd beschädigen, selbst wenn es nicht wahr ist, wie es bei Mary der Fall war.

Ich erklärte Mary, dass ein Pferd, das sich abwendet, wenn wir das Halfter oder Zaumzeug präsentieren, zwar ein Zeichen für ein Beziehungsproblem sein *kann*, dies aber meistens nicht der Fall ist. Pferde wenden sich aus zahlreichen Gründen von einem Halfter ab, von denen die meisten einfach auf Missverständnisse hinauslaufen, die zu erlerntem Verhalten geworden sind.

Pferde, die sich an erlerntes Verhalten gewöhnt haben, das ihnen nicht viel Stress verursacht, ob dieses Verhalten absichtlich oder unabsichtlich beigebracht wurde, zeigen normalerweise ein gewisses Maß an Komfort, während sie dieses Verhalten ausführen. Wenn sie glauben, dass die Antwort, die sie anbieten, das ist, was wir wollen, dann gibt es keinen Grund für sie, verärgert zu sein, wenn sie die Antwort anbieten.

Und wenn man hier noch einen Schritt weitergeht: Falls die Pferde sich nicht über die von ihnen angebotene Antwort aufregen, dann betrachten sie das, was zwischen ihnen und uns vor sich geht, wahrscheinlich nicht als Ausschlusskriterium in unserer Beziehung. Das schien zwischen Mary und Sharpie der Fall zu sein.

Ich bat sie, ihm das Halfter noch einmal anzubieten, was sie auch tat. Wieder drehte sich Sharpie leicht weg, als sie das Halfter zu seiner Nase führte, und wieder senkte sie es und sah mich an. Ich fragte, ob das, was sie gerade machte, das sei, was sie immer getan habe. Hat sie insbesondere das Halfter immer gesenkt, nachdem er sich abgewandt hat? Sie bejahte dies. Ich erklärte ihr, dass er das Entfernen des Halfters wahrscheinlich als Belohnung dafür sah, dass er den Kopf drehte. Ich bat sie, es noch einmal zu versuchen.

Sie brachte das Halfter zu seiner Nase und wie aufs Stichwort drehte er den Kopf. Diesmal bat ich sie jedoch, es genau dort zu lassen, wo es war, als er seinen Kopf drehte, was sie auch tat. Wir warteten nur etwa fünf Sekunden, bevor Sharpie seinen Kopf langsam zurückbrachte und seine Nase direkt über dem Halfter stoppte. Mary hob sanft das Halfter und gleichzeitig senkte Sharpie seine Nase. Das Halfter landete ohne Probleme auf dem Pferd und sein entspannter Gesichtsausdruck änderte sich zu keinem Zeitpunkt.

Wir wiederholten das Ganze in den nächsten fünf Minuten noch einige Male. Am Ende wandte sich der Wallach nicht nur nicht mehr ab, sondern er bot bereitwillig an, seine Nase in das offene Halfter zu senken. Dies brachte ein merkliches Lächeln auf Marys Gesicht.

~

Ich möchte mir hier eine Minute Zeit nehmen und wiederholen, dass Pferdeverhalten einfach Pferdeverhalten ist. Es stellt das dar, was Pferde tun, um zu kommunizieren, wie sie sich fühlen. Der Versuch, mögliche zugrunde liegende Ursachen von Verhalten zu verstehen, insbesondere bei unerwünschtem, dient sicherlich einer guten Sache. Geschichten über das Verhalten zu erfinden oder darauf zu bestehen, Schuld oder Fehlerursachen für das Verhalten zu suchen, ist bestimmt nicht gut.

Wie ich bereits erwähnte, habe ich bei Walter und in den folgenden Jahren gelernt, Verhalten für bare Münze zu nehmen. Ich dachte nicht viel über das *Warum* nach, und da ich die meiste Zeit allein arbeitete, wurde ich kaum gefragt, *warum*. Erst als ich anfing, für die Öffentlichkeit zu arbeiten, kam die Frage auf, und als »Profi« wurde erwartet, dass ich eine Antwort parat hätte. Die Leute wollten nicht nur wissen, *warum* sich ein Pferd so verhielt, sondern oft auch wissen, was das Pferd *dachte*, während es dieses Verhalten zeigte.

Ich verrate Ihnen ein kleines Geheimnis. Niemand weiß wirklich, was ein Pferd denkt. Ich nehme an, es gibt einige Leute, die argumentieren würden, dass Tierkommunikatoren wissen, was Pferde denken. Vielleicht tun sie es. Aber da meine Erfahrungen mit Tierkommunikatoren im Laufe der Jahre gemischt waren (einige gut, andere nicht so sehr), werde ich sie respektvoll aus diesem Gespräch ausschließen.

Was man normalerweise bekommt, wenn jemand (mich eingeschlossen) eine Meinung darüber abgibt, was ein Pferd denkt, ist eine fundierte Vermutung, die auf jahrelanger Erfahrung und Beobachtung basiert. Tatsächlich macht es nur Sinn, wenn Sie Hunderttausende von Stunden damit verbringen, mit unzähligen Pferden zu arbeiten und sie zu reiten, dass Sie dann irgendwann anfangen, in ähnlichen Situationen zuverlässige Verhaltensmuster zu erkennen.

Es dauert nicht lange, bis diese Verhaltensmuster so vertraut werden, dass man leicht vorhersagen kann, was das Pferd als Nächstes tun wird. Infolgedessen scheint die Person, die die Vorhersage trifft, zu wissen, was es denkt, obwohl sie es in Wirklichkeit nicht weiß.

Das wahrscheinlich häufigste und bekannteste Verhaltensmuster ist das »Aufblähen« des Bauches von einem Pferd, weil es zu eng angegurtet wurde. Ich habe Pferde auf der ganzen Welt gesehen, die dieses besondere Verhalten herausgefunden haben, um sich vor Unbehagen zu schützen. Ich vermute, dass sie alle auf die gleiche Weise in das Muster fielen. Trotzdem bezweifle ich, dass irgendjemand wirklich weiß, was sie *dachten*, als sie es herausfanden. Wir gehen davon aus, dass sie irgendwie zwei und zwei zusammengezählt haben:

Jetzt aufblähen + später loslassen = Komfort. So würden wir Menschen es mit unseren großen menschlichen Gehirnen herausfinden. Pferde haben kein menschliches Gehirn, daher wäre es für sie schwierig, wenn nicht sogar unmöglich, selbst diese einfache Gleichung zu entschlüsseln.

Sehr wahrscheinlich ist das Pferd einfach über die Lösung gestolpert, weil es sich gegen ständig unvorsichtige Hände gewehrt hat. Wenn ich raten müsste, würde ich sagen, nachdem dreimal der Gurt schnell und hart angezogen wurde, spannte oder dehnte das Pferd beim vierten Mal instinktiv die Muskeln im Bereich unter dem Gurt (ähnlich wie wir es tun würden, wenn wir wüssten, dass uns gleich jemand in die Rippen stößt), um sich schützen. Das Verhalten des Pferdes war eher eine instinktive Reaktion als alles andere, aber das Pferd empfindet das Gurten dadurch als nicht so unangenehm. Wenn also jemand das nächste Mal das Pferd angurtet, wiederholt es das, was ihm beim letzten Mal geholfen hat. So wurde in ihm ganz einfach ein Verhaltensmuster geschaffen, und die Pferde haben höchstwahrscheinlich, während es geschah, nie viel darüber nachgedacht, wenn überhaupt.

Ich spreche diese Idee von Menschen an, die glauben, sie wüssten was ein Pferd denkt, weil ich gesehen habe, welche Art von Problemen dies verursachen kann. Tatsächlich beobachtete ich Leute, die sich so sehr um die Gedanken ihrer Pferde sorgten, dass sie bei der Arbeit mit ihnen fast wie gelähmt waren. Eine Situation vor einiger Zeit kommt mir dabei in den Sinn.

Der Kurs fand in einer mittelgroßen überdachten Reitbahn mit drei offenen Seiten statt. Die kurze Seite an einer Mauer im Süden bot einen Blick auf den Parkplatz. Direkt in der Halle an dieser Wand befanden sich der Anmeldebereich und die Zuschauer. Von der nördlichen kurzen Mauer hatte man einen Blick auf den Wald, der knapp zehn Meter außerhalb der Halle begann. Die östliche Längswand öffnete sich zu sanften Hügeln und Weiden, und die andere war von Ställen gesäumt, die alle Richtung Reitbahn zeigten.

Ich beantwortete gerade Fragen der Zuschauer, als der nächste Reiter, ein Bursche namens Wayne, auf einem großen braunen Wallach hereinritt. Ich sah ihm zu, wie er an der mit Boxen gesäumten Wand entlangritt, an der kurzen Wand mit Blick auf den Wald vorbei und dann zurück zu der Stelle, wo ich auf meinem Pferd saß und die Fragerunde der Zuschauer abschloss.

Der Wallach schien ein wenig nervös, aber nicht schlimm – das heißt, er überprüfte die Umgebung, aber er wieherte nicht, scheute und hüpfte nicht und bot keine der anderen sorgebedingten Verhaltensweisen an, die ein Pferd in einer neuen Umgebung zeigen könnte.

Ungefähr zu der Zeit, als ich die letzte Frage beantwortet hatte, ritt Wayne heran, nachdem er zwei volle Runden um die Bahn geritten war. Wayne stellte sich und sein Pferd vor, dessen Name Marty war. Dieses gehörte ihm seit ungefähr anderthalb Jahren, nachdem er ihn bei einem Ranch-Pferdeverkauf gekauft hatte. Anscheinend stammte der große Braune von einer bewirtschafteten Ranch irgendwo in West-Texas und hatte so ziemlich »alles schon mal erlebt«. Wayne fuhr fort, dass sie meistens Ausritte machten, ein wenig Rinderarbeit hinter sich hatten und Reitunterricht besuchten, wenn sich die Gelegenheit ergab.

»Womit kann ich dir helfen?« fragte ich.

»Ich möchte, dass seine Gedanken bei mir bleiben«, antwortete er.

Im Laufe der Jahre hatten mir viele Reiter gesagt, dass sie die *Aufmerksamkeit* ihres Pferdes für sich gerne in Anspruch nehmen würden, aber ich konnte mich nicht erinnern, dass jemals jemand sagte, dass er die *Gedanken* seines Pferdes bei sich haben wollte. Ich war mir nicht ganz sicher, wie ich das auffassen sollte und fragte mich, ob er sich falsch ausgedrückt und gemeint habe, er wolle Martys Aufmerksamkeit. Ich sage das, weil meinem Verständnis nach Aufmerksamkeit und Gedanken zwei getrennte Dinge sind, wobei das eine letztendlich eine Folge des anderen ist.

Für mich stellt Aufmerksamkeit *äußerliche* Natur dar. Etwas in der Umgebung weckt das Interesse eines Pferdes oder schärft sein Bewusstsein. Das Denken hingegen ist *innerer* Natur – eine im Kopf des Pferdes gebildete Meinung über das, was seine Aufmerksamkeit erregt hat. Beispielsweise hört ein Pferd ein Geräusch und wendet sich ihm zu (Aufmerksamkeit). Es sieht, dass dieses von einer Person verursacht wird, die einen Eimer trägt, und kommt zu dem Schluss, dass das Geräusch keine Bedrohung darstellt (Gedanke). Das Pferd hat nicht viel Kontrolle über Ersteres, da die Reaktion vom Instinkt gesteuert wird. Bei Letzterem jedoch hat das Pferd die Informationen durch vergangene Erfahrungen verarbeitet und kommt zu einer »informierten Entscheidung«, was damit zu tun ist.

»Meinst du seine Aufmerksamkeit?« fragte ich. »Du willst seine Aufmerksamkeit auf dich richten?«

»Nein«, antwortete er. »Ich möchte, dass seine Gedanken bei mir sind – und nicht überall, besonders nicht unten am anderen Ende.« Er deutete auf das andere Ende der Reitbahn mit der kurzen Mauer in der Nähe des Waldes.

»Würdest du mir das zeigen?«

»Klar, mache ich.« Er wendete den Braunen und machte sich auf den Weg zum anderen Ende der Reitbahn, wobei er relativ nah an der langen Seite mit den Ställen blieb. Ich folgte dicht hinter ihm auf meinem Pferd Rocky.

Als wir uns dem anderen Ende näherten und von der langen Wand zur kurzen Wand abbogen, blickte Marty zum Wald hinaus.

»Verstehst du, was ich meine?« sagte Wayne mit einem Hauch von Aufregung in seiner Stimme. »Seine Gedanken sind irgendwo da draußen und nicht bei mir.« Er hielt kurz inne und fügte dann hinzu: »Sieh mal, wie besorgt er ist.«

Der Wallach sah für mich nicht allzu besorgt aus. Tatsächlich fand ich, dass er überhaupt nicht so aussah. Weder hob er den Kopf noch spannte er seinen Körper an, seine Atmung hatte sich nicht verändert, er beschleunigte oder verlangsamte seinen Schritt nicht, seine Augen weiteten sich nicht und er war nicht einmal kurz davor, sich zu erschrecken oder zu scheuen. Als er die Mitte der kurzen Mauer passierte, kehrte Martys Kopf in eine neutrale Position zurück, seine Ohren und Augen entspannten sich.

Ich war gerade dabei, Wayne gegenüber zu erwähnen, dass Marty meiner Meinung nach gut aussah, als sie um die Ecke von der kurzen Seite zur östlichen langen Seite bogen. Eine kleine Gruppe von Pferden graste auf einer der nahe gelegenen Weiden gleich außerhalb der Arena, und der Wallach drehte sich um und warf einen Blick auf sie, seine ruhige Haltung änderte sich dabei zu keiner Zeit.

»Siehst du?« Wayne klang leicht verärgert. »Jedes Mal, wenn seine Gedanken mich verlassen, fängt er an, sich Sorgen zu machen.«

Wieder hatte ich nichts dergleichen gesehen.

Nachdem er die Pferde ein paar Schritte lang beobachtet hatte, drehte Marty seinen Kopf zurück zur Bahn und ging weiter. Ein Pferd wieherte aus dem Stall, und er schaute kurz in die Richtung, wieherte aber nicht zurück oder änderte sein Verhalten.

»Jetzt ist sein Gedanke da drüben!«

Zu diesem Zeitpunkt gingen die beiden zurück Richtung Zuschauer, wo eine davon aufstand, um ihren Stuhl in die Sonne zu rücken, die von Osten hereinschien. Marty wandte seine Aufmerksamkeit ihr zu.

»Verstehst du, was ich meine?« platzte Wayne heraus. »Seine Gedanken sind überall, nur nicht bei mir!«

»Okay«, sagte ich. »Ich verstehe, was du sagst. Aber vielleicht können wir das etwas anders betrachten. Wie wäre es damit? Was würdest du jetzt gerne mit ihm machen?«

»Ich möchte, dass er an mich denkt«, Wayne erhob leicht seine Stimme.

»Ich verstehe das. Aber nur um der Argumentation willen behaupten wir, seine Gedanken *seien* bei dir. Was würdest du dann tun wollen?«

»Aber so ist es nicht!«

»Nehmen wir an, es sei so. Woran würdest du gerne mit ihm arbeiten? Seitengänge? Übergänge? Wendungen? Stopps?«

»Ich weiß nicht.« In seiner Stimme lag Wut. »Wahrscheinlich Übergänge.«

»Okay«, ich zuckte mit den Schultern. »Was ist mit deinen Übergängen los? Sind sie zu schnell? Zu langsam? Zu …«

»Sie sind zu langsam, weil seine Gedanken nie bei mir sind!«

Ich möchte hier kurz unterbrechen und ein paar Dinge erklären, die wir mit Wayne besprechen konnten, und die ihm schließlich geholfen haben, die Dinge zwischen ihm und Marty etwas anders zu sehen.

Die ersten beiden Dinge, die ich erwähnen möchte, scheinen völlig unabhängig von dieser Situation zu sein, aber wenn Sie etwas Geduld mit mir haben, werden Sie sehen, wie sie zusammenhängen.

Wenn ein Schüler durch die Ränge im Aikido aufsteigt, wird er schließlich genug Fähigkeiten, Wissen und Technik entwickelt haben, um in eine Übung namens *Randori* eingeführt zu werden. In Randori wird der Schüler aufgefordert, mehrere Angreifer gleichzeitig abzuwehren. Die Anzahl der Angreifer kann von zwei oder drei bis zu zehn oder zwölf reichen.

Die ersten paar Male, wenn die Schüler mit mehr als einem Trainingspartner konfrontiert sind, werden sie fast immer innerhalb von Sekunden von den Angriffen überwältigt. Der Grund dafür besteht darin, dass der Schüler, der neu bei Randori ist und den ersten Angriff kommen sieht, versucht herauszufinden, welche Art von Angriff es sein wird und dann im Geiste die lange Liste von Techniken durchgeht, die er kennt, um die richtige auszuwählen. Die kostbaren Sekunden, die er braucht, um sich für eine Technik zu entscheiden, führen dazu, dass sein Timing etwas daneben liegt, obwohl es normalerweise immer noch gut genug ist, um sich gegen diesen ersten Angreifer zu verteidigen.

Kaum hat er sich um den ersten Angreifer gekümmert, kommt schon der zweite. Der Schüler versucht noch einmal herauszufinden, welche Art von Angriff er zu erwarten hat und geht gedanklich die Liste der Techniken durch. Dies verbraucht Zeit und trägt zu einer Verzögerung bei der Ausführung der Technik bei. Da die Zeitverzögerung des Schülers wieder zugenommen hat, ist der zweite Angreifer etwas schwieriger zu handhaben als der erste, was noch mehr Zeit in Anspruch nimmt.

Dann, während der Schüler noch mit dem zweiten Angreifer fertig wird, steht schon ein dritter an. Meist ist der Schüler bei der Annäherung des dritten oder vierten Angreifers bereits überfordert und kann sich nicht mehr wehren, da die zeitliche Verzögerung durch das Durchdenken der einzelnen Situationen immer länger wird.

Meistens hat der Ausbilder des Schülers in Vorbereitung auf Randori Zeit damit verbracht, ihn zu ermutigen, genau in dem Moment zu reagieren, in dem er mit mehreren Angreifern konfrontiert wird, und dadurch bestärkt, seine Gedanken aus dem Geschehen herauszuhalten und seinen Körper das tun zu lassen, wozu er trainiert wurde, ohne nachzudenken.

Der Grund dafür ist, wie der Schüler herausfindet, dass wir in schnellen Situationen wie Randori umso weiter zurückfallen, je mehr wir versuchen, nachzudenken oder uns durch das Geschehen zu denken. Bald sind wir so weit zurückgefallen, dass die Situation beginnt, uns zu kontrollieren und wir nicht länger die Situation kontrollieren.

So etwas ist in der Reitkunst sehr verbreitet und zeigt sich in vielen Formen. In Waynes Fall war er jedoch so besorgt darüber, wo die Gedanken seines Pferdes waren, dass er völlig den Überblick über die Realität dessen verlor, was vor sich ging. Tatsächlich redete er sich selbst ein, Marty sei besorgt, obwohl er es nicht war und der Grund für dessen träge Übergänge war, dass er sich weigerte, seine Gedanken auf Wayne zu richten, was ebenfalls nicht stimmte. Aber dazu gleich mehr.

Die zweite Sache, die ich mit Wayne behandelt habe, funktioniert in Verbindung mit der ersten und hat mit Selbstbeherrschung zu tun – unserer und nicht der des Pferdes. Dafür verwende ich eine weitere Kampfkunst-Analogie.

Wir beginnen jeden unserer Aibado-Kurse (Aikido für Reiter) mit einer einfachen Bewegungsübung. Diese beginnt damit, dass die Schüler mit dem rechten Fuß nach vorne und dem linken nach hinten stehen, ähnlich wie man es tun würde, wenn man einen Schritt macht und dann stehen bleibt. Aus dieser Haltung macht der Schüler einen Schritt, sodass der linke Fuß dann vorne ist und der rechte hinten.

Anstatt einen weiteren Schritt zu machen, drehen sich die Schüler dann um und schwingen das rechte Bein hinter sich, sodass sie in die entgegengesetzte Richtung schauen, immer noch mit dem linken Bein vorne und dem rechten hinten. Um die Bewegung zu vervollständigen, machen die Schüler einen Schritt mit dem rechten Fuß, schwingen mit dem linken und enden wieder dort, wo sie begonnen haben, mit dem Gesicht in die ursprüngliche Richtung, rechter Fuß vorne, linkes Bein hinten.

Die Bewegung wird in der Gruppe mehrmals hintereinander wiederholt, bis sie glatt, ausgewogen und ohne Spannung klappt.

Diese Bewegung wird dann in einer Reihe von Techniken verwendet, die wir während des gesamten Workshops anwenden, sodass die Schüler nicht nur zu Beginn des Unterrichts üben können, sondern auch während verschiedener praktischer Anwendungen während des gesamten Unterrichts.

Oft stellen wir am letzten Tag, nachdem alle Schüler diese Übung gut geübt haben, eine Variation der Übung vor, die ähnlich ist, aber anders als alles, was die Klasse bisher gemacht hat. Auf das Wesentliche heruntergebrochen besteht diese neue Übung nicht mehr oder weniger aus zwei Schülern, die sich gegenüberstehen und die Übung gleichzeitig ausführen, sich dabei aufeinander zu und dann aneinander vorbei bewegen.

Sobald wir die Klasse bitten, diese neue Variation zu beginnen, füllt sich das *Dojo* plötzlich mit Geschwätz, während die Schüler mit ihrem Partner darüber diskutieren, wie sie die Übung ausführen, wer zuerst gehen, in welche Richtung sie sich bewegen werden usw. Einige Schüler bleiben stehen und sehen sich im Raum um, während sie anderen bei der Übung zusehen. Manchmal laufen Partner ineinander. Es gibt viel Start und Stopp, nervöses Gelächter und leichtes Chaos.

Nach ein paar Minuten bitten wir die Schüler aufzuhören. Wir beginnen dann wieder von vorne, aber dieses Mal ohne Reden. Sie werden auch angewiesen, alles und jeden anderen im Raum, einschließlich ihrer Partner, zu ignorieren und sich *nur* auf ihre eigene Bewegung zu konzentrieren. Wir erinnern die Schüler daran, dass jeder im Raum Variationen dieser Bewegung inzwischen hunderte Male ausgeführt hat, und ihr Körper weiß, was er zu tun hat. Alles, was sie tun müssen, ist, den Körper seine Arbeit machen zu lassen. Dann wiederhole ich: »Konzentriere dich nur auf deine Bewegung. Mach dir keine Sorgen um irgendjemanden oder irgendetwas anderes.«

Wir bitten die Schüler zu beginnen, sobald sie bereit sind, und jede Gruppe beginnt fast immer in leicht unterschiedlichen Intervallen. Aber das Interessante daran ist: Innerhalb von weniger als etwa 30 Sekunden und wenn sich jeder nur auf seine eigene Bewegung konzentriert, werden *alle* Bewegungen im gesamten Raum synchronisiert. Ohne zu sprechen, zu planen, zu zählen, zu drängen oder zu arrangieren, bewegen sich alle im Raum wie eine Einheit.

Wir haben diese Übung auf der ganzen Welt durchgeführt und oft die Vorher-Nachher-Ergebnisse gefilmt, um den Schülern zu zeigen, welche Art von positiver Kraft wir erzeugen können, wenn wir uns unserer eigenen Bewegung und Absichten bewusst sind.

Dies stellt die gleiche Art von positiver Kraft dar, die wir zwischen uns und unseren Pferden entwickeln können, indem wir uns darauf konzentrieren, was wir von unseren Pferden wollen, anstatt darauf, was sie tun (wenn das, was sie tun, nicht das ist, was wir wollen), können wir unsere Pferde nicht nur auf uns konzentrieren, sondern dieser Fokus kann mit Sicherheit bei der Entwicklung von Dingen wie Sanftheit, Bereitwilligkeit und sogar Mühelosigkeit in der Bewegung helfen.

Sich auf alles zu konzentrieren, *außer* auf das, was wir von unserem Pferd wollen, oder sich nur auf die Dinge zu konzentrieren, die wir *nicht* möchten, kann den genau gegenteiligen Effekt haben: ein Pferd, das verwirrt, desinteressiert, besorgt und nicht ansprechbar ist.

Es schien, dass der Grund, warum Wayne immer wieder unerwünschte Reaktionen von seinem Pferd erhielt, darin bestand, dass er sich ausschließlich auf die wohl schlecht durchdachte Vorstellung konzentrierte zu versuchen, die Gedanken seines Pferdes zu kontrollieren, anstatt sich darauf zu konzentrieren, dies mit seinen eigenen zu tun. Daran gewöhnte sich Wayne relativ schnell, worauf Marty innerhalb von etwa fünfzehn Minuten positiv reagierte.

Der letzte Teil dieses speziellen Puzzles beinhaltet das, worüber wir nicht wirklich viel Kontrolle haben. Ich beziehe mich speziell darauf, wie Pferde die Welt sehen und was sie instinktiv machen, damit sie sich darin wohlfühlen.

Pferde besitzen eine sogenannte *falsche positive Voreingenommenheit*, wenn es um ihre Umwelt geht. Einfach gesagt, sie sind so konzipiert, dass sie alles als potenzielle Bedrohung ansehen, bis das Gegenteil bewiesen ist. Ich habe Leute sagen hören, dass Pferde Menschen als Raubtiere ansehen, weil wir aufrecht gehen und unsere Augen nach vorne gerichtet sind – aber nur vielleicht. Aber Pferde sehen auch Briefkästen als Raubtiere, Felsen, Schatten, Bäche und Brücken sowie in die Ecke geworfene Eimer, Fahrräder, Kaninchen und jede Menge anderer Objekte, die angesichts der Situation nicht richtig aussehen, sich nicht korrekt anhören oder riechen.

Das Ausmaß, in dem sich Pferde mit einem der oben genannten Punkte beschäftigen, steht in direktem Zusammenhang mit der Lebenserfahrung, die sie haben. Je mehr Pferde in ihrem Leben gesehen und erlebt haben, desto weniger Dinge in ihrer Umgebung stören sie wahrscheinlich. Je weniger Erfahrung sie haben, desto mehr Dinge stören sie vermutlich.

Waynes Pferd Marty sah sich an diesem Tag um, weil er eines war, und das ist es, was Pferde tun. Ich nehme an, er hat sich nur mit seiner Umgebung vertraut gemacht und dies auf relativ ruhige Weise, was uns sagt, dass er wahrscheinlich ziemlich viele positive Erfahrungen in seinem früheren Leben erlebt hat. Deshalb beunruhigte es mich überhaupt nicht, als er sich umschaute. Tatsächlich hätte ich mir mehr Sorgen gemacht, wenn er sich in dieser neuen Umgebung nicht ein wenig hätte umsehen wollen.

In diesem Sinne denke ich, dass es für uns wichtig ist zu verstehen, dass wir Pferde vielleicht physisch davon abhalten können, sich umzusehen, aber wir können nicht kontrollieren, was sie denken. Wenn sie nicht hinsehen dürfen, können sie nicht entscheiden, ob sie sicher sind. Wenn sie sich nicht sicher fühlen, werden sie gezwungen sein, auf ihre falsch positive Voreingenommenheit zurückzugreifen. Und wenn wir glauben, dass wir ein Problem hatten, als sie versuchten, sich umzusehen, wird es uns definitiv nicht gefallen, was höchstwahrscheinlich passieren wird, wenn wir sie vollständig davon abhalten, sich umzusehen.

~

Wayne war eine sehr freundliche und umsichtige Person, die wirklich das Beste für ihr Pferd im Sinn hatte und auch ein talentierter Reiter und guter Schüler. Während dieses ersten Rittes und durch ein paar einfache Anpassungen, worauf er seinen Fokus legte, beseitigten er und Marty alle Probleme, die sie mit ihren Übergängen hatten. Am nächsten Tag machten sie Seitengänge, ohne Schenkel zu benutzen und am dritten Tag waren sie auf dem Weg zu fliegenden Galoppwechseln, etwas, das dem Paar, seit dem Kauf des Wallaches entgangen war.

Wie Wayne während unserer gemeinsamen Sitzungen erklärte, war das Konzept, die *Gedanken* eines Pferdes bei sich zu haben, relativ neu für ihn. Kurz nachdem er Marty bekommen hatte, war er in einen neuen Stall gezogen und hatte sich mit einer Gruppe von Reitern angefreundet, die alle glaubten, dass es der Schlüssel zu guter Reitkunst sei, die Gedanken des Pferdes beim Reiter zu behalten. Wenn man ihn das sagen hörte, schienen diese zu wissen, wann ein Pferd besorgt war, selbst wenn es nicht besorgt aussah oder sich beunruhigt verhielt.

Anscheinend gaben sich Mitglieder der Gruppe alle Mühe darauf hinzuweisen, wie besorgt Marty ihrer Meinung nach aussah, wenn Wayne ihn ritt. Sie bestanden darauf, dass zumindest ein Teil der Sorge von ihm kam, der nicht in der Lage war, Martys Gedanken in den Griff zu bekommen. Aus diesem Grund konzentrierte sich Wayne so sehr auf Martys Gedanken, als wir an diesem ersten Tag anfingen.

Die Frustration, die wir am Anfang bei ihm sahen, kam von seiner Unfähigkeit, die Dinge in einem Pferd zu sehen oder zu fühlen, die alle anderen in der Gruppe anscheinend sehen und fühlen konnten. Da er nicht »dumm« aussehen wollte (sein Wort, nicht meins), fing er schließlich einfach an, allem zuzustimmen, was sie sagten. Er kam in unseren Kurs, um Hilfe zu bekommen und die Fähigkeiten zu verbessern, die ihm so sehr fehlten und um dies zu erreichen, ohne dass andere Mitglieder der Gruppe ihm sagten, dass er es falsch mache. Als er sich entschied, zum Kurs zu kommen, begannen die Leute in der Gruppe wiederum – so erzählte es Wayne – seine reiterlichen Fähigkeiten infrage zu stellen, weil er »es einfach nicht verstand«.

Es ist bedauerlich, aber vieles, was heutzutage in der Horsemanship-Welt passiert, basiert darauf, nach dem »Schlechten« zu suchen, mit dem das Pferd oder der Reiter möglicherweise zu kämpfen hat, damit es »repariert« werden kann, anstatt nach dem Guten zu trachten, worauf aufgebaut werden kann. Eines der Probleme – und davon gibt es viele – bei dieser Denkweise, ausschließlich nach dem »Schlechten« zu suchen, besteht darin, dass es nicht lange dauert, bis wir ausschließlich das Schlechte sehen können – selbst wenn es nichts Schlechtes zu sehen gibt – wie es bei Wayne und Marty der Fall war.

Was ich auch bedauerlich finde, ist die Schuldzuweisung, die oft mit dieser Denkweise verbunden ist. In Marys Fall war sie davon überzeugt, dass sie ihre Beziehung zum Pferd ruiniert hatte, wenn es den Kopf wegdrehte, als sie es aufhalftern wollte. Wayne war davon überzeugt gewesen, dass es ihm an reiterlichen Fähigkeiten mangelte, weil er bei seinem Pferd keine Sorge sehen oder fühlen konnte, die höchstwahrscheinlich nicht einmal im Ansatz vorhanden war.

Es muss nicht so schwer sein. Und so streng sollten wir mit uns gar nicht umgehen. Es ist nicht produktiv.

Mir scheint, wenn wir mit Pferden erfolgreich sein wollen, könnten wir damit beginnen, uns an zwei einfache Dinge zu erinnern. Das Erste besteht darin, einfach immer unser Bestes zu geben, auch wenn uns das vielleicht nicht immer gut genug ist, und das Zweite, sich daran zu erinnern, dass *Pferdeverhalten einfach Pferdeverhalten* ist.

Das Pferde-Gehirn

Ein weiser Mann passt seine Überzeugungen an die Beweise an.

DAVID HUME

In all der Zeit, die ich mit Walter verbracht habe, hörte ich wie bereits erwähnt niemals, dass er Worte wie »Dieses Pferd muss deinen Platz *respektieren*«, »Sie *respektiert* diesen Zaun nicht«, »Er hat keinen *Respekt* für Menschen«, »Du musst den *Respekt* dieses Pferdes erwerben« oder eine Reihe anderer Aussagen, die heutzutage so alltäglich sind. Ich glaube, der Grund, warum er das Wort »Respekt« in Bezug auf Pferde nicht verwendet hat, liegt darin, wie ich bereits erwähnt habe, dass er verstanden hat, dass Pferdeverhalten einfach Pferdeverhalten ist, und deshalb war unerwünschtes Verhalten nie persönlich noch absichtlich gegnerisch. Die Idee des Respekts spielte dabei nie eine Rolle.

Da man mich damals noch nicht an den Begriff des Respekts in Bezug auf Pferde herangeführt hatte, war es nicht einmal etwas, das mir bewusst wurde, als ich aufwuchs und anfing, alleine mit Pferden zu arbeiten. Erst als ich begann, Kurse zu geben, wurde ich zum ersten Mal mit der Idee konfrontiert, und selbst dann verstand ich sie nicht ganz.

Meine Kurskarriere fing an, als ich noch auf der ersten Gästeranch arbeitete, die ich leitete. Während ich auf dieser Ranch war, erfuhr ich von einer Pferderettung in Colorado, die in den Kinderschuhen steckte und nach Trainingshilfe für einige der Pferde suchte, die sie aufnahm. Eins führte zum anderen, und bald nahm ich ein paar Pferde von ihnen an, um mit ihnen zu arbeiten. Nachdem wir diese Pferde an einen guten Punkt gebracht hatten, schickten wir sie zurück, und die Pferderettung übergab uns noch ein paar mehr und so weiter.

So wie ich es verstanden habe, sickerte durch, dass ich der Typ war, der ihnen mit ihren Pferden half, und bald erhielt ich Anrufe von Leuten, die von der Pferderettung an mich verwiesen wurden und Hilfe mit ihren Pferden brauchten. Nach ungefähr einem Jahr erhielt ich einen Anruf von einer Frau südlich von Denver, die zwei Pferde besaß, bei denen sie Hilfe benötigte. Sie sagte, sie sei bereit, meine Kosten für den Fahrtweg und meine Reisezeit zu bezahlen, für das Mittagessen zu sorgen und auch die Arbeit zu entlohnen, die ich mit ihren Pferden erledigen würde. Alles in allem bot sie für einen Tag fast mehr Geld, als ich in einem Monat verdiente. Also fuhr ich dorthin.

Bei ihr angekommen waren dort die beiden Pferde, mit denen ich arbeiten sollte, die Besitzerin und drei ihrer Freunde, die zuschauen wollten. Die Probleme, die sie mit den ihrigen hatte, waren relativ gering, und wir konnten die Probleme mit beiden innerhalb weniger Stunden lösen. Die Zuschauer erwähnten, dass sie einige Pferde hätten, bei denen sie etwas Hilfe gebrauchen könnten, also wurde ich für die darauffolgende Woche wieder eingeladen.

Als ich erneut dorthin zurückkam, gab es drei oder vier Pferde und sechs oder sieben Leute sahen zu. In der Woche danach waren es sechs oder sieben Pferde und vierzehn oder fünfzehn Zuschauer und wieder eine Woche später neun Pferde und fünfundzwanzig Leute. Zu dieser Zeit tauchten so viele Personen auf, dass es für sie schwierig wurde zu hören, was ich sagte. Also fing ich auf ihren Wunsch hin an, ein kleines Lautsprechersystem mitzubringen.

Ich dachte, ich würde nur dorthin gehen, um mit Pferden zu arbeiten, also können Sie sich meine Überraschung vorstellen, als eine der Damen, die zuschauten, mir sagte, dass sie die Horsemanship-Kurse, die ich gab, wirklich mochte. Ich wusste nicht einmal, dass so etwas wie Horsemanship-Kurse existieren, geschweige denn, dass ich einen solchen veranstaltete. Wie sich herausstellte, war das nicht die einzige Überraschung, die ich an diesem Tag erleben sollte.

Ich bemerkte Pam und ihr Pferd, lange bevor sie zu dem Roundpen kamen, wo ich mit Schülern arbeitete. Sie trafen gegen Vormittag ein. Pam parkte ihren Anhänger in der Nähe der anderen und lud eine kleine braune Paint-Stute ab, die nicht allzu glücklich zu sein schien, dort zu sein. Noch bevor man sie vom Pferdehänger ablud, sprang sie herum wie eine tanzende Ziege auf einer atombetriebenen heißen Herdplatte, und auch danach wurde es nicht viel besser. An den Anhänger gebunden, wieherte die Stute so laut, dass sie in South Dakota zu hören war und scharrte sie so ein tiefes Loch, dass ihre Vorderbeine bis zu den Knien darin verschwanden. Pam band die Stute los und hielt sie fest, während ein Freund das Loch auffüllte, das diese sofort wieder ausgrub, sobald man sie wieder festband.

Als Pam bei mir an der Reihe war, brachte sie die Stute namens Dream in den Roundpen. Zu diesem Zeitpunkt war Dream so verschwitzt, dass sich der Dreck, den sie mit den Hufen aufgewirbelt hatte, sich in Schlamm verwandelte, der sie aussehen ließ, als wäre sie in halb geschmolzene Schokolade getaucht worden. Sie rief immer noch und sprang ziemlich herum, aber was mir am meisten auffiel war das, was Pam in ihrer Hand trug. Das Ding sah aus wie eine Fahrpeitsche, an deren einem Ende sich ein rotes Taschentuch befand.

Heute würden die meisten Leute in der Pferdewelt dies als »Flagge« erkennen, aber damals war es neu für mich.

Ebenso aktiv wie Dream am Ende von Pams Halfterseil, war Pam mit diesem Stock mit Taschentuchspitze. Sie schnippte mit der Flinkheit einer olympischen Fechterin hin und her und schlug damit Dream auf die Schulter, den Hals, die Brust und die Hüfte, wenn sie ihr zu nahe kam.

»Das ist das respektloseste Pferd, das ich je besessen habe«, sagte Pam sachlich, und das Taschentuch am Ende des Stocks machte ein klatschendes Geräusch, als es Dreams verschwitzte Schulter traf.

»Es tut mir leid«, sagte ich, nicht sicher, ob ich sie richtig gehört hatte. »Sie ist was?«

»Respektlos.« Pam warf mir einen Blick zu, als wollte sie fragen *Hast Du Tomaten auf den Augen?*, während sie gleichzeitig Dream schnell hintereinander auf Brust und Schulter »touchierte«. Ihre Genauigkeit war beeindruckend, da sie das Pferd zu diesem Zeitpunkt nicht einmal ansah.

Sie hat ein gewisses Geschick mit dem Ding, dachte ich bei mir, bevor ich meine Aufmerksamkeit wieder auf die eigentliche Frage richtete.

»Was heißt ›respektlos‹?« fragte ich.

Die Antwort auf meine Frage konnte nur als etwa zehnminütiges Tutorial über das Konzept von Respekt und Respektlosigkeit von Pferden beschrieben werden, nicht nur von Pam, sondern auch von mehreren Leuten, die auch zuschauten. Aus allen Richtungen wurden Erklärungen hereingeworfen, und ich hörte allem, was gesagt wurde, so genau wie möglich zu.

Es faszinierte mich, wie klar und prägnant die Informationen waren, und es schien, als würden alle gleichzeitig aus demselben Buch lesen. Ich nickte sogar mehrmals, um sie wissen zu lassen, dass ich das Gesagte aufgenommen hatte.

Als sie fertig waren, nickte ich ein letztes Mal. Ich glaubte kein Wort von dem, was sie sagten, aber ich wollte zumindest etwas tun, um die Mühe und Energie anzuerkennen, die gerade aufgewendet wurden, um zu helfen, mich weiterzubilden. Wir gingen dann zur Arbeit mit der Stute über und umgingen jede weitere Diskussion zu diesem Thema.

Wenn Sie mich damals gefragt hätten, warum ich ihnen nicht geglaubt habe, bin ich mir nicht sicher, ob mir darauf eine Antwort eingefallen wäre. Es drängte sich einfach eine dieser Situationen auf, in der man, egal wie artikuliert oder überzeugend jemand klingen mag, einfach weiß, dass das, was er sagt, nicht der Wahrheit entspricht. Noch stärker als das Wissen ist das Gefühl dazu. Und ich habe genau das gespürt.

~

Etwa zur gleichen Zeit wurde die kleine junge Pferderettungsaktion, die ich erwähnte, plötzlich sehr populär. Sie veränderte sich von zwei Frauen und etwa neun oder zehn Rettungspferden in einem kleinen Stall mit sechs Boxen zu vierzig Pferden, einem großen Vorstand, der Pacht für eine fünfzig Hektar große Pferdeanlage mit Heuwiesen, zwei Scheunen, Büros und einem Haus, sowie Dutzenden von Freiwilligen.

Der Vorstand bot mir die Stelle des Ranch-Vorarbeiters und Cheftrainers in dieser neuen Einrichtung an, die besser bezahlt war als mein Gästeranch-Job und weniger Stunden versprach, also nahm ich an. Leider machte es mir die Politik innerhalb der Organisation innerhalb von nur ein paar Monaten nach meiner Einstellung fast unmöglich, den Job zu erledigen, für den ich eingestellt wurde, geschweige denn überhaupt einen Job an diesem Ort, daher entschied ich mich zu gehen.

Damals begann ich meine kleine Reitschule mit den Mustangs und einige Monate später mit der Arbeit am Buch »Considering the

Horse«. Während des Schreibens trat der nächste Fall ein, bei dem ich über »Respekt« in Bezug auf Pferde diskutierte.

In einem der Kapitel spreche ich über ein paar Pferde, die am Boden mit Umgangsproblemen zu kämpfen hatten. In der Einführung zu einem der Pferde schrieb ich: *Eine der besten Möglichkeiten, einem Pferd mit Problemen am Boden zu helfen, besteht darin, ihm zu helfen zu verstehen, wie man einem Druck nachgibt.*

Scott, mein Redakteur während dieses Projekts, fügte zwei Sätze hinzu: *Das Pferd hat weniger ein Trainingsproblem als vielmehr ein Problem mit seiner Einstellung.* Und: »*Genau gesagt, dem Pferd fehlt der Respekt vor Menschen.*«

Das war während der hektischen Zeit, von der ich Ihnen in Kapitel 1 erzählt habe, als der Marketingdirektor versuchte, die Veröffentlichung des Buches zu verhindern und Scott den Verlag ausbremste, um zu verhindern, dass ein anderer Autor meinen Veröffentlichungsplatz bekam, und ich so schnell schrieb wie ich konnte.

Während des gesamten Prozesses, in dem Scott und ich zusammengearbeitet haben, war ich mit den meisten Änderungen einverstanden, die er am Manuskript vornahm, insbesondere in den Zeiten, in denen ich nicht genau wusste, wie ich das kommunizieren sollte, was ich überhaupt sagen wollte. Aber diesen Sätzen habe ich nicht zugestimmt.

Wenn ich mich recht erinnere, diskutierten er und ich ein paar Wochen lang immer wieder über diese beiden Sätze. Ich wollte sie überhaupt nicht, aber er bestand darauf, dass sie erscheinen, weil er der Meinung war, dass sie bei den meisten Lesern Anklang finden würden, besonders bei denen, die ähnliche Probleme mit ihren Pferden haben.

Es gab ein paar Dinge, die während dieser Diskussionen gegen mich arbeiteten. Erstens gab es da den Zeitdruck, unter dem wir standen, um das Buch fertigzustellen, zweitens, dass mir nichts einfallen wollte, was Scott für besser hielt, und drittens, dass ich nicht artikulieren konnte, warum ich so abgeneigt war, das Wort »Respekt« zu verwenden. Die Sätze haben es in das Buch geschafft.

Jahre später geschah es nochmals, dass ich mich in einer Diskussion über Respekt wiederfand. Ich arbeitete immer noch auf der zweiten Gästeranch, aber inzwischen hatte ich zwei Bücher herausgebracht, Considering the Horse (*Der auf die Pferde hört*) und A Good Horse Is Never a Bad Color *(Ein gutes Pferd hat keine schlechte Farbe)*. Ich wurde von einem Herrn in Kalifornien kontaktiert, der mich in die Gegend von Los Angeles einlud, um dort einen Kurs zu geben.

In diesem Kurs arbeitete ich mit einem Pferd, das sich gegenüber seiner Besitzerin aufdringlich verhielt. Immer wenn seine Besitzerin nicht aufpasste, stupste der Wallach sie mit dem Kopf an. Manchmal war es ein leichter Schlag, manchmal wurde sie fast von den Füßen gerissen. Während unserer Diskussion darüber, was geschah, betonte die Besitzerin, dass das Pferd das Verhalten nicht zeigte, als sie es bekam. Sie hatte ihm Leckerlis aus der Hand gefüttert, und es gefiel ihr, wenn er zu ihr kam. Sie mochte es nur nicht, wenn er drängelte.

Einer der Zuschauer, ein älterer Typ mit einem großen Cowboyhut aus Stroh, buschigen Augenbrauen und einem Sam-Elliott-Schnurrbart, fragte, warum Menschen zulassen, dass ihre Pferde so respektlos werden.

Ich hielt inne bevor ich antwortete und versuchte, meine damals minimalen Gedanken zu diesem Thema in eine Ordnung zu bringen. In dieser Pause und scheinbar aus dem Nichts erhielt ich plötzlich einen »Download« von Informationen, die mir halfen, die Dinge in meinem Kopf zu klären. So etwas ist im Laufe meiner Jahre mit Pferden oft vorgekommen und taucht oftmals auf, wenn ich mit einem Problem konfrontiert werde, das mich seit einiger Zeit beschäftigt und für das ich keine Antwort habe. Interessanterweise berichteten mir andere Trainer, Kursleiter und sogar Autoren, dass sie das Phänomen kennen. In der einen Sekunde scheint ein Problem unüberwindbar, in der nächsten wird alles so klar, als wäre die Antwort schon immer da gewesen. Diese »Downloads« von Informationen können in Echtzeit und sogar mitten im Satz oder Gespräch erfolgen. Es gab Zeiten, in denen ich anfing, jemandem eine Frage zu beantworten, auf die ich eigentlich keine Antwort hatte, als aus dem Nichts sachkundige Informationen über das Thema aus meinem Mund purzelten, als würde jemand anderes es sagen. Es ist interessant festzustellen, dass nach solchen Ereignissen die neuen Informationen, die ich gerade übermittelt habe, bei mir erhalten bleiben, aber mir fehlt oft die Erinnerung daran, was ich gesagt habe.

Während mir in der Vergangenheit zusammenhängende Gedanken oder Antworten zum Thema Respekt entgingen, war es diesmal nicht der Fall. Ich begann meine Antwort mit einer Frage.

»Was würdest du sagen, macht dieses Pferd, was respektlos ist?« fragte ich.

Ein Ausdruck der Bestürzung huschte über sein Gesicht. Er hob seine Hand in Richtung des Wallachs, als er seine Besitzerin noch einmal anstupste. »Ist es nicht offensichtlich? Er trampelt auf ihr herum.«

»Okay«, nickte ich. »Und was *wäre* respektvoll?«

»Das *nicht* zu tun.« Die Offensichtlichkeit seiner Aussage förderte ein gedämpftes Glucksen aus der Menge.

»Wenn wir ihm also eine Grenze beibringen, sagen wir eine Armlänge Abstand, und er außerhalb dieser Grenze bliebe, wäre das dann respektvoll?«

»Ja.«

»Du sagst also, Respekt ist, wenn das Pferd das wiedergibt, was wir ihm beibringen?«

»Ja.«

»Was, wenn wir ihm beibringen, in unseren Bereich zu kommen, wie es dieses Pferd tut? Ist das Respekt oder eine Respektlosigkeit?«

»Ein Pferd, das in den Bereich eines Menschen eindringt, ist respektlos.«

»Auch wenn wir ihm das beibringen?«

»Ich kann nicht folgen.«

»Pferde werden jedes Verhalten wiederholen, das ihnen Vorteil bringt.« Ich zuckte mit den Schultern. »Das ist Training: das Pferd dazu zu bringen, ein Verhalten nützlich zu finden und es zu wiederholen. Wenn es davon profitiert, eine Armlänge von uns entfernt zu stehen, wird es eine Armlänge von uns entfernt stehen. Wenn es ihm möglich ist, uns direkt anzustoßen, wird es das auch tun. Im Moment profitiert er von der Nähe zu seiner Besitzerin. Das hat sie ihm beigebracht. Wahrscheinlich wollte sie das nicht, aber das weiß er nicht.«

»Was ist der Vorteil für ein Pferd, das eine Armlänge Abstand einhält?« fragte er.

»Nachgeben des Druckes, zumindest im ersten Moment«, erwiderte ich. »Derselbe Vorteil, den er bekommt, wenn er zu nahe steht.«

Ich hielt inne, weil es so aussah, als wollte er etwas sagen. Er tat es nicht, also fuhr ich fort.

»Ich glaube nicht, dass dieses Pferd respektvoll oder respektlos handelt«, sagte ich. »Ich sehe das als Missverständnis. Wenn wir also wollen, dass er bessere Grenzen kennt, bringen wir ihm einfach bessere bei. Klärt das Missverständnis einfach auf.«

Der Mann nickte.

Dies war das erste von letztlich unzähligen Malen, in denen ich dieselbe oder eine ähnliche Erklärung bezüglich der Idee des Respekts in Bezug auf Pferde verwendete. Ich fand die Erklärung gut, weil sie meine Überzeugung, dass Pferdeverhalten einfach Pferdeverhalten ist, mit der Realität von Ursache und Wirkung verband. Mit anderen Worten, wenn wir Pferden ein bestimmtes Verhalten beibringen, ob absichtlich oder unabsichtlich (Ursache), werden sie dieses Verhalten wiederholen (Wirkung). Die Idee von Respekt oder Respektlosigkeit spielt dabei nie eine Rolle.

Es gab jedoch ein Problem. Meine ganze Sichtweise basierte eher auf einer Meinung, die ich vertreten hatte, als auf irgendetwas, von dem ich wusste, dass es Tatsache war. Daher beschloss ich kurz nach dem Austausch in Kalifornien, dass ich herausfinden wollte, wie Pferde die Welt um sich herum wahrnehmen, was sie überhaupt so zugänglich für das Training macht und ob sie in der Lage sind, das Konzept des Respekts zu verstehen. Die Suche verlief stoßweise, wurde schließlich umständlicher und zeitaufwendiger, als ich erwartet hatte, und ist wahrscheinlich für niemanden, der hier darüber lesen möchte, sehr interessant. Es genügt also zu sagen, dass alles, was ich gefunden habe, auf das Gehirn des Pferdes hindeutet und wie es sich vom menschlichen unterscheidet.

Ich möchte hier noch einmal wiederholen, dass ich mich zum Teil darauf konzentriert hatte herauszufinden, ob Pferde überhaupt in der Lage sind, das Konzept des Respekts zu verstehen, und die Antwort, die ich fand, war nein, das können sie nicht. Der Grund dafür ist einfach. Als ich mit meiner Forschung begann, glaubte man, dass Pferde keinen Neokortex besitzen. Sie haben aber einen. Neue Informationen, die sich aus der heutigen ausgeklügelten Neurobildgebung ergeben, scheinen zu zeigen, dass das Pferd einen gewissen Neokortex und einen gewissen präfrontalen Kortex hat. Aber laut dem Neurowissenschaftler und Pferdegehirnforscher Dr. Stephen Peters, Co-Autor des Buches *Evidence Based Horsemanship* (dt. Wissenschaftlich fundiertes Horsemanship) zusammen mit dem Reiter Martin

Black, sind diese keineswegs so groß, komplex oder so weit entwickelt wie beim Menschen, und man benötigte ein extrem leistungsfähiges MRT, was noch nie zuvor für Pferde verwendet worden war, um sie zu finden.

Zum Kontext: Der Neokortex ist der Teil des Gehirns, der beim Menschen an höheren Funktionen wie Sprache, räumliches sowie abstraktes Denken, Sinneswahrnehmung, Organisation, Extrapolation, Kategorisierung, bewusstes Denken und mehr beteiligt ist, und der Teil des Gehirns, der es uns ermöglicht, Ideen wie richtig und falsch, gut und schlecht, Respekt und Respektlosigkeit und unzählige andere Begriffe hervorzurufen, die ein Pferd nicht verstehen kann. Daher vermag es für ein Pferd nicht nur unmöglich zu sein, uns so zu »respektieren« oder »nicht zu respektieren«, wie es andere Menschen tun könnten, sondern auch es zu fordern. Dies schafft normalerweise nur eine feindliche Situation, die das Pferd in die Defensive drängt und dazu führt, dass es so weit wie möglich von uns weglaufen will. Die jüngste Entdeckung, dass Pferde etwas gewissermaßen Ähnliches wie einen Neokortex und einen präfrontalen Kortex zu besitzen scheinen, ändert nichts an dieser Tatsache.

In meinem Buch Finding the Missed Path: The Art of Restarting Horses (dt: »Jedes Pferd verdient eine Chance«) habe ich ein ganzes Kapitel der Entlarvung der Vorstellung gewidmet, dass Pferde Respekt und Respektlosigkeit verstehen können. Irgendwann nach der Veröffentlichung des Buches erhielt ich eine E-Mail von Dr. Peters, in der er mir mitteilte, er wolle mich wissen lassen, dass er mein Buch gelesen habe und dass das Kapitel über die Entlarvung von Respekt aus wissenschaftlicher Sicht »genau richtig« sei.

Diese E-Mail führte schließlich dazu, dass Crissi und ich sowie unser Senior-Studentenausbilder Grey Graves und einige andere an einem informellen Vortrag über das Gehirn des Pferdes teilnahmen, den Dr. Peters in seinem Haus hielt. Drei Stunden lang tauchten wir in eine erstaunliche Powerpoint-Präsentation ein, die alle Aspekte der Pferdeneurowissenschaften und -chemie abdeckte. Nach der Präsentation blieben Crissi, Gray und ich noch zwei Stunden, um mit Dr. Peters über das Verhalten von Pferden zu sprechen und wie alles mit der Gehirnfunktion zusammenhängt.

Wir hielten zufällig einen Kurs in der Nähe, wobei der letzte Tag des Kurses am nächsten Morgen um neun Uhr begann. Als direkte Folge davon, dass die Nacht etwas länger dauerte als erwartet, schien der Morgen viel schneller zu kommen als geahnt. Deshalb war ich noch nicht ganz wach, als ich gegen halb sieben hinausging, um unsere Pferde zu füttern.

Ihr Paddock war nicht weit von der Stelle entfernt, an der unser Wohnwagen geparkt war, vielleicht fünfzehn Meter oder so. Als ich an diesem Morgen aus dem Wohnwagen stieg, warf ich einen beiläufigen Blick auf den Paddock. Ich mache das mehr aus Gewohnheit als aus irgendeinem anderen Grund, um sicherzustellen, dass alle noch aufrecht stehen und keine offensichtlichen Verletzungen über Nacht aufgetreten sind. Dieser Blick dauert selten länger als ein oder zwei Sekunden, gerade lang genug, um sicherzugehen, dass nichts Außergewöhnliches auffällt, bevor ich losgehe, um Heu in den Karren zu laden, den ich dann zu den Pferden fahre.

Ein bisschen benommen und mit den Informationen vom Vorabend, die noch in meinem Kopf herumschwirrten, warf ich etwas Heu über den Zaun in der Nähe der Pferde, bewegte mich dann den Zaun entlang und warf den Rest hinüber. Ich hob das restliche Heu vom Boden des Wagens auf und schmiss es ebenfalls hinüber. Ungefähr zu diesem Zeitpunkt passierte etwas Unerwartetes.

Ich sah zu den Pferden auf, nicht mit einem beiläufigen Blick wie zuvor, sondern mit einem bewussteren Scan von oben nach unten, und es fiel mir beinahe sofort auf, dass etwas anders war, das betraf aber nicht die Pferde. Es gab keine Verletzungen oder Wunden, obwohl ich bei diesen beiden auch keine erwarten würde, da sie langjährige Reisepartner sind. Der Unterschied lag nicht bei den Pferden, sondern bei mir.

Als ich sie beobachtete, wurde mir langsam klar, dass die Informationen, die Dr. Peters in der Nacht zuvor weitergegeben hatte, viel mehr Wirkung auf mich hatten, als ich dachte. Auf die Gefahr hin, allzu dramatisch zu klingen: Ich hatte das Gefühl, unsere Pferde mit mehr Klarheit als je zuvor zu sehen. Es war, als hätte ich jahrelang dasselbe leicht verschwommene Schwarz-Weiß-Foto betrachtet, und plötzlich wurde das Foto scharf und farbig.

Mir war klar geworden, dass es eine Sache ist zu erraten, was ein Pferd denkt oder in der Lage zu sein, das Verhalten eines Pferdes genau vorherzusagen, basierend auf sich wiederholenden beobachteten Mustern. Ein gewisses Verständnis der Neurowissenschaften hinter dem, was zu dieser Zeit im Gehirn des Pferdes vor sich geht, ist etwas ganz anderes.

~

In den frühen 2000er-Jahren war ich Teil einer Konferenz, auf der eine Reihe von Fachleuten aus der Pferdebranche Vorträge hielten. Dazu gehörten Chiropraktiker, Hufschmiede, Tier- sowie Zahnärzte, Körpertherapeuten und zwei Trainer – ich selbst und ein Freund. Wir hielten drei Tage lang Vorträge und beteiligten uns am letzten Tag an einer Diskussionsrunde für die Teilnehmer.

Irgendwann wurde meinem Freund und mir eine Frage gestellt, die mit der Entwicklung von Geduld bei der Arbeit mit Pferden zu tun hatte. Mein Freund gab zu, dass seine Geduld nur so weit ging, dass er sagte, er würde lieber auf das Pferd eines Schülers steigen und ein Problem mit dem Pferd selbst lösen, als zuzusehen, wie der Schüler und das Pferd sich miteinander abmühen. Er fuhr dann fort, dass er manchmal eher bereit sei, bei einem in Schwierigkeiten geratenen Pferd einzugreifen und einfach eine Veränderung zu erreichen, als darauf zu warten, dass das Pferd eine Lösung findet.

»Mark hat mehr Geduld als ich«, sagte er halb im Scherz. »Es kann manchmal schwer für mich sein, ihn zu beobachten. Es ist, als würde man dem Gras beim Wachsen zusehen.«

Dies sorgte für Gelächter in der Menge. Als das Kichern nachließ, hob ein Mann in der Mitte der Gruppe die Hand. Mein Freund gab ihm das Wort.

»Ich würde nicht sagen, ihm bei der Arbeit mit Pferden zuzuschauen, ist wie Gras wachsen sehen. Ich behaupte, es ist, als würde man Zement beim Abbinden zusehen.«

Ein weiteres, viel lauteres Lachen brach aus der Menge hervor.

»Wartet, wartet«, sagte der Mann und stand auf. Das Gelächter verstummte. »Ich bin Bauunternehmer und der wichtigste Teil eines jeden Gebäudes ist das Fundament. Wenn der Zement, den Sie verwenden, nicht die richtige Konsistenz hat, oder er nicht richtig gegossen wird oder nicht richtig abbinden darf, versagt das Fundament schließlich und alles, was Sie darauf gebaut haben, tut das auch.« Er stoppte. »Mark zuzuschauen ist also wie Zement beim Abbinden zuzusehen – also die richtige Grundlage.«

Als er sich setzte, wanderten alle Augen von ihm zu meinem Freund.

»Gute Analogie«, sagte mein Freund und hielt dann inne. »Aber es ist auch so, als würde man Gras wachsen sehen.«

Mein Freund hat sich nicht geirrt. Es ist kein Geheimnis, dass ich eher geneigt bin, mir Zeit mit einem Pferd zu nehmen, als eilig Dinge zu erledigen. Was nicht heißen soll, dass ich noch nie mit einem solchen Tier zu schnell war, denn Gott weiß, dass ich das auch getan habe. Aber im Allgemeinen stellte ich immer fest, dass ich umso mehr sah, je langsamer ich ging und je mehr ich sah, desto mehr lernte ich.

Das alles begann bei Walter, wo es bei seinen Tätigkeiten nie Zeitdruck gab. Ich sah ihm zu, wie er mit einem unruhigen Pferd arbeitete, bis er eine kleine Veränderung erreichte, oft so klein, dass lange Zeit nur *er* es sah. Dann zündete er sich eine Zigarette an, trat einen Schritt zurück und schaute das Pferd an, um ihm Zeit zum Verarbeiten zu geben. Normalerweise senkte es irgendwann den Kopf, gähnte oder leckte, kaute oder rieb sich die Nase am Bein, schüttelte den Kopf oder zeigte eine Reihe anderer Verhaltensweisen, von denen ich sicher war, dass das Pferd dies tat, um sich besser zu fühlen.

Diese langsamere Herangehensweise begleitete mich schließlich, als ich anfing, meine eigene Art zu entwickeln, mit Pferden umzugehen. Im Laufe der Zeit und wie jeder andere, der viel Zeit mit Pferden verbringt, fing ich an, die kleinen Dinge aufzugreifen, die Pferde tun, kurz bevor sie sich darauf vorbereiten, etwas anderes zu machen. Diese kleinen Dinge fingen schließlich an, meine Reaktion zu bestimmen, die meistens darin bestand, einen Schritt zurückzutreten und zuzusehen. Manchmal kann es bedeuten, dass ich eingreife und Regie führe, und wieder andere Male, dass ich etwas zwischendurch mache.

Ich schätze, der Punkt hier ist, dass viele von uns durch die schiere Anzahl sich wiederholender beobachteter Verhaltensweisen gelernt haben zu unterscheiden, wann Pferde ruhig und entspannt, sich Sorgen machen oder übermäßig gestresst sind, sie sich auf Panik zubewegen oder *in* Panik sind. In der gleichen Art und Weise lernen wir auch, wann Pferde sich in einer solchen befinden, aber versuchen, sich zu beruhigen oder sich übermäßig gestresst fühlen, aber probieren, sich in Richtung Besorgnis zu verändern oder wie sie von Besorgtheit zu Ruhe und Entspannung wechseln.

Ich denke, dass dies enorm wichtige Fähigkeiten darstellt, die jeder Pferdemensch entwickeln muss. Wenn sie verbessert, verfeinert und richtig verwendet werden, können sie uns immens dabei helfen, ein

Pferd aus emotionalen Schwierigkeiten herauszuhalten oder ihm behilflich zu sein, aus Schwierigkeiten herauszukommen, sobald es dort einmal drinsteckt. Viele Reiter und Reiterinnen beherrschen diese Fähigkeiten so gut, dass sie zu wissen scheinen, was das Pferd tun wird, noch bevor das Pferd es weiß. Und das ist gut so.

Wenn ich streng für mich selbst spreche (mit dem Wissen im Hinterkopf, das ich jetzt besitze), habe ich das Gefühl, dass der Nachteil, diese Fähigkeiten zu besitzen, ohne zumindest einen Teil der Neurowissenschaften dahinter zu kennen, ein bisschen wie ein großartiger Musiker ist, der weder Musiktheorie versteht noch Noten lesen kann. Verstehen Sie mich nicht falsch, das Spielen nach Gehör hat sicherlich seine Vorteile – die Fähigkeit zu improvisieren steht ganz oben auf der Liste. Aber das Wie und Warum hinter dem zu verstehen, was die Menschen spielen, ermöglicht es ihnen nicht nur, all die verschiedenen Teile in einer kohärenten Reihenfolge zu verbinden, sondern ermöglicht es den Spielern auch, um einiges vielseitiger zu sein.

Das Gleiche gilt für mich, wenn es darum geht, etwas über die Gehirnfunktion des Pferdes zu verstehen. Dies hat mir geholfen, die verschiedenen möglichen Ursachen für das Verhalten von Pferden miteinander zu verbinden und vielseitiger in meiner Herangehensweise zu werden. Die gute Nachricht ist, dass man kein Pferde-Neurowissenschaftler sein muss, um sich ein grundlegendes Wissen darüber anzueignen, wie Pferde ticken, um zu einem tieferen Verständnis für sie zu kommen.

Wie bereits erwähnt, besitzen Pferde nicht viel Neocortex, dem großen Frontallappen, der den Menschen zum Menschen macht. Dies ist wichtig, weil diese Tiere nicht in der Lage sind, die Welt und ihre Umgebung so zu denken und zu verstehen, wie wir es tun. Die Projektion menschlicher Überzeugungen und Eigenschaften auf sie ist für uns und sie nur von Nachteil, wenn es darum geht, eine sinnvolle Kommunikation zu entwickeln.

Ein weiteres Puzzleteil stellt das Verständnis der zwei Bereiche des *vegetativen Nervensystems* des Pferdes dar. Es gibt das *sympathische* und das *parasympathische* System. Der Parasympathikus hängt mit der Entspannung des Pferdes zusammen, der Sympathikus dagegen unter anderem mit Angstreaktionen. Ein grundlegendes Wissen über diese beiden Systeme kann einen großen Unterschied für den Erfolg bedeuten, den wir bei der Arbeit mit unseren Pferden erzielen.

Als Beispiel dafür, wie das vegetative Nervensystem funktioniert, nehmen wir eine Skala von null bis zehn an. Wir definieren null bis 6,5 auf dieser Skala für den Parasympathikus, von sieben bis zehn für den Sympathikus. Für unsere Zwecke wäre null das schlafende Pferd, zehn das Pferd in ausgesprochener Panik. Je näher das Pferd auf dieser Skala bei null liegt, desto weniger Stress empfindet das Pferd; je näher das Pferd an sieben herankommt, desto mehr Stress fühlt es.

Pferde müssen wie Menschen unter einem überschaubaren Stressniveau stehen, um lernen zu können. Wenig oder kein Stress wird sie nicht dazu bringen, eine Antwort auf ihre Situation suchen zu wollen. Zu viel davon oder Sorgen werden dazu führen, dass sie fliehen (oder kämpfen) möchten, in diesem Fall kommt Lernen sowieso nicht infrage. Zu diesem Zweck und unter Verwendung unserer Skala wäre der optimale Lernbereich beispielsweise im Bereich 3,5 – 5,5. Es ist höchst unwahrscheinlich, dass bei zwei oder weniger beziehungsweise bei 7,5 oder mehr etwas gelernt wird.

Hier erhält man eine Situation, mit der sich die meisten von uns wahrscheinlich identifizieren können. Nehmen wir an, wir reiten auf einem Reitplatz, an den das Pferd gewöhnt ist. Außerhalb des Zauns an einem Ende der Bahn steht ein Traktor, der dort noch nie geparkt wurde. Alles scheint in Ordnung, als wir unseren Ritt beginnen. Auf unserer Skala liegt das Pferd bei einer Drei: aufmerksam, aber nicht besorgt. Während wir unseren Ritt fortsetzen und nicht an den Traktor denken, weil wir wissen, dass unser Pferd ihn schon einmal gesehen hat (wenn auch nicht in diesem Zusammenhang), machen wir uns auf den Weg zum anderen Ende der Bahn.

Ungefähr auf halber Strecke von unserem Startpunkt und wo der Traktor steht, wird unser Pferd plötzlich sehr aufmerksam. Das Pferd verändert sich von einer Drei auf eine 5,5. Zu diesem Zeitpunkt befindet sich unser Pferd nun in einem leicht erhöhten Zustand, die Lernfähigkeit ist aber noch vorhanden. Es besteht jetzt die Möglichkeit, dasselbe in dieser Lernstimmung zu halten … oder nicht. Wir könnten es umdrehen, dorthin zurückkehren, wo wir angefangen haben und dann ungefähr an dieselbe Stelle zurückkehren und sehen, wie es sich fühlt. Vielleicht sinkt das Level auf fünf oder 4,5, was uns sagt, dass das Pferd versucht, sich besser zu fühlen. Vielleicht bleibt das Level bei 5,5 oder erhöht sich sogar auf sechs, was uns sagt, dass das Pferd immer noch von dem, was es sieht, gestört wird. In jedem Fall nehmen wir Informationen auf, während wir sie gleichzeitig davon abhalten, auf eine Sieben (sympathisches System) oder höher zu gehen.

In einem Fall wie diesem, indem Sie sich einfach die Mühe machen, das Pferd unter 6,5 zu halten und ihm Zeit geben, sich an dieses neue und ungewohnte Ding zu gewöhnen, werden die Pferde wahrscheinlich irgendwann genug Neugier entwickeln, und vielleicht bringen sie uns dann direkt hinüber zum Traktor. Das Pferd stellte uns die ganze Zeit eine wichtige Frage: *Bin ich sicher?* Durch unsere Reaktionen haben wir geantwortet: *Ja, das bist du.*

Jetzt nehme ich an, dass jemand denkt: *Aber mein Pferd war tausend Mal in dieser Reitbahn und hat diesen Traktor genauso oft gesehen.* Ja. Aber nie beides zusammen. Denken Sie daran, Pferde haben keinen Neocortex wie wir, er ist viel kleiner und weniger komplex, sodass sie nicht extrapolieren können. Mit anderen Worten, es besteht für unser Pferd, insbesondere eines mit wenig Lebenserfahrung, nahezu keine Möglichkeit, die Gleichung »Reitbahn plus Traktor = Reitbahn und Traktor« aufzustellen. In der Pferdewelt sieht der Reitplatz immer wie der Reitplatz aus. Alles, was auftaucht, das noch nie dagewesen ist, wird höchstwahrscheinlich dazu führen, dass diese falsch positive Tendenz zum Tragen kommt. Bis zum Beweis des Gegenteils stellt das Neue eine Bedrohung dar.

Womit wir bei der zweiten, oft weiter verbreiteten Option wären, was in dieser Situation zu tun ist. Einfach gesagt ignorieren wir die Bedenken des Pferdes und reiten einfach zum Traktor, um zu zeigen, dass es keinen Grund zur Sorge gibt. Je näher wir in diesem Fall dem Traktor kommen, desto größer wird die Angst des Pferdes. Sie erhöht sich von 5,5 auf sechs, dann auf 6,5 und anschließend auf sieben. Sobald es auf der Skala bei sieben angekommen ist, erhalten wir unerwünschtes Verhalten. Das Pferd bleibt stehen, versucht sich umzudrehen … oder vielleicht zurückzuweichen.

Es ist nur ein Traktor, sagen wir dem Pferd mit ruhiger oder vielleicht nicht ganz so ruhiger Stimme, aber die Pferde sind daran nicht interessiert. Sie fragen: *Bin ich sicher?* Durch unser Handeln sagen wir ihnen: *Nein, du bist ganz gewiss nicht sicher.*

Wir treten ihnen in die Seite und treiben sie vorwärts. Das Pferd überspringt die 7,5 und steuert direkt zu einer Acht. Es versucht sich zu drehen, aber wir können es bremsen. Außerdem sind wir jetzt nur noch etwa sechs Meter entfernt. Das Pferd wird es schon herausfinden. Noch ein paar Drehungen, und jetzt sind wir nur noch drei Meter vom Traktor entfernt. Das Pferd springt zu einer 8,5 oder sogar zu einer Neun und erhöht direkt zu einer Zehn. Es wird für nichts mehr garantiert.

Wir liegen am Boden, ohne zu wissen, wie wir dorthin gekommen sind und sehen mit Dreck in den Augen zu, wie unser Pferd zum anderen Ende der Reitbahn rennt. Dort angekommen, läuft es mit hoch erhobenem Kopf und Schweif den Zaun entlang, Schweiß tropft von seinem Bauch, und es wiehert laut. Die Pferde im Stall tun das hektisch zurück.

Blödes Pferd.

Seit Jahren betone ich, wie wichtig es ist, dem Innenleben des Pferdes dabei zu helfen, sich gut genug zu fühlen, damit das Äußere des Pferdes bereitwillig mitmachen kann. Rückblickend habe ich den Begriff »das Innenleben des Pferdes« in einem globalen Sinn verwendet, das heißt, ich sah umfassende äußere Reaktionen im Körper als mögliche Anzeichen dafür, wie sich das Innere fühlen könnte.

Ich achtete auf Dinge wie normale Atmung, keine Angstzustände oder Muskelverspannungen und dergleichen. Zugegebenermaßen habe ich sehr wenig darüber nachgedacht, was im Gehirn des Pferdes vorgegangen sein könnte, vor allem weil mein Wissen über die Gehirnfunktionen begrenzt war und weil die Dinge, die wir taten, zu funktionieren schienen.

Wie es während meiner gesamten Zeit mit Pferden der Fall war, sah ich keinen Grund, darüber nachzudenken, solange das, was ich tat, funktionierte und das Pferd nicht zu sehr beunruhigte. Aber noch einmal, diese Vorgehensweise fällt wahrscheinlich in die Kategorie des Musikers, der die Musiktheorie nicht versteht – wir können bis zu einem gewissen Punkt damit durchkommen, aber letztendlich bleiben die Möglichkeiten begrenzt.

Nachdem ich einige Zeit mit Dr. Peters verbracht hatte, wurde mir klar, dass das, was ich unwissentlich tat, indem ich »dem Innenleben des Pferdes half, sich wohlzufühlen«, sowie das Gehirn des Pferdes vorbereitete, um Informationen erfolgreich zu empfangen und zu verarbeiten. Dieser Prozess beginnt damit, sicherzustellen, dass das

Pferd sich in einem produktiven Geisteszustand zum Lernen befindet. Dazu müssen wir nur zu unserer Skala von null bis zehn zurückkehren und uns daran erinnern, dass wir nach dem Pferd suchen, das ungefähr im Bereich 3,5 – 5,5 liegt. Wir könnten dies als *entspannte Aufmerksamkeit* oder *interessiert, aber nicht besorgt* bezeichnen.

Dann wählen wir eine Aufgabe aus, die wir unserem Pferd beibringen wollen. Es könnte jede Aufgabe sein, da der Prozess überall gleich ist, aber für unsere Zwecke hier verwenden wir das Rückwärtsgehen beim Reiten. Also nehmen wir sanft die Zügel und üben den Druck aus, auf den das Pferd letztendlich reagieren soll. Unter Verwendung einer anderen Skala von null bis zehn, wobei null kein Druck und zehn viel mehr ist, als wir jemals verwenden möchten. Üben wir Druck beispielsweise bei eins aus, müssen wir sicherstellen, dass wir nicht ziehen. Indem wir das nicht tun, ist der derselbe, den wir anbieten, nur eine Präsenz und nicht etwas Beängstigendes, gegen das man sich wehren muss.

Um zu spüren, wie sich Druck ohne Zug für das Pferd anfühlt, brauchen wir nur ein Seil an einen Pfosten zu binden und dann am Seil zu ziehen. Je stärker wir das tun, desto mehr Druck werden wir spüren. In diesem Fall verursacht nicht die Stange den Druckanstieg, sondern wir, weil wir uns von der Stange entfernen, die sich überhaupt nicht bewegt. Wenn wir einen solchen ausüben, ohne zu ziehen, verhalten wir uns gewissermaßen wie der Pfosten. Natürlich sind wir lebendiger als dieser, aber das Konzept ist dasselbe. Da sich der Pfosten nicht bewegt, ist das Nachgeben bereits eingebaut, und wir müssen uns nur auf denselben zubewegen, um dieses Nachgeben zu finden.

Im Druck auf die Zügel auszuüben, ohne zu ziehen, ist das Nachgeben bereits eingebaut – genau wie beim Pfosten. So sollte das Pferd auf unsere Hände zugehen (dem Druck weichen), um das Nachgeben zu finden. Ein Pferd, das dies anfangs nicht versteht, kann sich jedoch gegen den Druck lehnen, wodurch dieser zunimmt.

Dieser Druckanstieg, oder vielleicht auch nur das Gefühl des Drucks, löst normalerweise das *Suchsystem* des Pferdes aus. Dies ist das System, das Pferde verwenden müssen, um eine Lösung für das Problem zu finden. Nach einiger Zeit und durch Versuch und Irrtum finden Pferde das Nachgeben. Wenn sie dies tun, bekommen sie eine Dosis *Dopamin*, einen Neurotransmitter, der mit Belohnung in Verbindung gebracht wird. Das Dopamin sorgt dafür, dass sich Pferde gut fühlen. Wenn sie das nächste Mal den gleichen oder ähnlichen Druck verspüren, werden sie versuchen, das Verhalten zu wiederholen, das ihnen das Nachgeben und den Dopamin-Stoß beschert hat.

Hier ist der Schlüssel, den Pferden etwas Zeit zu geben, bevor man die Aufgabe wiederholt. Dies sollte ihnen genügen, um darüber nachzudenken, was gerade passiert ist (lange genug, um zu schlecken und zu kauen, den Kopf zu senken oder zu schütteln, zu gähnen), aber nicht so lange, bis sie desinteressiert oder abgelenkt werden.

Den meisten von uns wurde beigebracht, dass das *Nachgeben* dem entspricht, was die Pferde lehrt, aber das stimmt nur teilweise. Das Nachgeben löst den Lernprozess aus, aber es ist die *Wohltat*, die das Pferd bekommt, nachdem es das Nachgeben gefunden hat, die ermöglicht, dass das eigentliche Lernen stattfindet. Das Nachgeben löst zunächst den Dopamin-Stoß aus, die Wohltat ermöglicht das *Dendritenwachstum* – die Bildung neuer neurologischer Leitungsbahnen– und es ist das Dendritenwachstum, das die Assimilation von Informationen ermöglicht.

Wahrscheinlich sind die meisten Leute, die lange Zeit mit Pferden gearbeitet haben, über die Tatsache gestolpert, dass das Einlegen von Pausen, wenn Pferde etwas Neues lernen, es ihnen ermöglicht, schneller zu lernen – sicherlich schneller als gedankenlose, ununterbrochene Wiederholung, die für Pferde keinen wirklichen Wert hat, sobald sie herausgefunden haben, worum es uns geht. Deshalb trat Walter zurück und zündete sich eine Zigarette an, wenn er mit seinen Pferden arbeitete. Deshalb bitte ich die Reiter anzuhalten und ein paar Minuten einfach sitzen zu bleiben, nachdem ihre Pferde etwas angeboten haben, das in etwa dem entspricht, was sie gesucht haben. Deshalb scheinen Pferde, die an einem Tag mit neuen Informationen zu kämpfen hatten, diese am nächsten Tag auf magische Weise zu verstehen.

Ich wusste nicht, was im Gehirn abläuft, wenn ich einem Pferd eine Pause gönne, und ich bin sicher, Walter wusste es auch nicht. Mir war jedoch klar, dass es fast immer dazu beitrug, dass das Training viel reibungsloser ablief. Ebenso hatte ich auch auf die harte Tour herausgefunden, dass es selten gut lief, wenn ich keine Pausen gab oder wenn ich mehr Druck machte, als ich hätte tun sollen (und das Pferd unwissentlich in ihr sympathisches Nervensystem trieb).

Ich denke, die meisten von uns wissen, dass Pferde nicht gut lernen, wenn sie in einem Stresszustand sind. Was wir vielleicht nicht wissen, ist, dass wenn wir das Pferd absichtlich oder unabsichtlich in ihrem sympathischen System halten, tatsächlich Dendriten im Gehirn »zurückgeschnitten« werden können. Mit anderen Worten, es besteht die Möglichkeit, positive Zuwächse rückgängig zu machen, wenn wir einem Pferd nicht helfen oder es ihm nicht erlauben, sich während des Trainings in den Bereich seines parasympathischen Nervensystems herunterzuregulieren.

Das knüpft an das an, was passieren kann, wenn Menschen glauben, dass Pferde respektlos seien. Für viele Menschen ist ein respektloses Pferd ein schlechtes Pferd und muss deshalb diszipliniert werden. Das Problem dabei ist: Zu dem Zeitpunkt, an dem ein Pferd als respektlos gilt, befindet es sich wahrscheinlich bereits in seinem sympathischen Nervensystem oder nähert sich diesem an. Eine Erhöhung des Drucks dient nur dazu, dass die Pferde mit Sicherheit in ihr sympathisches System gelangen und auch dort bleiben.

Ein weiteres Problem hier ist, dass Disziplinierung normalerweise einer Bestrafung entspricht, die von Emotionen angetrieben wird, insbesondere Angst, Frustration oder Wut. Diese Emotionen gehen beim Menschen fast immer mit einem Verlust der Selbstbeherrschung einher, der wiederum mit einem Verlust der Aufmerksamkeit verbunden ist. Dieser Verlust führt zu einem Verlust des Gefühls und des Timings. Wenn das passiert, kann die Person, die austeilt, den Versuch des Pferdes nicht sehen oder fühlen, selbst wenn das Pferd versucht, einen Ausweg aus der Bestrafung zu finden.

Dann werden wir mit einem anderen Problem konfrontiert – nämlich der *Erlernten Hilflosigkeit*. Wenn ein Pferd mit einer Situation konfrontiert wird, für die es keinen Ausweg oder keine Lösung finden kann, schaltet es meistens emotional ab. Dies kann den Anschein erwecken, als ob das Pferd kooperativ wäre, obwohl wir in Wirklichkeit seine Lernfähigkeit abgeschaltet haben, indem es in einen Zustand der Dissoziation gedrängt wurde.

Diese Pferde können gut aussehen und sich sogar so verhalten, als wäre alles in Ordnung, aber das stimmt nicht. Irgendwann, meist zum ungünstigsten Zeitpunkt, kommen sie wieder zu sich. Wenn das passiert, werden sie selten, wenn überhaupt, direkt in ihr parasympathisches Nervensystem gehen. Es ist wahrscheinlicher, dass sie zuerst in ihr sympathisches System zurückkehren.

Betrachten Sie es so, als hätten wir unserer Nervensystemskala eine Zahl von null bis zehn hinzugefügt. Diese neue Zahl elf ist jenseits von Panik und das Ergebnis davon, dass das Pferd in erlernte Hilflosigkeit gedrängt wird. Damit das Pferd wieder in sein parasympathisches System zurückkehrt, kann es nicht einfach von elf auf 6,5 gehen. Vielmehr muss es von elf auf zehn fallen, das bedeutet, dass die erste Reaktion eines solchen Pferdes Panik ist, sobald es aus diesem Zustand »aufwacht«.

Ganz Ähnliches passiert Menschen, die eine Narkose bekommen, während sie in Panik sind. Die Person geht ganz gut in die Narkose hinein, aber wenn die Person aufwacht, befindet sie sich in demselben Zustand, in dem sie die Narkose begonnen hat. Es ist, als wäre ihre Panik einfach pausiert worden, nur um sie anschließend bei vollem Bewusstsein wieder aufzunehmen.

Hier kommt die gute Nachricht: All das können wir bei unseren Pferden vermeiden, und dazu braucht man nur ein wenig Wissen, Geschick und Achtsamkeit. Zu lernen, wie wir unsere Pferde in ihrem parasympathischen System halten, wenn wir ihnen neue Dinge oder Fähigkeiten zeigen, ist der Schlüssel. Zu wissen, wie man Pferden hilft, aus dem Sympathikus herunterzuregulieren, sobald sie dort sind, stellt ebenfalls eine praktische Fähigkeit dar. Glücklicherweise ist eine der einfachsten Möglichkeiten, ihnen (und uns) einfach eine Pause zu gönnen, bevor die Dinge zu sehr außer Kontrolle geraten.

Vor ein paar Jahren hielten Dr. Peters, Jim Masterson, der Begründer der Körperarbeit für Pferde nach Masterson, und ich ein gemeinsames Seminar über die von ihm gesammelten Forschungsergebnisse zur Gehirnfunktion von Pferden ab. Die Idee war, dass Dr. Peters seine Power-Point-Präsentation über Hirnforschung und Chemie halten, dann Jim und ich Demonstrationen mit Pferden anbieten, Dr. Peters wiederum einen Kommentar, was im Gehirn des Pferdes vor sich geht, hinzufügen und ich bei meiner Demonstration zwei verschiedene Pferde verwenden sollte – zum einen eine unruhige Stute, mit der ich etwas Bodenarbeit machte, und zum anderen eine Reitdemonstration mit meinem soliden Kurspferd Rocky.

Die Planung, beide Demonstrationen in einem Roundpen durchzuführen, kam nicht zustande, da bei der Bodenarbeit plötzlich ein Sturm aus Westen aufzog, während ich die Arbeit mit der Stute beendete. Wir brachten schnell alles und jeden in die nahe gelegene Halle, als der Wind auffrischte und es zu regnen begann.

Zum Zeitpunkt dieses Seminars waren Rocky und ich seit fünfzehn Jahren ein Team. Während dieser Zeit waren wir ungefähr eine Million Meilen gereist und in unzählige Situationen geraten, in denen wir lernten, uns aufeinander zu verlassen. Es war schwierig, eine Gelegenheit zu finden, in der Rocky sich nicht wohlfühlte, aber wie sich herausstellte, war dies eine davon.

Ich brachte ihn in die Reitbahn und saß auf, als der schlimmste Sturm hereinbrach. Starke Windböen ließen die Wände, Türen und das Dach des Gebäudes erzittern, während der Regen so stark herabprasselte, dass es selbst mit dem von uns verwendeten Lautsprechersystem schwer war, etwas zu verstehen.

Fast unmittelbar steigerte sich Rockys Angst, aber als ich mit den Teilnehmern sprach, tat ich das, was ich immer machte, wenn er sich sorgte. Ich gab ihm eine Richtung. In diesem Fall ritten wir eine Reihe von großen und kleinen Kreisen, Serpentinen und Achten. Er beruhigte sich ziemlich bald, und wir fuhren mit der Demonstration weiter, bei der es darum ging, die Sensibilität des Pferdes und unsere Energie zu kombinieren, um unsichtbare Hilfen zu entwickeln.

Rocky und ich blieben von Zeit zu Zeit stehen, um Fragen zu beantworten, während draußen Wind und Regen anhielten. In einer dieser Pausen unterbrach Dr. Peters, der ebenfalls ein Mikrofon trug, das Gespräch. Er bat die Teilnehmer wahrzunehmen, was das Pferd tat, während ich ihre Fragen beantwortete.

Ich möchte hier kurz innehalten und ein paar Dinge über die Beziehung zwischen Rocky und mir erklären. Er kam als Siebenjähriger von einer kleinen Rinderfarm in Minnesota zu uns. Seine Lebenserfahrungen bis zu diesem Zeitpunkt waren positiv, aber relativ begrenzt. Als wir anfingen, zusammen zu reisen, stellte ich fest, dass ihn viele Dinge beunruhigten, weil er keine Erfahrung damit hatte.

In diesen Situationen war mein Hauptanliegen immer, etwas zu finden, was ich tun konnte, damit er sich besser fühlte.

Zu diesem Zweck und je nach Situation machte ich das, was ich an diesem Tag tat – ihm Anweisungen geben, bis ich spürte, wie seine besorgte Energie nachließ. In einer anderen Situation konnte ich ihn vielleicht räumlich von dem beunruhigenden Gegenstand entfernen. Ein anderes Mal stieg ich einfach ab, besonders wenn ich das Gefühl hatte, dass ich irgendwie der Grund für seine Sorgen sein könnte.

Je länger wir zusammen waren, desto mehr Vertrauen entwickelten wir zueinander. Zum Zeitpunkt dieser Demonstration gab es nicht mehr allzu viel, was ihn störte. Wenn das wie an diesem Tag der Fall war, gab ich ihm einfach eine kleine Richtung und normalerweise fühlte er sich dann schon bald besser.

Aber Dr. Peters fiel etwas anderes auf. Jedes Mal, wenn ein lautes oder unerwartetes Geräusch ertönte, verkrampfte sich Rocky, er hob seinen Kopf oder manchmal wieherte er. All dem folgte schnell, dass er den Kopf senkte, gähnte, leckte und kaute oder seine Nase an seinen Vorderbeinen rieb.

»Rocky braucht Mark nicht mehr«, sagte Dr. Peters. »Passt auf, was er tut. Immer wenn er anfängt, sich Sorgen zu machen, reguliert er sich selbst herunter. Er hält sich davon ab, in sein sympathisches Nervensystem zu geraten.«

Er fuhr fort, dass ich Rocky während unserer gemeinsamen Zeit oft genug beim Herunterregulieren geholfen habe, sodass er nun wüsste, wie er alleine dorthin gelangen könne. Er konnte seine eigene Gehirnchemie positiv beeinflussen.

Dr. Peters fügte hinzu: »Wann immer Rocky die Frage stellte: ›*Bin ich in Sicherheit?*‹ so war die Antwort, die er bekam: *Ja, du bist sicher.*‹«

Niemand weiß, was ein Pferd wirklich denkt. Aber jetzt, wo Rocky nicht mehr da ist, mag ich gerne glauben, dass er sich bei mir wirklich sicher gefühlt hat. Ich weiß, dass ich dass ich das auch bei ihm tat.

Neue Offenbarungen

Ein offener Geist lässt jemandem die Möglichkeit, einen wertvollen Gedanken darin zu platzieren.

MARK TWAIN

Es gab schon früh eine Zeit, in der ich glaubte, dass alle schwierigen Pferde rehabilitiert werden könnten. Ich bin mir sicher, dass diese Idee aus meiner Zeit bei Walter stammt. Fast alle Pferde, die er damals aufnahm, hatten Probleme, und er konnte sie immer ein Stück weit verbessern. Als ich mich jedoch selbstständig machte, traf ich gelegentlich auf ein Pferd, das mich dazu veranlasste, diese Vorstellung infrage zu stellen.

Mitte der 1980er-Jahre erhielt ich einen Anruf von Elaine, einer erfahrenen Reiterin, für die ich in der Vergangenheit ein wenig gearbeitet hatte und die sagte, sie brauche Hilfe bei einem Hengst, den sie anreiten wollte. Sie hat die meisten ihrer Pferde selbst aufgezogen und angeritten, aber dieses besondere Jungpferd einige Monate zuvor bei einer Veranstaltung gekauft.

»Er stammt aus einer wirklich guten Zucht«, sagte sie während unseres Telefongesprächs. »Aber ich habe Probleme, mit ihm auszukommen. Irgendetwas muss mir wohl entgehen.«

Ich erwiderte ihr, dass ich gerne helfen würde, wenn ich könnte und war ein paar Tage später bei ihr zu Hause. Als ich ankam, war der Wallach im Roundpen und fraß aus einem Heunetz, ein dreijähriger fuchsfarbener Wallach mit drei weißen Füßen und einem Zeichen auf der Stirn, das wie ein fliegendes Gespenst aussah. Sein Name war Casper.

Elaine sagte mir, sie arbeite seit fast einem Monat mit ihm zusammen und habe kaum Fortschritte gemacht. Dies war ein wenig überraschend, da Elaine mit Pferden aufgewachsen war, für ihre sanfte und ruhige Art mit ihnen bekannt war und im Laufe der Jahre Hunderte von Jungpferden gestartet hatte, von denen viele große Gewinnsummen in verschiedenen Show-Veranstaltungen erzielten.

»Einige Jungpferde brauchen länger als andere«, sagte sie. »Aber dieser hier ist anders.«

Sie fuhr fort zu erklären, dass sie ihm eines Tages etwas zeigte, zum Beispiel Longieren, und damit war er gut zurechtkommen. Am nächsten oder übernächsten Tag oder manchmal sogar eine Woche später tat er plötzlich so, als hätte er es noch nie erlebt oder das Longierseil noch nie zuvor gesehen. Unweigerlich musste sie den ganzen Prozess von vorne beginnen, er schien es gutzumachen, und beim nächsten Mal musste sie ebenso wieder von vorn anfangen. Infolgedessen war sie mit ihm nicht sehr weit gekommen.

Sie sagte, sie habe ihn noch nicht galoppieren sehen. Auf der Weide tat er das auch nicht, selbst wenn die anderen Jungpferde liefen und er mithalten wollte. Und sie konnte ihn an den Tagen, an denen sie ihn longierte, im Roundpen nicht in den Galopp bringen. Sie ließ ihn vom Tierarzt untersuchen, aber dieser konnte keine körperliche Einschränkung finden.

»Er ist wirklich süß«, fügte sie hinzu. »Außer wenn er es nicht ist.«

»Was meinst du damit?«

»Nun«, sagte sie, während sie sich an den runden Zaun lehnte. »Neulich waren wir fertig mit der Arbeit und alles schien in Ordnung zu sein. Ich war gerade dabei, das Longierseil aufzuwickeln und er stand da drüben, mucksmäuschenstill.« Sie zeigte auf eine Stelle auf der anderen Seite des Paddocks. »Aus heiterem Himmel drehte er sich um und kam mit angelegten Ohren und gebleckten Zähnen auf mich zu. Ich benutzte das Seil, um ihn umzudrehen, aber er schien es ziemlich ernst zu meinen. Danach ist er einfach an seinen Platz zurückgegangen und hat so getan, als wäre nichts passiert.«

Wir standen da und schauten dem Wallach beim Fressen zu, als er wie aufs Stichwort die Ohren anlegte, sich umdrehte und zum Angriff überging. Ich klatschte in die Hände, als er näherkam, was dazu führte, dass er auswich, bevor er einen von uns erreichte. Er machte einen kleinen Kreis und stürmte dann erneut auf uns zu. Ein weiteres Händeklatschen genügte, um ihn ein zweites Mal umzudrehen. Er trottete zurück zum Heunetz und begann wieder zu fressen.

»Ist es das, was du meinst?« fragte ich.

»Jawohl. Und es scheint in letzter Zeit schlimmer zu werden.«

Es gibt ein altes Sprichwort, das besagt, dass es keine Zufälle gibt. Trotzdem passierte mir ein solcher, denn einige Wochen zuvor las ich in einer Zeitschrift, während ich in der Zahnarztpraxis wartete, einen Artikel über die Auswirkungen der Inzucht auf reinrassige Hunde. In diesem Artikel ging es unter anderem darum, wie viele Inzuchthunde letztendlich Lerndefizite, Koordinationsprobleme und zufällige Aggressivität aufwiesen – die gleichen Verhaltensweisen, die offenbar auch bei diesem Pferd auftraten.

Ich erwähnte den Artikel gegenüber Elaine und fragte sie, ob sie die Abstammung des Pferdes kenne. Sie sagte, sie habe nach dem Kauf einen Blick auf seine Registrierungspapiere geworfen, sie dann aber zum Besitzwechsel an den Zuchtverband geschickt. Die neuen Papiere waren ihr noch nicht zurückgegeben worden. Nach einer kurzen Diskussion beschloss Elaine, mit dem weiteren Training zu warten, bis die Papiere des Wallachs zurückkamen und sie einen etwas tieferen Einblick in seine Abstammung vornehmen konnte.

Ein paar Wochen später rief Elaine erneut an, um mir mitzuteilen, dass seine Papiere zurückgekommen seien, und bei näherer Betrachtung stellte sie fest, dass es sich tatsächlich um Inzucht handelte. Derselbe Vater, gekreuzt mit seinen eigenen Nachkommen, tauchte zweimal auf der Mutterseite des Fohlens und einmal auf der Vaterseite auf. Nachdem sie etwas genauer recherchiert hatte, stellte sie fest, dass andere Pferde aus dieser Linie bekanntermaßen ähnliche Handhabungs- und Trainingsprobleme hatten. Einige waren so massiv, dass die Ausbildung komplett aufgegeben und diese Pferde dann oft zur Zucht verwendet wurden.

Dies war das erste Mal, dass ich einem Pferd begegnete, dessen Verhaltensprobleme man direkt auf seine Zucht zurückführen konnte. Es sollte nicht das letzte Mal bleiben.

~

Ende der 1990er-Jahre wurde ich zum ersten Mal zu Kursen nach Groß Britannien eingeladen, und seitdem bin ich viele Male dorthin zurückgekehrt. Crissi begleitete mich häufig, und unsere Gastgeber nahmen uns freundlicherweise oft an unseren freien Tagen auf Besichtigungstour mit. Zu diesen Reisen gehörten der Besuch prähistorischer Orte wie Stonehenge und des (zumindest für die Menschen in den Vereinigten Staaten) weniger bekannten Avebury Henge.

Niemand weiß wirklich genau, warum solche Stätten gebaut wurden, aber eine weitverbreitete Annahme besagt, dass man sie nach bestimmten astronomischen Ausrichtungen errichtete, die nur zu ganz bestimmten Zeiten im Jahr auftreten. Das fasziniert mich, besonders wenn es der Wahrheit entspricht, denn anders als hier in Colorado, wo ein klarer Nachthimmel häufiger vorkommt, ist ein klarer Nachthimmel in England weitaus seltener. Geht man davon aus, dass dies auch in der Antike der Fall war, muss es Hunderte, wenn nicht Tausende von Jahren gedauert haben, bis die Menschen damals genau bestimmen konnten, wann diese astronomischen Ausrichtungen auftraten, einfach weil die Wolkendecke ihnen die Sicht auf den Nachthimmel versperrte.

Laut Wörterbuch bedeutet das Wort empirisch »Informationen, die durch Beobachtung oder Experimente gewonnen werden«. Die

Zeit, die diese Leute brauchten, um genügend empirische Beweise zu sammeln, um die Ausrichtungen richtig vorzunehmen, ist die eine Sache, aber dann so sicher auf ihre Daten zu vertrauen, dass sie riesige, von Hand ausgegrabene Steine aus einer Entfernung von Hunderten von Kilometern schleppen, um auf der Grundlage dieser Anordnungen gewaltige Monumente zu errichten, eine ganz andere.

Wir alle treffen täglich Entscheidungen auf der Grundlage empirischer Erkenntnisse. Vielleicht keine großen, die uns Steine schleppen und Monumente bauen lassen, aber dennoch Entscheidungen. Ob es bei dieser Entscheidung darum geht, wie man am besten durch die Stadt kommt, wie lange man einen Kuchen backt, ohne dass er anbrennt, oder ob man weiß, wie es vermieden werden kann, mit dem Hammer auf den Daumen zu schlagen – empirische Erkenntnisse spielen definitiv eine wichtige Rolle in unserem Leben.

Diese Art von Erkenntnis ist besonders nützlich, wenn es um die Arbeit mit Pferden geht. Wir lernen zu vertrauen, indem wir beobachten, dass bestimmtes Verhalten bei Pferden normalerweise bestimmten Motivatoren folgt. Aus diesem Grund ist es möglich, beim Training oder bei der Arbeit mit ihnen fundierte Entscheidungen über mögliche Reaktionen auf die Art von Verhalten zu treffen, die diesem Motivator wahrscheinlich folgen werden.

Wenn wir jedoch unerwünschte Verhaltensmuster sehen, die man beispielsweise insbesondere mit Inzucht in der dokumentierten Abstammung eines Pferdes in Verbindung bringt, können wir mit einiger Sicherheit sagen, dass das Verhalten etwas mit der Zucht zu tun hat und aus dem gleichen Grund aufgrund unserer empirischen Beweise auch davon ausgehen, dass, wenn wir genau die gleichen Verhaltensweisen bei Pferden beobachten, deren Abstammung nicht überprüfbar ist, das Verhalten auch durch ein Zuchtproblem verursacht werden kann.

Bevor ich das weiter ausführe, sollte ich wahrscheinlich darauf hinweisen, dass es in den etwa vierzig Jahren, seit wir den Zusammenhang zwischen dem Verhalten von Elaines Jungpferd und der Inzucht in seiner Linie hergestellt haben, bereits Hunderte anderer Pferde mit Zuchtproblemen gab. Die Verhaltensweisen, die wir bei diesen Pferden am häufigsten beobachtet haben, waren ihre Unfähigkeit, Informationen zu behalten, Probleme mit der Koordination (besonders je schneller sie laufen), ungewöhnlich große Schwierigkeiten, sich an neue Umgebungen anzupassen, Aggressivität und übermäßige Reaktionsfähigkeit – selbst in den banalsten Situationen. Einige Pferde, die wir sahen, besaßen alle diese Eigenschaften (und noch ein paar mehr), während andere vielleicht nur ein oder zwei aufwiesen. Außerdem stellten wir fest, dass diese Verhaltensweisen von Pferd zu Pferd sehr unterschiedlich ausgeprägt sein können.

Beispielsweise haben wir Pferde wie Elaines Jungpferd gesehen, die nicht in der Lage waren, über einige der grundlegendsten Lernfähigkeiten hinauszukommen, während andere, wenn auch nur knapp, geritten werden konnten. Wieder andere kann man auf sehr hohem Niveau trainieren und reiten, sei es im Ausstellungsring, bei der Arbeit mit Rindern oder was auch immer.

Um die unterschiedlichen Verhaltensweisen dieser Pferde zu veranschaulichen, erzähle ich hier die Geschichte von Banjo: Crissi kaufte vor ein paar Jahren einen kleinen Missouri Foxtrotter, den sie Banjo nannte. Bei ihm ist in seiner jüngsten Abstammungslinie Inzucht registriert. Allerdings wurde er erst im Alter von sieben Jahren unter dem Sattel angeritten und dies langsam und mit Bedacht. Man setzte ihn hauptsächlich für Ausritte und zur Vieharbeit ein, was er beides sehr gut machte. Da die Vorbesitzerin aufs College ging, beschloss sie, ein neues Zuhause für ihn zu suchen, und so landete er bei Crissi.

Banjo erwies sich als solides Ranch-, Trail- und Kurspferd. Allerdings kann er auch etwas »schrullig« sein, wie Crissi es nennt. Beispielsweise müssen wir in den Sommermonaten, während wir unsere zehntägigen Intensivkurse unterrichten, unsere Pferde durch einen bestimmten Bereich führen, um sie aufzusatteln. Dieser Bereich liegt zwischen zwei Wohnwagen, die etwa sechs Meter voneinander entfernt geparkt sind. Einer der Anhänger wirft einen Schatten, der den offenen Bereich zwischen den beiden beschattet. Ausnahmslos jeden Tag, wenn Crissi Banjo bittet, in diesen Bereich hineinzugehen, bleibt er stehen, senkt den Kopf und schnaubt, als hätte er ihn noch nie zuvor gesehen. Wenn er schließlich den Schatten betritt, was einige Zeit dauern kann, tut er dies, als würde er auf glühenden Kohlen laufen.

In einem anderen Fall war Banjo bereits drei Jahre lang mit uns unterwegs gewesen und hatte nicht ein einziges Mal Anzeichen gezeigt, dass er sich Sorgen darüber machte, in den Pferdehänger hinein- oder herauszusteigen. Bis wir ihn eines Morgens in New Mexico auf dem Weg nach Arizona einladen wollten. Aus heiterem Himmel blieb er hinten am Pferdehänger stehen und tat so, als hätte er ihn noch nie zuvor gesehen. Wir mussten ihm helfen, alles wieder zu begreifen, was er auch machte, und seitdem hatte er keine Probleme mehr.

Am anderen Ende des Spektrums befindet sich ein Pferd, das wir in einem Kurs an der Ostküste gesehen haben. Dort brachte eine Frau einen Wallach herein, der sich offenbar in einer ausgewachsenen Panik befand – er raste um sie herum, schrie aus vollem Halse und erschreckte sich vor allem.

Man muss der Frau zugute halten, dass sie ruhig blieb, ihm Anweisungen gab, wann immer sie konnte, und sich so verhielt, als sei das etwas Alltägliches. Als ich sie fragte, ob das, was wir sahen, für dieses Pferd normal sei, antwortete sie, dass dies der Fall sei, insbesondere wenn sich der Wallach an einem neuen oder unbekannten Ort befindet.

»Manchmal ist es schlimmer«, sagte sie mit gelassener Stimme, als der Wallach an ihr vorbeisauste. Dann blieb er stehen, belastete seine Hinterbeine und warf sich in die andere Richtung, die Augen weit aufgerissen und mit voller Stimme wiehernd. »Aber es ist selten besser.«

Sie sagte außerdem, dass sie ihn reiten könne, aber nur zu Hause und nur an Orten, an denen er sich wohlfühle. Selbst dann gab es Zeiten, in denen er aus dem Nichts einfach explodierte. Sie meinte, er habe schon immer Probleme damit gehabt, sich Informationen zu merken und sei mit neuen Dingen, Orten oder Menschen nicht gut zurechtgekommen. Sie ließ ihn von Tierärzten, Trainern, Körpertherapeuten, Zahnärzten, Sattelanpassern und einem erstklassigen Hufschmied untersuchen und achtete sehr auf seine Ernährung, aber nichts schien wirklich zu helfen.

Jemand in der Menge stand von einem Stuhl auf, woraufhin der Wallach erschrak und auf die Frau zustürmte. Sie wich ihm geschickt aus, und als er vorbeiraste, richtete sie ihre Aufmerksamkeit wieder auf mich.

»Wissen Sie zufällig, wie er gezüchtet wurde?« fragte ich.

»Ja, das tue ich«, antwortete sie sachlich. »Er ist ingezüchtet. Ich habe seine Papiere. Oh, ich vergaß zu erwähnen, dass er auch an einer degenerativen Knochenerkrankung leidet und der Tierarzt sagte, sein Schädel verschlechtere sich.«

Ich erklärte ihr, dass ich unter den gegebenen Umständen nicht glaubte, dass man vom Standpunkt eines Trainers her irgendetwas für ihn tun könnte. Die Probleme, die er hatte, waren im Vergleich zu dem, was ich im Laufe der Jahre bei anderen Inzuchtpferden gesehen hatte, lehrbuchmäßig, und meines Wissens gab es keine Möglichkeit, seine Probleme zu beheben oder rückgängig zu machen.

Interessanterweise sagte die Frau, sie sei im Großen und Ganzen bereits zu dem gleichen Schluss gekommen, wolle sich aber nur eine zweite Meinung einholen. Anschließend bat sie um Vorschläge, was sie in Zukunft gemeinsam bewirken könnten. Ich schlug vor, den

Umgang einfach zu halten und einfach das zu tun, was er gerne machen würde.

»Tu, was du kannst, und halte dich von Dingen fern, die du nicht kannst«, war mein Rat. »Ich bezweifle sowieso, dass er dich noch irgendetwas darüberhinaus machen lässt.«

»Ja«, stimmte sie zu. »Das hat er ziemlich deutlich zum Ausdruck gebracht.«

~

In den 1990er- und frühen 2000er-Jahren trafen wir in unseren Kursen auf eine Reihe junger, nicht registrierter Pferde, die alle die Verhaltensweisen aufwiesen, die bei Inzuchtpferden üblich sind. Diese Nachkommen bestanden hauptsächlich aus Quarter Horse-Typen und Kaltblut-Kreuzungen. Der einzige gemeinsame Nenner war, dass es sich bei fast allen um sogenannte PMU-Babys handelte. Für diejenigen, die es nicht wissen: PMU ist die Abkürzung für (P)regnant (M)are (U)rine (dt.: Urin von trächtigen Stuten), woraus das weibliche Hormonpräparat Premarin® abgeleitet wird. Damals wurde auf Farmen und Ranches in ganz Kanada und North Dakota Urin von trächtigen Stuten für die Industrie gesammelt. Da das Hauptanliegen dieser Industrie der Urin und nicht das Fohlen war, mästete man viele (nicht alle) Fohlen dieser Stuten nach dem Absetzen und verschiffte sie dann zur Schlachtung. In den 1990er-Jahren wurden große Anstrengungen unternommen, um diese zur Schlachtung bestimmten Babys zu retten, und so schließlich eine große Zahl von ihnen in den Vereinigten Staaten adoptiert.

Leider betrachtete man Fohlen aus der damaligen Industrie vom Produzenten häufig als Nebenprodukt, das letztlich sowieso entsorgt werden sollte. Daher achteten einige Erzeuger nicht besonders darauf, welche Hengste welche Stuten deckten. Laut einem Bekannten, der damals in der Branche tätig war, kam es dabei häufig zu erheblicher Inzucht.

Ich möchte hier ganz klar sagen, dass nicht alle PMU-Babys ingezüchtet waren. Tatsächlich gab es eine Reihe von Farmen und Ranches, die sich an der Premarin-Produktion beteiligten und nicht nur verantwortungsvolle Zuchtpraktiken anwendeten, sondern von denen einige sogar registrierte Quarter Horses züchteten, ausbildeten und verkauften. Ich kenne mindestens ein PMU-Baby, das sich auf der Show so gut geschlagen hat, dass es sich letztlich für die Weltmeisterschaft des amerikanischen Zuchtverbandes der Quarter Horses (American Quarter Horse Association AQHA) qualifizierte.

Außerdem ist es wichtig zu bedenken, dass die Leute normalerweise keine Pferde ohne Probleme zu uns bringen. Normalerweise treffen wir auf Pferde und Besitzer, die mit etwas zu kämpfen haben. Infolgedessen verzerrt sich unsere Sicht der Inzucht bei PMU-Babys etwas, da diese den Großteil dessen ausmachten, was wir sahen.

Die häufigsten Beschwerden der Besitzer dieser Jungpferde reichten damals wiederum von der Unfähigkeit des Jungpferdes, Informationen zu behalten, Koordinationsproblemen, Aggressivität, Überreaktion in neuen oder unbekannten Situationen und allgemeine Unberechenbarkeit. Die meisten Besitzer erwähnten, dass die Probleme erst dann wirklich ans Licht kamen, als sie versuchten, das Jungpferd unter dem Sattel anzureiten oder als sie mit dem Pferd etwas anderes machen wollten, als es lediglich von einem Ort zum anderen zu führen.

Ich erinnere mich an eines dieser Jungpferde, dessen Ausbildung laut Aussage der Besitzerin extrem langsam verlief. Diese Besitzerin sagte unter anderem, dass ihr Jungpferd mit Halfter und Strick vorwärtsgeführt werden könne, sich aber weigere, auf Anweisung rückwärts zu gehen. Als sie demonstrierte, was los war, übte sie ein wenig Druck auf das Halfterseil aus, und der junge Wallach reagierte, indem er seinen Kopf herunternahm, nach vorne drückte und sie mit sich zog. Für mich wirkte die Reaktion defensiv, und ich fragte mich, ob weniger Druck dazu beitragen würde, dass er weniger geneigt wäre, sie zu drängen.

Ich wandte mich an die Besitzerin, ob es ihr etwas ausmache, wenn ich es mal probiere, und sie reichte mir freudig das Seil. Ich stellte mich an die rechte Seite des Wallachs, streichelte seinen Hals und übte dann sanften Druck nach hinten auf das Halfterseil aus. Auf unserer Skala von null bis zehn, wobei null kein Druck und zehn viel mehr bedeutet, als wir jemals verwenden wollten, lag der von mir ausgeübte bei etwa 0,5.

Die gute Nachricht war, dass der Wallach nicht nach vorne drückte, die nicht so gute, dass er den Druck anscheinend überhaupt nicht spürte. Sein Gesichtsausdruck veränderte sich nicht, und es gab nirgendwo in seinem Körper eine Reaktion. Ich beschloss, noch eine Weile zu warten, ohne den Druck zu erhöhen oder nachzulassen. Immer noch kam keine Antwort.

Nach etwa zehn Sekunden erhöhte ich den Druck minimal von 0,5 auf 0,75. Um bei diesem Druckniveau genau zu sein, musste der Anstieg sehr langsam erfolgen, da ich sonst leicht mehr Druck ausüben konnte, als ich wollte. Außerdem bestand die Möglichkeit, dass das Pferd bei 0,65 reagieren wollte, und falls ich den Druck zu schnell erhöhen würde, könnte ich die Reaktion des Pferdes nicht erspüren.

Aus diesem Grund versuche ich immer, mir der kleinen, sanften, schrittweisen Bewegung, die ich verwende, um den Druck auf dieser Ebene zu erhöhen sowie jeder möglichen Reaktion, über die das Pferd möglicherweise nachdenkt, sehr bewusst zu sein. Ich erwähne dies alles, weil ich betonen möchte, wie wenig nötig war, um das Verhalten hervorzurufen, das als Nächstes geschah.

Als ich den Druck langsam erhöhte, spürte ich zunächst überhaupt keine Reaktion des Jungpferdes. Ich ging von 0,5 auf 0,55, 0,60 und auf 0,65, und es geschah immer noch nichts. Dann bei 0,70 und ohne Veränderung im Ausdruck, ohne Anspannung des Körpers, und ohne Veränderung des Gefühls im Seil schlug das Jungpferd plötzlich mit dem rechten Vorderfuß aus, der sich mir am nächsten befand. Dies war nicht das, was wir als typischen Schlag bezeichnen würden, bei dem Fuß und Bein fast direkt nach vorne gestoßen werden, sondern es schien vielmehr viel durchdachter und bewusster zu sein.

Meine rechte Hand, die Hand, mit der ich den Druck ausübte, befand sich etwa zwanzig bis fünfundzwanzig Zentimeter von der Unterseite des Kiefers des Jungpferdes entfernt. Bei diesem Schlag musste der Wallach sein Bein zurückziehen, es dann hoch genug heben, um seinen Fuß über meinen Arm und meine Hand zu bekommen und dann nach unten schlagen, wodurch die meinige effektiv vom Seil befreit wurde. Allerdings habe ich das nicht mitbekommen. Es ging alles so schnell – in einem Moment war meine Hand am Seil, im nächsten nicht mehr. Ich sah kaum, wie sich das Bein des Pferdes bewegte, als es wieder auf dem Boden landete. Zum Glück hielt ich das Seil so locker, dass meine Hand beim Aufprall leicht davon abließ. Hätte ich das Seil fest umklammert, wäre ich wahrscheinlich verletzt worden.

Ich spreche diese besondere Situation an, weil sie nur ein Beispiel für die Art unvorhersehbarer und oft explosiver Reaktionen ist, die wir bei Inzuchtpferden gesehen haben, selbst wenn sie nur gebeten wurden, die einfachsten Aufgaben zu befolgen. Und leider war dies im Vergleich zu einigen der Verhaltensweisen, die wir erlebt haben, noch eine milde Reaktion.

Ungefähr zur gleichen Zeit stießen wir während eines Kurses auf ein anderes PMU-Pferd, eine Stute, deren Verhalten so ungewöhnlich war, dass das Wort »gefährlich« dem nicht annähernd gerecht wird.

Dieser Kurs fand in einer Reithalle statt, und es waren etwa dreißig oder vierzig Zuschauer anwesend. Ich habe mit Reitern an einem

Ende der Reitbahn gearbeitet, und am anderen befand sich ein Roundpen. Der Roundpen stand den größten Teil des Tages leer, aber gegen Nachmittag tauchte eine Paint-Stute auf und wurde in den Roundpen gebracht. Die Stute gehörte einer Frau, die wir Cathy nennen.

Ich kannte Cathy schon seit mehreren Jahren, und wir hatten in der Vergangenheit sogar drei- oder viermal zusammengearbeitet. Sie wuchs mit Pferden auf und konnte sowohl mit Reit- als auch mit Zugpferden gut umgehen. Die meisten Pferde, die sie besaß, hatten eine gewisse Größe, es handelte sich größtenteils um Kaltblüter oder Kaltblut-Mischlinge, weshalb ich ein wenig überrascht war, diese Stute zu sehen, die nur knapp 1,45 m Stockmaß hatte.

Während ich mit den Reitern an einem Ende der Bahn arbeitete, warf ich von Zeit zu Zeit einen Blick auf die Stute im Roundpen. Aus dieser Entfernung und in der Bewegung im Roundpen konnte ich eigentlich nichts Ungewöhnliches erkennen – zumindest zunächst nicht. Sie hatte eine schöne Färbung und Zeichnung, ein gutes Exterieur und schien sich frei und mit symmetrischen Schritten zu bewegen.

Dennoch veranlasste mich etwas an ihr, weiter in ihre Richtung zu schauen. Meine Blicke reichten von ein oder zwei über fünf oder sechs Sekunden bis hin zu einer halben Minute oder mehr am Stück. Zwischen den Reitern, und wenn ich nicht gerade die Fragen der Zuschauer beantwortete, starrte ich die Stute an, während sie sich durch den Roundpen bewegte. Je länger ich zusah, desto mehr hatte ich den Eindruck, dass etwas nicht stimmte, obwohl ich nicht genau sagen konnte, was es war.

Als Cathy an die Reihe kam, machte ich mich auf den Weg zum Roundpen, gefolgt von allen Zuschauern, die ihre Plätze rund um die Einzäunung einnahmen, um zuzusehen. Die Stute bewegte sich immer noch, als ich auf sie zukam, und als ich mich näherte, wurde mir plötzlich klar, was für mich nicht richtig aussah. Ich hatte den deutlichen Eindruck, dass diese Stute nicht nur herumschlenderte, sie schien *herumzustreifen*, fast wie eine Raubkatze auf der Jagd.

Die ganze Bewegung vermittelte diesen Eindruck – die Art, wie sie ihren Körper durch Drehungen formte, und auch, wie sie ihren Kopf hielt, die Kälte in ihren Augen, als sie die Zuschauer außerhalb des Roundpens beobachtete. Ich habe dieses Aussehen im Laufe der Jahre bei allen Arten von Raubtieren bemerkt, von unserer kleinen Hauskatze, die im Garten jagt, bis hin zu Kojoten, Bären, Löwen und so weiter. Es war ein Blick, den ich weder bei einem Pferd noch bei einem anderen Beutetier gesehen hatte, weshalb es mir zunächst Schwierigkeiten bereitete, genau zu bestimmen, was ich sah.

Sobald mir dieser Gedanke durch den Kopf schoss, versuchte ich auch schon, ihn beiseitezuschieben. Ich wusste nichts über dieses Pferd und das Letzte, was ich tun wollte, war, dass mein Bild von ihm verfälscht würde, bevor ich überhaupt wusste, warum es hier war. Außerdem bestand durchaus die Möglichkeit, dass mir meine Fantasie einen Streich spielte.

Als ich jedoch zuhörte, wie Cathy erklärte, warum sie die Stute mitgebracht hatte, wurde mir langsam klar, dass ich es mir vielleicht doch nicht einbildete. Sie war eine sechs- oder siebenjährige PMU aus Kanada, die aufgrund ihrer Aggressivität an verschiedene Besitzer weitergegeben wurde. Sie hatte zahlreiche Menschen angegriffen und brachte davon mehrere mit Knochenbrüchen ins Krankenhaus, darunter auch die Frau, von der Cathy sie bekommen hatte. Diese zog sich einen Armbruch zu, als die Stute sie am Arm packte und schüttelte. Diese Besitzerin gab sie Cathy in der Hoffnung, sie könnte rehabilitiert werden.

Cathy sagte, die Stute sei ihr gegenüber auch mehrmals aggressiv geworden, aber bisher hatte sie das Glück gehabt, sie ohne Verletzung abzuwehren. Sie meinte, sie befand sich einmal mit ihren Pferden, darunter auch dieser Stute, auf der Koppel, als diese plötzlich aus etwa zehn bis zwölf Meter Entfernung auf sie zustürmte.

»Es ging so schnell«, sagte sie. »Ich hatte keine Zeit zu reagieren. Was mich rettete, war, dass eines meiner anderen Pferde auf sie zustürmte und sie umstieß, bevor sie mich erreichen konnte.«

Cathy bemerkte, sie habe über ein Jahr lang mit der Stute gearbeitet und alles versucht, was sie wusste, um ihr zu helfen, sich besser zu fühlen, einschließlich positiver Verstärkung, Freundlichkeit, Entschiedenheit, Futterwechsel, Körperarbeit, Zahnmedizin und mehr – aber nichts hätte geholfen.

»Wenn überhaupt«, gestand sie, »dann glaube ich, es wird möglicherweise schlimmer, vor allem, wenn sie auch nur den geringsten Druck verspürt.«

»Was macht sie dann?« fragte ich.

»Dann ist sie hinter dir her.«

Wir unterhielten uns noch etwas länger, und dann fragte ich, ob ich mit ihr in den Roundpen gehen dürfte, womit Cathy einverstanden war. Es gab Zeiten, in denen wir von einem Besitzer Informationen über ein Pferd mit scheinbar unüberwindbaren Verhaltensproblemen erhielten und dabei feststellten, dass das Verhalten auf ein Missverständnis hinauslief, das es in die Defensive gedrängt hatte. Oft kann das Pferd sozusagen aus der Misere gebracht werden, indem man herausfindet, wo das Missverständnis liegt, und es dann aufklärt.

Ich habe oft gesagt, dass nicht das Pferd wirklich gefährlich ist, sondern das Verhalten des Pferdes. Als Menschen versetzen wir uns in eine völlig andere Denkweise, wenn wir uns davon überzeugen, dass das Tier Gefahr bringt und nicht nur das Verhalten. Normalerweise verspüren wir das Bedürfnis, uns gegen ein gefährliches Tier zu verteidigen, was unser Nervensystem in einen erregten Zustand versetzt und unsere Fähigkeit beeinträchtigt, klar zu denken. Wenn wir hingegen die Gelegenheit haben, das Verhalten vom Tier zu trennen, können wir dem Verhalten ins Auge sehen und unserem Nervensystem erlauben, in einem herunterregulierten Zustand zu bleiben, was uns dann ermöglicht, der Situation mit klarerem Kopf zu begegnen.

Als ich mit der Stute in den Roundpen ging, hoffte ich, dass sich ein Missverständnis zeigen und wir einen Weg finden würden, den Prozess einzuleiten, der ihr dabei helfen könnte, sich im Umgang mit Menschen ein wenig besser zu fühlen. Leider sollte das nicht so sein.

Dies war das erste Mal in all den Jahren als Pferdetrainer, dass ich nicht das Gefühl hatte, mit einem Pferd zu arbeiten, als ich mich mit dieser Stute befasste. Was ich damit meine: Wann immer wir uns mit Pferden beschäftigen, egal wie gut oder sogar wie »schlecht« sie sind, wissen wir immer, dass wir es mit einem Pferd zu tun haben. Als Beutetiere werden sie fast immer in bestimmten Situationen auf eine gewisse Weise handeln. Kurz gesagt: Selbst wenn sie von der Abwehrhaltung in etwas gedrängt wurden, das wir als Aggression empfinden, entscheiden sie sich fast immer dafür, dem Druck zu entkommen, wenn genügend davon ausgeübt wird, insbesondere wenn es einen Ausweg gibt.

Bei dieser Stute spürte ich nichts davon. Ich verbrachte an diesem Tag ungefähr fünfundvierzig Minuten mit ihr im Roundpen und die ganze Zeit, die wir zusammen waren, hatte ich das Gefühl, es mit einem Raubtier zu tun zu haben. In den Kampfkünsten trainieren wir ausgiebig, Fähigkeiten zu entwickeln, die es uns ermöglichen, bei einem Partner Lücken zu schaffen oder zu finden, damit wir Techniken anwenden können. Wir machen das auch ausgiebig, um zu bemerken, dass ein Partner in uns nach Lücken sucht, damit er Techniken zum Einsatz bringen kann.

Mit dieser Stute fühlte es sich die ganze Zeit so an, als würde sie auf eine Lücke lauern und darauf warten, dass meine Wachsamkeit nachließ, damit sie mich angreifen konnte. Mit der Zeit ging es mir immer weniger darum, darauf hinzuarbeiten, dem Pferd zu helfen, sondern vor allem darum sicherzustellen, dass ich ihr keine Gelegenheit gab, etwas zu tun, was ich bereuen würde.

Es war eine Pattsituation, bei der ich nach einer Weile keinen Sinn mehr darin sah weiterzumachen, also verließ ich den Roundpen. Crissi erzählte mir später, dass dies das einzige Mal war, dass sie sich jemals Sorgen gemacht hatte, als sie mir bei der Arbeit mit einem Pferd zusah.

»Es sah aus, als ob du mit einem Hai in diesem Roundpen wärst«, sagte sie.

Als ich den Stall verließ, fragte ein Zuschauer, was für ein Pferd wie dieses die beste Vorgehensweise sei.

»Persönlich«, sagte ich nach einigem Zögern, »würde ich sie wahrscheinlich einschläfern lassen.«

Ein deutliches Raunen ging durch die Menge. Ich erklärte weiter, dass wir uns das Verhalten von Pferden als Parameter vorstellen können. Diese sind sehr umfangreich und umfassen alles, was man sich vorstellen kann, das mit dem Verhalten von Pferden in den unterschiedlichsten Situationen zusammenhängt. Ich fügte dann hinzu, es schien klar zu sein, dass das, was wir von dieser Stute sahen, nicht annähernd innerhalb dieser Parameter lag. Sie hatte bereits mehrere Menschen durch unprovozierte Angriffe verletzt, und wenn sich die Gelegenheit dazu bot, würde sie wahrscheinlich noch weitere verletzen.

Ich wies auch auf die rechtliche Haftung hin, die sich aus dem Besitz, Verkauf oder sogar der Verschenkung eines Pferdes wie der Stute ergibt. Wenn jemand – ein Hufschmied, ein Tierarzt oder einfach nur eine vorbeikommende Person – durch sie ernsthaft verletzt würde, könnten sich ihre Besitzer allein aufgrund ihrer bekannten Vorgeschichte leicht eine Klage einhandeln.

»Eigentlich hatte ich vor, sie einschläfern zu lassen«, fügte Cathy hinzu. »Aber ich wollte sie hierherbringen, um zu sehen, ob mir etwas entgangen ist.«

Ungefähr zu diesem Zeitpunkt begannen mehrere Zuschauer zu protestieren. »Sicher kann man etwas tun«, sagte jemand.

»Sie ist so hübsch, ich wette mit genügend Zeit …«, sagte ein anderer. »Eine Schande, sie einfach aufzugeben.«

»Hast du versucht…?«

Ungefähr hier unterbrach ich.

»Ich kann nicht für Cathy sprechen«, sagte ich. »Aber meine Vermutung ist, dass wenn irgendjemand diese Stute mitnehmen möchte, würde sie sie wahrscheinlich einfach weggeben.« Plötzlich wurde es ganz still. Nach einigen Sekunden … »Ich habe bei mir zu Hause keinen Platz«, ertönte eine zurückhaltende Stimme. »Ich könnte es mir nicht leisten, sie zu behalten«, kam eine andere zu Wort.

»Mein Mann lässt nur Wallache zu«, sagte noch jemand anderes.

»Mit dem Preis für Heu und allem …«

»Seht ihr, das ist das Problem«, bemerkte ich. »Jeder möchte so ein Pferd retten, aber niemand will es in seinem Hinterhof haben – ich davon abgesehen auch nicht. Und das ist in Ordnung. Vielleicht können wir die Entscheidung darüber, was wir mit ihr machen, respektvoll der Person überlassen, in deren Hinterhof sie lebt.«

~

Von den Hunderten von Pferden, denen wir im Laufe der Jahre begegnet und deren Merkmale und Verhaltensweisen mit Inzucht vereinbar sind, konnten wir wahrscheinlich etwa zwei Drittel durch Dokumentation bestätigen. Der Rest, wie auch Cathys Pferd, mag alle Anzeichen gehabt haben, aber mangels Dokumentation der Abstammung konnten wir das nie mit Sicherheit sagen. Diese Pferde haben mich immer verwundert.

Vor einiger Zeit hatte ich dann ein Gespräch mit einer Freundin im Südwesten, die seit etwa acht Jahren keine großen Fortschritte bei der Ausbildung ihres nicht registrierten Pferdes machte. Ich fragte sie nach seiner Fähigkeit, Informationen zu behalten, mit der er wirklich zu kämpfen hatte, und sie sagte, dass er auch Gleichgewichtsprobleme habe und beim Galoppieren scheinbar in Panik geriete, egal ob beim Reiten oder auf der Weide (falls er überhaupt galoppierte). Außerdem war er ungewöhnlich schreckhaft, selbst in vertrauten Situationen und Umgebungen.

Sie erwähnte auch, dass es ihrem Pferd gut gehen würde, wenn es mit einer Gruppe ihresgleichen zusammen wäre, mit denen es sich wohlfühlte. Wenn man dasselbe zur Arbeit aus der Gruppe nahm, blieb es etwa eine halbe Stunde lang ruhig und verfiel dann wieder in seine »normalen« Verhaltensmuster.

Auf jeden Fall brachte dieses Gespräch mich schließlich dazu herauszufinden, ob es wissenschaftliche Beweise gibt, die nahelegen könnten, diese Merkmale speziell mit Inzucht in Verbindung zu bringen, auch wenn es möglicherweise keine Abstammungsdokumentation gibt, die dies untermauert. Ich beschloss, mich bei Dr. Steve Peters zu erkundigen, ob er vielleicht einen Einblick haben würde. Es überrascht nicht, dass er tatsächlich einen solchen hatte. Der folgende Text ist Teil eines Gesprächs, das Dr. Peters und ich geführt haben und das mit seiner Erlaubnis abgedruckt wurde:

Als Antwort auf Ihre Frage habe ich einige kleine Studien gefunden, die genau das unterstützen, was Sie in Bezug auf das Lernen beschreiben. Wir können dies wissenschaftlich untermauern, indem wir isolieren und statistisch messen, wie signifikant die Variable und der Grad der Inzucht in Bezug auf das Lernpotenzial bei Pferden ist. Kein Wunder, dass mehr Inzucht gleich verringertes Lernpotenzial bedeutet.

Hier ist die Schlussfolgerung einer gut durchgeführten Studie:

»Die Ergebnisse dieser Studie zeigten, dass es einen signifikanten

Unterschied im Lernprofil der drei untersuchten Pferderassen gibt. Beim Vergleich einer domestizierten Pferdeart mit einer Wildpferdart war ein Unterschied in der Lerngeschwindigkeit erkennbar. Die Domestizierung als solche erklärte diese Unterschiede jedoch nicht. Entweder hatte das Domestizierungsereignis als solches keinen Einfluss auf die kognitiven Fähigkeiten des Pferdes, oder die speziellen Przewalski-Pferde, die in dieser Studie verwendet wurden, waren irgendwann in der Vergangenheit in größerem Ausmaß behandelt worden, als dem aktuellen Besitzer bekannt war. Die einzige in die Studie einbezogene Rassengruppe mit einem niedrigen Inzuchtkoeffizienten war die Paso-Fino-Gruppe. Diese Gruppe zeigte eine deutlich höhere Lerngeschwindigkeit als die anderen beiden Gruppen. Schon zu Beginn der Prüfungen zeigten die Pferde der Paso-Gruppe einen klaren Fokus auf die Aufgabe und verstanden schnell, was von ihnen verlangt wurde, um die Futterbelohnung zu erhalten.

Mit anderen Worten: Kognitiv ist heterogene Genetik (aus verschiedenen Familien) besser als mit homogener Genetik (Inzucht).

Ich habe auch Hinweise auf Veränderungen und Atrophie des Kleinhirns als vererbte Genmutation bei Inzuchtpferden gefunden, die sich in Koordinations-, Gang- und Gleichgewichtsdefiziten, Unsicherheit und Taumeln zeigen können, bei denen das Pferd kein Vertrauen in seine Fähigkeit hat, seine Füße korrekt zu setzen.

Dies sind Fragen, die nicht immer gestellt werden, da wir uns entweder des Problems nicht bewusst sind (Unwissenheit) oder die Antwort nicht wirklich wissen wollen.

Ich habe mich sehr intensiv mit der Epigenetik befasst, wobei Umweltfaktoren wie gute Pflege und Training bestimmen können, welche Gene ein- und ausgeschaltet werden, und bis zu einem gewissen Grad den Grad einer negativen genetischen Anfälligkeit verändern können.

Auch wenn die Informationen, die Dr. Peters zur Verfügung stellte, nicht absolut schlüssig waren, bot sein letzter Absatz über die

Epigenetik doch einige Einblicke in einen möglichen Grund, warum es bei Inzuchtpferden ein so breites Spektrum an Schweregraden (oder deren Fehlen) an Verhaltensweisen zu geben scheint. Es wäre sinnvoll, dass Pferde wie Banjo, ein solides, wenn auch manchmal etwas schrulliges Reitpferd, das Produkt eines guten Umgangs und Ausbildung sein könnten, während andere Inzuchtpferde, deren Umgang und Ausbildung vielleicht nicht so produktiv waren, scheinbar nicht einmal die einfachsten Informationen behalten können. Die Information half auch zu erklären, warum ein Inzuchtpferd sicher genug für Kinder zum Reiten sein kann, während andere so unberechenbar sind, dass man nicht einmal mit ihnen im selben Paddock sein möchte und warum einige ihr ganzes Leben lang stabil bleiben, während das Verhalten anderer sich mit der Zeit verschlechtert.

Es gibt noch viel zu lernen über Pferde mit solchen Problemen, und selbst nach all den Jahren scheint es, als ob ich mit meinem Verständnis nur an der Oberfläche kratze. Dennoch ist es wichtig für uns zu akzeptieren, dass die Probleme eines Pferdes manchmal sehr wenig mit uns zu tun haben, wer wir als Pferdemenschen sind, oder mit dem Niveau unserer Fähigkeiten. Manchmal liegt es einfach daran, wer das Pferd ist oder wozu man es bestimmt.

Wie ich eingangs sagte, gab es eine Zeit, in der ich glaubte, alle geschädigten Pferde könnten rehabilitiert werden. Doch lehren uns die Wissenschaft und die Pferde selbst, dass dies nicht immer der Fall ist. Die gute Nachricht ist: Wenn wir den Unterschied kennen, haben wir letztendlich die Möglichkeit, sie mit tieferem Verständnis, größerem Bewusstsein und mehr Mitgefühl anzugehen. Dabei mache ich mir alles Wissen zunutze, das ich bekommen kann.

KAPITEL 3

Innere Elemente des Horsemanship

Beobachten und Lernen

Man sieht sehr viel, wenn man einfach nur beobachtet.

YOGI BERRA

Kurz bevor wir von dem kleinen Haus in der Nähe von Walters Ranch in das neue Haus in der nächsten Stadt zogen, holte Walter einen älteren dunkelroten Wallach von einer Familie ab, die es sich nicht mehr leisten konnte, ihn zu behalten. Im Gegensatz zu vielen anderen Pferden, die er bei sich aufnahm, schien dieses hier ein ziemlich zuverlässiger Typ zu sein. Er war leicht zu fangen, pflegen, satteln und zu reiten und wechselte von einer Gangart zur nächsten, wenn der Reiter nur darüber nachdachte.

Das einzige Problem bestand darin, wenn man es überhaupt so nennen wollte, dass er an Dingen kaute – Halfterseile, Zügel und Jacken, wenn eine zur Hand war. Er tat dies nicht die ganze Zeit, aber meist direkt nachdem er aus dem Stall geholt oder wenn er vom Stall oder seinen Weidekameraden weggeritten wurde oder er nicht wusste, was man von ihm verlangte.

Walter gab ihn mir, um mit ihm zu arbeiten – wahrscheinlich, weil er bei weitem das einfachste Pferd von allen zu sein schien und wahrscheinlich auch, weil er, wenn er das Pferd irgendwann weiterverkaufen wollte, den potenziellen Käufern als Verkaufsargument sagen konnte, dass ein zwölfjähriger Junge auf ihm geritten war.

Vor allem am Anfang hatte ich das Kauverhalten größtenteils ignoriert. Aber im Laufe der Zeit nervte es mich. Die Seile, an denen er kaute, begannen dort auszufransen, wo er daran genagt hatte, und sie wurden durch die Grasreste in seinem Maul grün. Das Gleiche passierte mit den Lederzügeln, die er zu fassen bekam und mit allem anderen, was er in sein Maul steckte.

Es dauerte nicht lange, bis ich versuchte, Wege zu finden, ihn vom Kauen abzuhalten, sobald er etwas ergriffen hatte oder ihn davon abzuhalten, Dinge überhaupt ins Maul zu nehmen. Nichts, was ich tat, half. Ich fragte sogar Walter, wie man ihn am besten dazu bringen könnte, damit aufzuhören.

»Warum lässt du ihn nicht einfach kauen«, war seine Antwort.

»Er ruiniert Seile«, protestierte ich.

»Wir haben viele Seile.«

»Er hat die Zügel ganz zerkaut.«

»Wir haben auch viele Zügel zur Verfügung.«

»Aber …«

»Lass ihn kauen. Er wird es ziemlich schnell ausspucken und das war's dann«, sagte er, während er grauen Zigarettenqualm ausatmete. »Je mehr du ihn aufhältst, desto mehr wird er es tun wollen.«

Natürlich hatte er recht. Widerwillig befolgte ich seinen Rat, und tatsächlich nahm der Wallach ein Seil oder einen Zügel, kaute eine Weile daran herum und ließ es dann fallen, um anschließend meistens so auszusehen, als ob er schliefe. Ein paar Wochen später zogen wir weg, und ich sollte nie erfahren, was aus dem großen Pferd geworden ist.

Leute, die schon einmal Zeit mit jungen Pferden verbracht haben, wissen, dass die meisten Pferde bis zu einem gewissen Grad »maulig« sind. Es scheint, als würden sie wie ein Baby alles in den Mund nehmen wollen, und das geht oft so weiter, bis zu einem Alter von drei und manchmal auch vier Jahren. Die gute Nachricht ist, dass die Mehrheit der Pferde aus diesem Verhalten herauswächst und es danach kein großes Problem mehr darstellt.

Es gibt jedoch auch solche, die scheinbar nie aus diesem Verhalten herauswachsen. Wir haben im Laufe der Jahre einige ältere Pferde gesehen, ähnlich wie der Fuchswallach von Walter, die ihr ganzes Leben lang dieses Verhalten beibehielten. Tatsächlich besitzen wir derzeit einen 28-jährigen Wallach, der an Halfterstricken kaut, wenn er angebunden ist – ein Verhalten, das er schon an den Tag legte, als wir ihn vor 21 Jahren kauften.

Wie diese älteren Pferde dieses Verhalten zeigen, ist so unterschiedlich wie die Pferde selbst. Manche kauen jederzeit an allem herum, während andere, wie unser Wallach, das nur tun, wenn sie angebunden sind. Wieder andere machen dies nur, wenn sie geritten werden und manche kauen nur, wenn sie stillstehen. Manche tun es, egal ob sie stillstehen oder sich bewegen und wieder andere, wenn ihnen etwas Neues gezeigt wird oder sie unter emotionalem Stress stehen.

Einige Besitzer von Pferden mit diesem Problem führen das aus, was Walter mir vorgeschlagen hat. Sie lassen das Pferd auf dem Gegenstand kauen, bis es ihn ausspuckt und gehen dann einfach ihrer Arbeit nach. Einige davon ermutigen das Pferd, das Seil oder den

Zügel loszulassen, indem sie einfach einen Finger oder Daumen in den Maulwinkel des Pferdes schieben, während andere zu etwas härteren Methoden greifen, wie beispielsweise, indem sie das Seil oder den Zügel aus dem Maul des Pferdes reißen.

Eine Methode, die wir mit einigem Erfolg angewendet haben, damit ein Pferd das Kauen überdenkt, bestand darin, jedes Mal, wenn das Pferd einen Zügel oder ein Seil ins Maul nahm, eine Aufgabe damit zu verknüpfen. Sobald sich der Gegenstand im Maul des Pferdes befand, ließen wir es wenden oder dem Gegenstand folgen oder vielleicht sogar zurückweichen, bis das Pferd sich entschied loszulassen. Dies war bei einigen Pferden, aber nicht bei allen wirksam.

Ich muss zugeben, ich habe lange Zeit nicht groß darüber nachgedacht, *warum* ältere Pferde an Dingen kauen. Die Wahrheit ist, dass ich außer Walters Fuchs in meinen frühen Tagen nicht viel von diesem Verhalten gesehen habe. Erst nachdem ich begann, Pferde für die Öffentlichkeit zu trainieren, und insbesondere als ich anfing, Kurse zu geben, begann ich, mehr davon zu sehen. Selbst damals waren die meisten Leute mehr daran interessiert, das Verhalten zu unterbinden als herauszufinden, woher es kam, also konzentrierte ich mich hauptsächlich darauf.

Ich bin mir nicht sicher, ob es das Ergebnis einer Einsicht ist, die mit dem Älterwerden einhergeht, aber irgendwann wurde mir klar, dass der Versuch, solche Probleme zu beheben, ohne die Ursache zu verstehen, dem Versuch gleicht, Wasser in einem Eimer mit einem Loch im Boden aufzubewahren.

Irgendwann begann ich, diesen Pferden mehr Aufmerksamkeit zu schenken und herauszufinden, woher das Verhalten überhaupt kam, und herausfand, dass der einzige gemeinsame Nenner bei vielen von ihnen Stress war. Manchmal bestand die Ursache des Stresses offensichtlich darin, dass die Pferde beispielsweise nicht verstanden, was von ihnen verlangt wurde, man sie auf eine unglückselige Weise ritt, ihr Sattel nicht richtig passte oder dass sie unter körperlichen Problemen litten. In anderen Fällen war die Ursache des Stresses viel subtiler, wie beispielsweise geführt zu werden oder nur einfach angebunden zu stehen. In manchen Fällen wirkte das Pferd äußerlich überhaupt nicht gestresst, was den Eindruck erweckte, das Verhalten sei eher eine Gewohnheit als irgendetwas Stressinduziertes.

Wir bemerkten auch, dass Pferde, die den Kauvorgang abschließen durften, den Zügel oder das Seil fast immer innerhalb von ein oder zwei Minuten, nachdem sie es aufgenommen hatten, von selbst ausspuckten. Dann, fast unmittelbar danach, zeigten fast alle Pferde Anzeichen einer Entspannung aus emotionaler Anspannung wie Lecken, Kauen, Gähnen, Reiben des Gesichts an den Vorderbeinen und dergleichen.

Ich weiß es nicht genau, aber vermute, dass Walter diese Entspannung bei diesem Pferdetyp bemerkt hat, weshalb er mich ermutigte, den großen Fuchs nach Herzenslust kauen zu lassen.

»Lass ihn kauen«, hatte er gesagt. »Er wird es ziemlich schnell ausspucken und das war's dann.«

Vor einiger Zeit hörte ich Dr. Peters bei einem Vortrag zu, in dem es um *Stereotypien* bei Pferden ging. Stereotypien sind sich wiederholende Verhaltensweisen, wie beispielsweise Koppen oder Weben. Er erwähnte, dass eine solche durch Angst oder sogar durch eine Funktionsstörung des zentralen Nervensystems verursacht werden könnte, die manchmal dadurch auftritt, dass das Pferd in einer Umgebung mit hohem Stress lebt. Er erwähnte auch, dass Pferde, die diese Art von Stereotypien zeigen, nachweislich einen höheren *Cortisol*spiegel aufweisen – ein Stresshormon, das bei Pferden ohne diese Verhaltensweisen normalerweise niedriger ist.

Bald danach geschahen innerhalb weniger Wochen zwei Dinge, die meine Neugier auf all das wirklich weckten. Das Erste war eine E-Mail von einer Freundin in Kalifornien, die ich seit über zwanzig

Jahren kenne und mit der ich zusammengearbeitet habe. Darin stellte sie eine Frage zu ihrem Pferd, einem zwölfjährigen Wallach, den ich seit seinem zweiten Lebensjahr kenne. Gemeinsam bereiten sie sich nun auf die S-Dressur vor.

Schon von Kindheit an war der Wallach immer ein wenig mit dem Maul aktiv und neigte dazu, an Seilen und Ähnlichem herumzukauen. Seiner Besitzerin fiel auf, dass er zusätzlich zu seinem normalen Maulverhalten von Zeit zu Zeit (und mit zunehmender Arbeitsbelastung) auch die Zunge seitlich aus dem Mund herausstreckte, insbesondere nach links. Aber normalerweise verschwand das Problem, sobald er trainiert wurde. Sie erwähnte dies während der letzten vier Monate, und als sie verstärkt an allem arbeiteten, was man für die S-Dressur benötigte, tauchte das Problem erneut auf. Sie probierte mehrere verschiedene Gebisse aus, alle mit Mundstücken, die sehr sanft waren und die größtmögliche Zungenfreiheit boten, aber keines davon half.

Meine Freundin hatte Probleme mit der Sattelpassform, den Hufen und Zahnprobleme ausgeschlossen, und der Wallach wurde so sanft und korrekt wie möglich geritten. Als gewissenhafte und erfahrene Reiterin glaubte sie, dass das Problem darauf zurückzuführen sei, dass sich der Wallach gestresst fühlte, obwohl sie alles tat, um den Stresspegel so niedrig wie möglich zu halten. Sie ging sogar so weit, einen Tierkommunikator zu kontaktieren, der bestätigte, dass die Sache mit der Zunge stressbedingt sei. Zu diesem Zeitpunkt war ihre Sorge, dass sich das Problem nach vier Monaten möglicherweise auch in eine Gewohnheit verwandeln könnte und wollte meine Überlegungen zu dieser Situation erfahren.

Als ich ihre E-Mail las, wanderten meine Gedanken immer wieder zu Dr. Peters' Vortrag und den Informationen, die er über Stereotypien bei Pferden und stressbedingte repetitive Verhaltensweisen zu berichten hatte. Ich begann mich zu fragen, ob die Art des Zungenverhaltens und das allgemeine Maulverhalten, das das Pferd meiner Freundin zeigte, irgendwie mit dramatischeren Stereotypien zusammenhingen, wie beispielsweise Koppen oder Weben.

Ein paar Wochen später führten wir einen Kurs im Mittleren Westen durch. Eine unserer Ausbilderschülerinnen, Kayla, war vor Ort und fragte, ob wir einen Blick auf ihren Wallach Levi werfen könnten, der mit einem schwer zu bestimmenden Lahmheitsproblem kämpfte. Ich kannte den dreizehnjährigen Levi seitdem er drei Jahre alt war und Kayla ihn angeritten hatte. Er war auch eines dieser Pferde, die immer sehr aktiv mit ihrem Maul blieben, obwohl ich zu Kayla, als er jünger war, sagte, dass er es wahrscheinlich überwinden würde.

Levi war entspannt und ruhig, als Kayla ihn in die Reitbahn brachte und blieb so, während Kayla, Crissi und ich dastanden und über die Lahmheit diskutierten, die sie gesehen hatte. Nach einer Weile bat Kayla ihn, im Kreis zu traben, damit wir ihm beim Laufen zusehen konnten. Die Lahmheit zeigte sich fast sofort und als es soweit war, begann Levi, die Ohren anzulegen und den Kopf zu schütteln.

Nach ein paar Runden hatten wir alles erkannt, was wir sehen mussten, und Kayla forderte ihn auf anzuhalten. Kaum hatte er angehalten, biss er in das Seil, an dem er befestigt war, und begann darauf herumzukauen. Kayla erwähnte, dass sie es schon vor langer Zeit aufgegeben hatte, ihn vom Kauen abzuhalten, und dass sie ihn jetzt größtenteils einfach machen ließ.

»Er spuckt es sowieso immer aus«, sagte sie.

Tatsächlich tat Levi nach etwa einer Minute genau das und begann dann sofort zu gähnen. Das war jedoch auch kein kleines unentschlossenes Gähnen. Das war ein Gähnen mit Kopf verdrehen, Maul weit öffnen und Augen rollen, sodass wir fast hören konnten, wie sich die Muskeln seines Kiefers streckten. Auf dieses Gähnen folgten mehrere kleinere Gähnbewegungen, woraufhin er sein Gesicht an seinem Vorderbein rieb, anschließend leckte und kaute, sich umschaute, seinen Bauch mit den Zähnen kratzte und schließlich so aussah, als würde er einschlafen.

Es schien, als hätten wir gerade ein Pferd gesehen, das körperlich und emotional gestresst war (indem es aufgefordert wurde, sich auf schmerzenden Gliedmaßen zu bewegen), und dann das Kauen am Seil nutzte, um diesen Stress abzubauen.

Da dies unmittelbar nach der E-Mail meiner Freundin aus Kalifornien geschah und meine eigene Neugier auf Pferde mit diesen Verhaltensweisen nun schon jahrelang auf Hochtouren lief, wandte ich mich erneut an Dr. Steve Peters. Meine Hauptfrage an ihn dieses Mal war, ob er darüber nachgedacht hat, ob das, was wir sahen, tatsächlich durch Stress verursacht wurde, und falls ja, es sich bei diesem Verhalten möglicherweise um eine niedrigschwellige Form des Koppens handeln könnte. Er antwortete freundlich:

Die Forschung betrachtet diese Verhaltensweisen als stressreduzierende Bewältigungsmechanismen, die nicht zwangsläufig bis hin zu einer Sucht wie Koppen führen. Beide beginnen jedoch als Reaktion auf einen erhöhten Cortisolspiegel.

Auch die Tatsache, dass man hinterher häufig Kopfschütteln, Gähnen und Lecken und Kauen sieht, deutet darauf hin, dass es funktioniert, und Forscher stellen danach tatsächlich eine Verringerung des Cortisolspiegels fest.

Dieses Verhalten ist wahrscheinlich sehr beruhigend für das Pferd, da es seinen eigenen Stress selbst regulieren kann. Andere Verhaltensweisen in der Literatur mit einigen ähnlichen Auslösern sind das Reiben des Gesichts an den Vorderbeinen oder das eigenmächtige Putzen durch Drehen des Kopfes und Knabbern an der Seite oder am Hinterbein.

Da es wirkt und diesen Pferden Erleichterung verschafft, versetzt die chemische Veränderung, die es hervorruft, unser Pferd in einen besseren Zustand (Stress wird reduziert). Ich denke, wenn jemand ständig versuchen würde, ein Pferd zu korrigieren oder ihm das zu nehmen, würde er nur den Cortisolspiegel erhöhen.

Komischerweise sehen wir das, was wir bei einem Pferd vielleicht als schlechtes Verhalten bezeichnen (eigentlich ist es ein guter Bewältigungsmechanismus, weil es funktioniert), nicht in uns selbst (z. B. wenn wir unsere verschwitzten Handflächen an unserer Hose reiben oder uns mit den Fingern durch die Haare fahren, mit dem Kuli spielen, mit den Füßen klopfen, an den Fingernägeln kauen usw.), um unseren eigenen Stress zu lindern.

~

Über Generationen hinweg lernten achtsame Reiter und Reiterinnen, viele davon mit begrenzten Mitteln und wenig formaler Ausbildung, vom Pferd etwas über das Pferd. Sie schauten zu und beobachteten. Sie entdeckten Muster, von denen einige subtil waren, andere nicht, aber alle trugen letztendlich dazu bei, ihr Wissen zu vertiefen. Es war Wissen, dem man vertrauen konnte, weil es aus erster Hand kam.

Ich glaube, Walter war einer dieser Menschen. Als er damals vorschlug, ich solle den großen Fuchs an seinem Halfter oder an den Zügeln kauen lassen, wusste er von Natur aus, dass es dem Wallach helfen würde, sich besser zu fühlen. Dies beruhte zweifellos auf einer lebenslangen sorgfältigen Beobachtung – aus Zuschauen, Feststellen und Vergleichen. Dennoch habe ich damals nie viel darüber nachgedacht, wie er zu seinen Schlussfolgerungen über Pferde kam. Ich war ein Kind und die meisten Kinder akzeptieren einfach die Tatsache, dass Erwachsene eine Menge Dinge wissen, weil sie, nun ja, Erwachsene sind.

Es dauert jedoch nicht lange, bis selbst Kinder beginnen, die Informationen, die sie von Erwachsenen erhalten, infrage zu stellen. Sie werden über das, was ihnen erzählt wird, hinaus neugierig, und so beginnt die Suche nach mehr Informationen. Das ist bei mir passiert. Walter konnte eine praktikable Lösung für das Problem anbieten, aber mit der Zeit schien es nicht mehr auszureichen, einfach eine Lösung zu haben. Dann kam die Neugier ins Spiel.

Ich bin mir sicher, dass die gleiche Neugier, die es Walter ermöglichte, die Antwort darauf zu finden, wie man am besten mit Pferden umgeht, die sehr auf ihr Maul fixiert sind, auch mich dazu veranlasste zu fragen, was dieses Verhalten überhaupt verursacht. Es besteht auch die Möglichkeit, dass die Eigenschaften und Fähigkeiten, mit denen er seine Antwort gefunden hat, wahrscheinlich dieselben waren, mit denen ich dann meine Antwort fand. Ich denke, es sagt etwas aus, dass es auch in dieser Zeit, in der uns alle Informationen der Welt zur Verfügung stehen, immer noch Raum für Lernen durch einfaches Beobachten, Zuschauen, Bemerken und Vergleichen gibt.

Ich hatte neulich einen kurzen Moment, in dem ich mir wünschte, ich könnte Walter wiedersehen und die Informationen, die ich über diese Pferde gelernt habe, weitergeben. Ich stellte mir vor, wie ich ihm erzählte, wie die Forschung nun gezeigt hat, dass Pferde mit diesem besonderen Verhalten dies tun, um ihren Stress zu regulieren, und dass er recht hatte, als er ihnen dies erlaubte, um ihnen zu helfen, sich besser zu fühlen.

Dann tauchte plötzlich klar und deutlich ein Bild seiner Reaktion auf. Als ich mit dem Reden fertig war, holte er seine Zigaretten aus der Hemdtasche und tippte mit der Oberseite der Packung auf seinen wettergegerbten Handrücken. Mit einer Bewegung seines Handgelenks löste sich das Ende einer Zigarette aus der Packung. Er steckte es zwischen seine Lippen, zog es ganz heraus und zündete es dann mit seinem abgenutzten Zippo-Feuerzeug an. Als Rauch aus seiner Nase und seinem Mund quoll, nickte er langsam und bedächtig, wie er es immer tat.

»Ich verstehe«, sagte das Bild von ihm. »Nun, wir haben Pferde zu versorgen. Wir sollten uns besser an die Arbeit machen.«

Verbindung

Alle Dinge sind miteinander verbunden wie das Blut, das uns verbindet. Wir weben das Netz des Lebens nicht; wir sind lediglich ein Strang darin. Was auch immer wir dem Netz antun, tun wir uns selbst an.

HÄUPTLING SEATTLE

Ich habe versucht, mich an das erste Mal zu erinnern, als das Konzept der *Verbindung* in Bezug auf Pferde auf meinem Radar auftauchte. Nach längerem Nachdenken wurde mir schließlich klar, dass erst nachdem ich vor über dreißig Jahren begonnen hatte, Kurse zu geben, überhaupt gehört hatte, dass es jemand erwähnte.

Davor verbrachte ich fast ausschließlich Zeit mit Walter und seinen Pferden, von denen fast alle nur auf der Durchreise waren, oder ich arbeitete auf Ranches, wo die schiere Anzahl an Pferden kaum Zeit ließ, mehr als nur eine vorübergehende Beziehung zu den meisten aufzubauen. Die Idee, absichtlich eine *Verbindung* zu unseren Pferden herzustellen, kam mir nie in den Sinn. Wahrscheinlich, weil niemand in meiner Nähe das Wort jemals im Zusammenhang mit Pferden verwendete, oder zumindest niemand, an den ich mich erinnere.

Als ich älter wurde und mit der Rancharbeit begann, gab es immer bestimmte Pferde, die ich anderen vorzog, wenn eine Arbeit erledigt werden musste. Mein gutes Reitpferd Buck war eines von diesen Pferden. Dennoch habe ich überhaupt nicht viel darüber nachgedacht, mit diesen Pferden *in Verbindung* zu stehen. Ich glaube, damals sah ich das, was wir mit unseren Pferden hatten, eher als eine Arbeitsbeziehung oder, wenn man so will, als eine berufsbezogene Partnerschaft an.

Ich kann nicht mit Sicherheit sagen, ob jemand die Idee bei meinem allerersten Kurs erwähnt hat, aber wenn es nicht schon beim ersten war, dann dauerte es danach nicht lange. Und nicht nur das, ich muss auch sagen, dass mir in jedem Kurs von damals bis heute mindestens eine Person erzählt, dass der Aufbau einer Verbindung das Wichtigste ist, woran sie mit ihrem Pferd arbeiten möchte.

Anfangs verstand ich den Kontext nicht ganz, als mir Leute sagten, sie wollten eine Verbindung zu ihren Pferden herstellen. Mir wurde jedoch bald klar, dass die Idee der Verbindung für verschiedene Menschen unterschiedliche Bedeutungen hatte. Für einige bedeutete es eine körperliche Verbindung, andere wollten eine emotionale Verbindung, einige beides und wieder andere etwas ganz anderes.

Die einzige Konstante bei all dem waren die Leute, die nach Verbindung suchten. Ihre Pferde hatten jedoch fast immer ein unerwünschtes Trainingsproblem. Diese reichten vom Pferd, das sich nicht einfangen ließ, über chronisches Abgelenktsein bis hin zum Kleben am Kumpel oder am Stall, über Probleme mit Übergängen bis hin zu einer Reihe anderer Probleme. Meistens handelte es sich dabei um einfache Missverständnisse zwischen Pferd und Reiter, die, sobald sie geklärt waren, dazu führten, dass sich der Reiter stärker mit dem Pferd verbunden fühlte. Dies erschien sicherlich sinnvoll, da es schwierig ist, sich bei Pferden wohlzufühlen, die man nicht fangen kann oder die lieber mit ihren Kumpels im Stall zusammen sind als mit ihrem Reiter. Während es für einige von diesen offenbar ausreichte, Missverständnisse auszuräumen, ging für andere die Idee der Verbindung etwas tiefer.

Im Frühjahr 1998 leitete ich einen Kurs in Südkalifornien – einer der letzten Kurse, bei denen mich noch mein langjähriges Ranchpferd Buck begleitet hat. Für diejenigen, die es vielleicht nicht wissen: Buck wurde mir im Alter von sieben Jahren von einem Freund geschenkt. Er war Vorarbeiter in einem Viehbetrieb unweit der Stadt und hatte ihn und mehrere andere Pferde im Jahr zuvor von einem gemeinsamen Freund in Minnesota gekauft.

Damals war Buck noch roh und wurde deshalb auf einer 600 Hektar großen Weide auf der Ranch untergebracht, bis mein Freund es schaffte, ihn anzureiten. Anscheinend erwies sich Buck als etwas schwierig zu fangen und war deshalb auf der Prioritätenliste meines Freundes etwas nach hinten gerutscht. Nachdem er ein Jahr lang ohne jegliches Training auf der Weide gestanden hatte, sagte mir mein Freund, er wolle ihn von der Futterrechnung streichen, und wenn ich ihn fangen würde, könnte ich ihn haben.

Es stellte sich heraus, dass es länger dauerte, den großen Fuchs auf der Weide zu finden als ihn einzufangen, und mein Freund hielt sein Wort und überschrieb mir Bucks AQHA-Registrierungspapiere. Von diesem Tag an waren er und ich unzertrennlich. Er entwickelte sich schnell zum zuverlässigsten und vielseitigsten Pferd, das ich je hatte und tat zu jeder Tages- und Nachtzeit alles, was ich von ihm verlangte. Tatsächlich stammt die Trophy-Gürtelschnalle, die ich bis heute trage, vom einzigen formellen Wettbewerb, an dem Buck und ich je teilgenommen haben, einem Ranch-Pferde-Vielseitigkeitswettbewerb, bei dem wir am Ende den »Reserve High Point« gewannen. Auf der Schnalle ist sein Name eingraviert.

Auf jeden Fall war dieser Kurs im Jahr 1998 der erste, den ich hielt, nachdem ich ein paar Wochen zuvor an meiner rechten Schulter operiert worden war. Abgesehen von den Reha-Übungen, die man mir auftrug, sollte ich die Schulter sechs Wochen lang in einer Schlinge belassen und nicht bewegen. Leider gestaltete sich das aufgrund meines Reiseplans schwierig, und abgesehen von ein wenig Schmerz, der auftrat, wenn ich meinen Arm in die falsche Richtung bewegte, fühlte es sich eigentlich ganz okay an.

In diesem Kurs gab es eine Frau namens Audrey, die sagte, sie wolle eine bessere Verbindung zu ihrem Pferd aufbauen. Als ich sie am ersten Tag gebeten hatte zu erklären, was sie damit meinte, fiel es ihr schwer, das genau zu beschreiben. Sie sagte, sie würde darüber nachdenken und sehen, ob sie es in Worte fassen könne.

Das war damals, als ich viertägige Kurse gab, und am zweiten Tag war Buck direkt vor der Reitbahn an einer Anbindestange festgebunden, während ich das Lautsprechersystem aufbaute. Der Lautsprecher befand sich außer seiner Sichtweite unter einer erhöhten und überdachten Plattform, die an die kurze, nach Norden ausgerichtete Wand der Reitbahn und an die große Sattelkammer des Veranstaltungsortes im Süden angrenzte. Buck war an der Stange auf der Westseite der erhöhten Plattform festgebunden. Nachdem ich die Lautsprecheranlage eingerichtet und getestet hatte, um sicherzustellen, dass sie ordnungsgemäß funktionierte, holte ich ihn ab, damit wir den Tag beginnen konnten.

Eine Reihe von Zuschauern und die meisten Reiter, darunter auch Audrey, waren an diesem Morgen bereits da, und die meisten saßen im Schatten der Plattform. Als ich um die Ecke bog und in Bucks Blickfeld geriet, drehte er sich mit erhobenen Ohren um und wieherte.

»Hey, Kumpel«, sagte ich und band ihn los.

»Macht er das immer?« Die Stimme kam von der nahe gelegenen Plattform. Ich schaute auf und sah Audrey.

Ich streichelte Buck über die Stirn. »Manchmal.«

Später an diesem Tag halfen wir einem Reiter und seinem Pferd beim fliegenden Galoppwechsel. Es lief gut, auch wenn das Timing des Reiters von Zeit zu Zeit ein wenig daneben lag, was dazu führte, dass sein Pferd vorne, aber nicht hinten wechselte. Als die Reitstunde zu Ende war, machten die beiden in rund siebzig Prozent der Fälle saubere Wechsel, was ein schöner Fortschritt war, nachdem sie diese zu Beginn der Stunde überhaupt nicht hinbekommen konnten.

Während wir darauf warteten, dass das nächste Pferd hereinkam, fragte einer der Zuschauer, ob Buck und ich zeigen könnten, wie saubere Galoppwechsel aussehen. Es war eine berechtigte Bitte, die ich respektvoll ablehnte. Buck war damals einundzwanzig Jahre alt. Wir waren Zehntausende Kilometer zusammen geritten, um Vieh zu hüten, Pferde zusammenzutreiben, Ausritte zu leiten, Jungpferde als Handpferd zu führen, Kälber beim Branding zum Feuer zu schleppen und Such- und Rettungsaktionen im Hochland durchzuführen. Zuletzt war er mindestens eine halbe Million Meilen auf der Ladefläche meines Anhängers gereist, um mir bei Kursen im ganzen Land zu helfen. Einst das schnellste Pferd, auf dem ich je gesessen hatte, zeigte er jetzt Anzeichen einer Verlangsamung, einschließlich der allerersten Anzeichen einer zeitweise auftretenden, mysteriösen Lahmheit, die zahlreiche Tierärzte, Chiropraktiker und Körpertherapeuten offenbar nicht aufklären konnten.

»Er hat nur noch wenige Galoppwechsel zur Verfügung«, erklärte ich, während ich ihn an seinem Hals streichelte. »Ich hebe sie lieber auf, bis wir sie benötigen und verbrauche sie nicht für Demonstrationen.«

Die Leute schienen Verständnis dafür zu haben, und bald darauf gingen wir zum nächsten Pferd über, einem kürzlich kastrierten Zweijährigen, der Schwierigkeiten hatte, auf Druck zu weichen. Das Jungpferd zog lieber seine Besitzerin am Halfterstrick herum, anstatt nachzugeben, wenn er darum gebeten wurde.

Das Pferd hatte vor Kurzem einen Wachstumsschub durchgemacht, bei dem er nach Angaben seiner Besitzerin von unter 1,40 m Stockmaß und rund 250 kg Gewicht auf fast 1,50 m und 360 kg gewachsen war. Sie kam zu dem Schluss, dass wenn sie das Problem nicht bald in den Griff bekam, es vielleicht überhaupt nicht schaffen würde, es unter Kontrolle zu bekommen.

Buck und ich begannen langsam und baten den Wallach, uns

vielleicht ein oder zwei Schritte zu folgen und dann anzuhalten. Da es so aussah, als würde das gut gehen, vergrößerten wir den Abstand, womit er sich anscheinend auch wohlfühlte. Schließlich ritten wir ihn als Handpferd durch die Reitbahn. Von Zeit zu Zeit hing er am Halfterstrick oder zog nach vorne, um an uns vorbeizukommen, und wenn er das tat, legte ich Seilschlaufen um mein Sattelhorn und ließ ihn am Horn ziehen, nicht an mir, bis er eine Möglichkeit gefunden hatte, dem Druck nachzugeben und wieder in die Handpferde-Position zu kommen.

Er schien relativ schnell zu begreifen, dass seine Größe von 1,45 m und sein Gewicht von 360 kg zwar groß genug war, um eine kleine Frau hinter sich herzuziehen, aber nicht ganz ausreichte, um Buck mit seinen 1,55 m und 550 kg zu schleppen. Nach etwa dreißig Minuten schienen wir die Dinge im Griff zu haben. Er folgte gut, versuchte nicht mehr, das Seil durch Ziehen oder Sich-Hineinhängen auf Spannung zu bringen und schien das Gesamtkonzept ohne weitere Sorgen oder Probleme zu verstehen.

Sobald sich das Jungpferd mit der ganzen Sache gut fühlte und nachdem wir ihm während des Lernprozesses mehrere Pausen gegeben hatten, damit er ein wenig über alles nachdenken konnte, begannen wir mit ein paar kleinen Übungen, um ihm zu helfen, dem Gefühl des Seils zu folgen und sicherzustellen, dass er nicht nur Bucks Körperbewegungen folgte. Wir machten das, während Buck stillstand und ich das Jungpferd mit dem Seilhalfter um seinen Körper führte.

Das gelang ihm ziemlich gut, bis meine Lautsprecheranlage ein lautes Knallgeräusch von sich gab. Dies passierte von Zeit zu Zeit, wenn der Sender meines Mikrofons anfing, die Batterieleistung zu verlieren. Das Geräusch überraschte das Jungpferd, das scheute und vor Buck herumsprang.

Es war kein großer Schrecken und hätte zweifellos unter Kontrolle gebracht werden können, wenn es mir gelungen wäre, schnell das Seil an meinem Sattelhorn zu befestigen. Leider muss das Signal meines Gehirns an meinen Arm, das ihm sagt, dass er sich bewegen soll, durch die kürzliche Operation verlangsamt worden sein, und als Folge davon machte mein Arm einen Umweg zum Horn, der umständlicher war als normal. Diese unbeholfene Bewegung bescherte dem Jungpferd nur noch mehr Sorgen, was dazu führte, dass er den Kopf drehte und versuchte davonzulaufen. Glücklicherweise hatte ich immer noch eine beträchtliche Kraft in meiner Hand und konnte mein Ende des Seils festhalten, als sich das Jungpferd umdrehte. Weniger glücklich war, dass ich fast keine Kraft mehr in meiner Schulter hatte, und als der Arm sich bis zum Anschlag ausstreckte, explodierte der Schmerz durch ihn hindurch, und das Seil löste sich aus meiner Hand.

Dieser Schmerz ließ meinen Arm instinktiv an meinen Körper zurückschnellen, und als das geschah, übernahm Buck die Kontrolle. Er stürmte dem Jungpferd wie aus der Pistole geschossen hinterher. Das Halfterseil hinter sich herschleifend, rannte das Jungpferd im Zickzack zum Ziel am anderen Ende der Reitbahn, mit erhobenem Kopf und erst über die eine, dann über die andere Schulter zurückblickend. Jedes Mal, wenn sich sein Kopf nach links oder rechts bewegte, wechselte Buck mühelos in den entsprechenden Galopp und bereitete sich auf den Fall vor, dass das Jungpferd beschloss, in diese Richtung zu gehen.

Das Ganze war innerhalb von Sekunden vorbei. Als das Jungpferd am anderen Ende der Reitbahn angekommen war, drängte es sich in eine der Ecken und da Buck es ihm verwehrte weiterzulaufen, blieb es dort. Buck und ich näherten uns ihm, ich nahm sein Halfterseil, und wir machten mit unserer Aufgabe weiter, als sei nichts passiert.

Als der Tag vorbei war, kam Audrey zu mir, während ich Buck

absattelte. »Ich weiß, welche Art von Verbindung ich zu meinem Pferd suche«, sagte sie.

Ich legte seinen Sattel auf den Satttelhalter in meinem Anhänger. »Was für eine Art ist das?« »Die Art, die du mit Buck hast.«

Wie ich bereits sagte, hatte ich bis zu diesem Zeitpunkt nicht über Beziehungen zwischen Pferden und Menschen im Sinne einer Verbindung nachgedacht. Ich verstehe jetzt, dass es daran lag, dass mir die Idee in diesem Zusammenhang noch nie vorgestellt wurde. Das Lustige ist, dass die Idee sofort, als man mich darauf aufmerksam machte, vollkommen Sinn machte. Das war anders als damals, als Leute behaupteten, Pferde hätten die Fähigkeit, das Konzept von Respekt und Respektlosigkeit zu verstehen, was für mich nie einen Sinn ergab und das immer noch nicht tut.

Mir wurde erst klar, dass der immaterielle Aspekt dessen, was Buck und ich hatten, als eine Art transzendentale *Verbindung* (in Ermangelung eines besseren Wortes) betrachtet werden könnte, als Audrey es erwähnte.

~

Es wäre eine Untertreibung zu sagen, dass sich in meinen Gedanken über die Verbindung zwischen Pferden und Menschen seit jenen frühen Tagen viel veränderte. Ich habe mich von praktisch keinem Bewusstsein für das Konzept zu einem, wie ich glaube, wesentlich tieferen Verständnis entwickelt.

Diese Veränderung begann damit, dass ich versuchte, Reitern zu helfen, eine Verbindung zu ihren Pferden aufzubauen, indem ich Missverständnisse ausräumte. Man könnte sagen, dass es sich um einen ausbildungsbasierten Ansatz handelte, der sich ausschließlich auf den Versuch konzentrierte, eine Verbindung aufzubauen, indem man dem Pferd beibrachte, wie es seine Arbeit richtig erledigt. Es stand außer Frage, dass sich das Verhältnis zwischen Pferd und Reiter im Normalfall dadurch bessern würde, aber irgendetwas daran kam mir immer etwas mechanisch vor.

Ich blieb eine ganze Weile bei diesem Ansatz, jedoch mit wechselndem Erfolg, bis eine Reihe von Ereignissen eintraten, die mich dazu zwangen, mein Leben im Allgemeinen und mein Verständnis von Verbindung im Besonderen neu zu bewerten.

Ohne zu sehr ins Detail zu gehen, möchte ich sagen, dass diese Neubewertung am Neujahrstag 2001 mit dem unerwarteten Tod von Buck begann und sechs Jahre später ihren Höhepunkt erreichte, als ich versuchte, mit meiner bevorstehenden Scheidung klarzukommen. Dazwischen verlor ich meinen Vater, mein Pferd Mouse und drei gute Arbeitshunde, musste mich mit einer Rezession auseinandersetzen, die mich beinahe vom Markt verdrängt hätte, mit einer Ehe, die auseinanderbrach, und wurde langsam von den Auswirkungen eines schweren Kindheitstraumas überrollt, das ich jahrzehntelang erfolglos versuchte, emotional beiseitezuschieben.

Es gab darin Zeiten, in denen ich das Gefühl hatte, von einem langsam fahrenden Zug mitgerissen zu werden, der auf eine Klippe zusteuerte. Das Besorgniserregende daran war, dass ich den Zug nicht anhalten und mich nicht aus ihm befreien konnte.

Ich tat mein Möglichstes, um zu verhindern, dass die Ereignisse in meinem Privatleben mein Berufsleben beeinträchtigten, und eine Zeit lang hatte ich damit Erfolg. Aber der Zug fuhr weiter und zog mich mit sich und schließlich begann meine Arbeit mit Pferden darunter zu leiden. Ich kann mich an mindestens zwei Fälle (vielleicht auch mehr) aus dieser Zeit erinnern, bei denen meine Entscheidungsfindung nicht so gut war, wie sie hätte sein können oder sollen, und die Pferde dafür am Ende den Preis zahlten.

Die Dinge spitzten sich schließlich zu, als metaphorisch gesprochen der Zug begann, von der Klippe zu stürzen. Etwa eine Woche, bevor ich in den Bundesstaat Washington reisen sollte, um eine Reihe von Kursen abzuhalten, spürte ich, wie sich die Dinge auflösten. Vor dieser Reise hatte ich einige Zeit lang mit jemandem Gespräche über mein Kindheitstrauma geführt. Mir wurde gesagt, dass irgendwann alles, was mir passiert ist und meine unbewusste Weigerung, mich damit zu beschäftigen, ans Licht kommen und das Leben dann chaotisch werden würde.

Der Therapeut hatte recht. Als ich begann, mich auf die Reise vorzubereiten, spürte ich, wie ich innerlich auseinanderfiel, sodass ich darüber nachdachte, die Kurse abzusagen. Dann, in letzter Minute, änderte ich meine Meinung und glaubte, ich könnte mir meinen Weg »erkämpfen«.

Bis heute ist das Erlebnis für mich surreal. Ich erinnere mich, wie ich den Morgen des ersten Tages vom ersten Kurs überstanden habe. Das bedeutet nur, dass ich weiß, dass ich mit Reitern und Pferden trainierte, aber ich kann mich nicht erinnern, wer die Reiter waren, mit welchen Pferden wir beziehungsweise woran wir gearbeitet haben.

Nach Ende der Vormittagsreitstunden während unserer Mittagspause passierte etwas. Ich erinnere mich nicht genau, was es war. Vielleicht hat jemand etwas getan oder etwas gesagt, oder vielleicht habe ich etwas gesehen … das ist schwer zu sagen. Was auch immer da geschah, für mich bedeutete es offenbar den letzten emotionalen Tropfen, denn ich erinnere mich an nichts mehr von dem Nachmittag – an rein gar nichts. Während ich dies schreibe und versuche, eine Art Erinnerung daran zu wecken, fällt mir tatsächlich nur die Farbe Weiß ein, als würde ich auf ein leeres Blatt Papier starren.

Alles andere über diesen Nachmittag hinaus ist bestenfalls lückenhaft und meine Erinnerungen an die nächsten Tage überhaupt nicht klar. Es erscheint so, als würde man ein Gemälde betrachten, bei dem der Künstler nur breite Pinselstriche verwendet hat, ohne irgendwelche Details auszufüllen. Ich hatte alle Kurse auf dieser Reise abgesagt haben und habe den Kurs, den ich hielt, offenbar am nächsten Tag verlassen. Das Nächste, woran ich mich noch deutlich erinnern kann, ist der Aufenthalt in der Wüste in Utah – alles andere ist aber für diesen Zeitraum von drei oder vier Tagen größtenteils verschwommen.

Dieser Vorfall, so unangenehm er auch war, markierte einen Wendepunkt in meiner Genesung, und von da an schien das Schlimmste überstanden zu sein. Ich hatte noch einiges zu tun, aber von diesem Zeitpunkt an befand ich mich definitiv auf dem Weg der Besserung. Ich fühlte mich nicht nur emotional viel besser, sondern entwickelte auch eine Klarheit in meiner Arbeit mit Pferden und Menschen, von der ich nicht sicher war, ob sie vorher schon existierte. Eines der Elemente meiner Arbeit, die von dieser Veränderung profitierten, stellte meine Wertschätzung für die Idee einer Verbindung dar.

Ich denke, dass ich davor geglaubt habe, dass die Verbindung zu Pferden etwas sei, was durch Training erreicht werden könne. Nach dieser Erfahrung wurde mir klar, dass Training sicherlich eine Rolle spielt, wahre Verbindung aber viel tiefer geht. Konkret: Bevor wir damit rechnen können, eine Verbindung zu unserem Pferd aufzubauen, sollten wir uns zumindest die Mühe machen, eine Verbindung zu uns selbst herzustellen.

Sich mit sich selbst zu verbinden mag für verschiedene Menschen unterschiedliche Bedeutungen haben, aber ich glaube, ein großer Teil der Verbindung zu sich selbst läuft darauf hinaus, zentriert und geerdet zu sein. Ich sage das als jemand, der weiß, wie es sich anfühlt, auf beiden Seiten dieses Zauns zu stehen, zentriert und geerdet … oder auch nicht.

Es gibt viele Wege, einen ausgeglichenen und zentrierten Zustand zu erreichen, und ich bin da sicherlich kein Experte auf diesem Gebiet. Ich möchte jedoch vor diesem Hintergrund einige Beispiele für Dinge nennen, die dazu beitragen können, die Fähigkeit zu verbessern, zentriert, ausgeglichen und verbunden zu sein.

Das Erste, was ich in diesem Zusammenhang erwähnen möchte, ist die Entwicklung der Fähigkeit, Dinge und Situationen so zu sehen, wie sie sind. Wir haben oft das Bedürfnis, uns Geschichten über das, was wir erleben auszudenken, meist zu unserem emotionalen Nachteil. Dies gilt insbesondere dann, wenn die Geschichte, die wir uns selbst erzählen, absolut nichts mit dem zu tun hat, was tatsächlich vor sich geht und wir daher zu unrealistischen und manchmal problematischen Schlussfolgerungen gelangen.

Ich habe in vorherigen Kapiteln einige Beispiele dafür angeführt, wie wir Geschichten über Situationen erfinden, denen wir begegnen und nicht zuletzt davon, dass wir glauben, dass Pferde die Fähigkeit haben, abstrakte Konzepte zu verstehen. Etwas so Einfaches wie der Glaube, dass unser Pferd »absichtlich schlecht ist« (obwohl das Pferd keine Vorstellung von Gut oder Böse hat), lässt uns leicht davon abhalten, emotional und körperlich zentriert zu sein, was wiederum unsere Fähigkeit beeinträchtigen kann, eine Verbindung zu uns selbst herzustellen.

Eine zweite Sache, die uns Probleme bereiten kann, ergibt sich aus der Unfähigkeit, uns über den ganzen Tag hinweg emotional zu regulieren. Für manche Menschen ist jede Situation, die sie erleben, gleich wichtig, häufig wird sie wichtiger genommen, als es die Situation verdient. Es gibt zum Beispiel Leute, für die das Verschütten von Milch auf der Küchentheke genauso schlimm sein kann wie eine Panne auf der Autobahn. Dies trägt wenig zum inneren Gleichgewicht bei und beeinträchtigt wiederum die Verbindung zu sich selbst. Die Entwicklung der Fähigkeit zu erkennen, wann wir einer Sache oder Situation eine unangemessene Bedeutung beimessen, kann uns dabei helfen, uns neu zu zentrieren und unser überaus wichtiges inneres Gleichgewicht wiederherzustellen.

Eine weitere Sache, die der Konzentration im Wege steht, ist, wenn Reiter sich so auf etwas Unerwünschtes konzentrieren, was ihre

Pferde tun oder »denken« oder darauf, wohin ihre Pferde schauen, dass sie am Ende genau das Verhalten, das sie nicht wünschen, noch unterstützen. Dies erzeugt eine negative Rückkopplungsschleife zwischen dem Pferde-Reiter-Paar, aus der man nur sehr schwer ausbrechen kann.

Doch selbst dies kann dadurch überwunden werden, dass Reiter einfach das loslassen, was sie *nicht* von ihren Pferd haben möchten, und sich auf das konzentrieren, *was sie haben möchten* und ihren Pferden dann eine Richtung zu diesem Ziel anbieten. Das ermöglicht es den Reiternwiederum, wieder in ihren Körper zu finden, sich zu zentrieren und letztendlich eine innere Verbindung herzustellen.

Das sind nur einige der häufigsten Beispiele für Dinge, auf die wir uns bei Reitern konzentriert haben, um ihre Fähigkeit zu verbessern und um zentriert, ausgeglichen und verbunden zu sein. Auf meiner eigenen Suche nach einem besseren Verständnis der Zusammenhänge zwischen Pferden und Reitern entdeckte ich jedoch bald einen weiteren Aspekt dieser Gleichung.

Lassen Sie uns einen Moment darüber nachdenken, wie diese Art und Weise der Verbindung zu Pferden, über die wir hier sprechen, am Beispiel der Elektrizität aussehen würde. Wenn ich möchte, dass die Glühbirne in meiner Lampe aufleuchtet, muss ich die Lampe zunächst an eine Steckdose anschließen. Sobald sie an die Steckdose angeschlossen ist, kann sie auf elektrischen Strom zugreifen, und die Glühbirne leuchtet auf. Der elektrische Strom, der zur Glühbirne fließt, tut das jedoch nicht *nur* zur Glühbirne. Vielmehr wechselt der Strom auch periodisch die Richtung weg von der Glühbirne, was dann einen geschlossenen Stromkreis bis zurück zur Quelle ermöglicht.

Ich erwähne das, weil viele Reiter, die eine Verbindung zu ihrem Pferd aufbauen möchten, am Ende oft etwas erleben, was ein wenig einseitig ist. Damit meine ich, dass Reiter ihre Absicht an das Pferd senden, wie Elektrizität an die Lampe, aber sie sind so auf das Senden konzentriert, dass sie nicht viel darüber nachdenken, ob das Pferd antwortet. Da sie nicht warten oder gar darauf achten, dass der »Strom« des Pferdes zu ihnen zurückkehrt, schließt sich der Kreislauf nie.

Das war für mich eine Zeit lang ein Stolperstein, denn wie kann es eine Verbindung geben, wenn es keinen geschlossenen Stromkreis gibt? Darüber hinaus ist der moderne Mensch größtenteils nicht besonders gut darin, mit anderen in Kontakt zu treten, denn wir sind ja zur Hälfte der Zeit nicht einmal besonders gut darin, mit uns selbst verbunden zu sein! Darüber hinaus fördert die Gesellschaft, in der viele von uns leben, nicht nur die Abgeschiedenheit, sondern treibt uns in vielerlei Hinsicht auch aktiv in diese Richtung.

Noch vor einhundert Jahren lebte die Mehrheit der Bevölkerung der Vereinigten Staaten in kleinen, eng miteinander verbundenen ländlichen Gemeinden, in denen Pferde und Vieh ein wesentlicher Bestandteil des Lebens bildeten. Das waren Städte und Dörfer, in denen die Einwohner jeden Tag von Angesicht zu Angesicht mit Familie, Freunden und Nachbarn interagierten, wo jeder jeden kannte und wo, wenn jemand in Not geriet oder Hilfe brauchte, die ganze Gemeinschaft darin mitwirkte, ihnen wieder auf die Beine zu helfen.

Im Gegensatz dazu lebt heute die Mehrheit der Bevölkerung in Großstädten oder in deren Umgebung und ein Großteil unserer Interaktion mit anderen geschieht dadurch, dass wir Tag für Tag stundenlang über elektronische Geräte auf verschiedene Social-Media-Plattformen starren.

Es ist kein Wunder, dass es einigen von uns schwerfällt, eine Verbindung zu unseren Pferden aufzubauen. Wir verbessern uns bei Sachen, die wir üben. Wenn wir also jeden Tag daran arbeiten, nicht verbunden zu sein, stehen die Chancen gut, dass wir darin Profis werden, aber auch nicht einfach so besser, wenn wir etwas nicht üben. Haben wir also Schwierigkeiten, uns zu verbinden, suchen wir normalerweise nicht aktiv nach Wegen, um darin besser zu werden. Meistens wissen wir gar nicht, dass wir Probleme damit haben … bis wir es versuchen.

Aber hier kommen die guten Nachrichten: Auch wenn wir im Allgemeinen nicht sehr gut darin sind, eine Verbindung zu knüpfen, gelingt es den Pferden dagegen sehr gut. Für sie handelt es sich um eine serienmäßig installierte Fähigkeit. Sie vermögen, Kontakte zu knüpfen, da es oft vorkommt, dass jemand Pferd »A« in einen Anhänger verlädt und dann anhält, um dasselbe auch mit Pferd »B« zu tun. Diese beiden Pferde sind sich noch nie begegnet und völlig fremd, doch als sie an ihrem Ziel ankommen und beide aus dem Anhänger geholt werden, ist es, als ob sie sich schon ihr ganzes Leben lang gekannt hätten. Nach der kurzen Zeit, die sie zusammen in diesem Anhänger verbracht haben – oft ohne die Gelegenheit, sich an der Nase zu berühren – beginnen sie schon, nacheinander zu rufen, sobald sie außer Sichtweite sind.

Ein anderes Beispiel, das wir wahrscheinlich alle schon einmal gesehen haben, ist eine Herde von, sagen wir, zehn Pferden, die alle zusammen auf einer Weide laufen. Beim Laufen dreht sich einer von ihnen um, und sofort tun das alle. Dies geschieht als zusammenhängende Einheit und nicht als zehn einzelne Pferde, die sich zu zehn verschiedenen Zeitpunkten in zehn verschiedene Richtungen drehen. Es gibt keine Pferde in der Herde, die sagen: »*Okay, Leute, wir zählen bis drei, und dann drehen wir uns alle nach rechts.*« Es geschieht vielmehr einfach durch eine Art Verbindung innerhalb der Herde.

An dieser Stelle wird es interessant: Wir haben herausgefunden, dass das, was Pferde in solchen Situationen mit anderen Artgenossen verbindet, die gleiche Art von Verbindung wiedergibt, die uns als

Reiter zur Verfügung steht. Der Haken daran ist, dass dies nicht dadurch geschieht, dass wir uns mit ihnen verbinden, sondern indem wir ihnen erlauben, das mit uns zu tun, was sie sowieso vorhaben.

Normalerweise beschreibe ich das, was meiner Meinung nach passiert, auf diese Weise: Nehmen wir an, wenn wir auf unserem Pferd sitzen, gibt es eine imaginäre Röhre, die vom Inneren unseres Vierbeiners zu unserem Inneren verläuft. Durch das Innere der Röhre fließt die Energie, die die innere Verbindung schafft, die wir mit unserem Pferd suchen. Wir stellen uns auch vor, dass beide Enden dieser Röhre abnehmbare Deckel haben, die zum Öffnen und Schließen an beiden Enden verwendet werden können.

Wir gehen einfach mal davon aus, dass das Pferd ständig versucht, Verbindungsenergie durch die Röhre zu uns hochzuschicken. Wenn wir uns nun dazu entschließen, eine Verbindung zu unserem Vierbeiner herzustellen, beginnen wir, Energie durch die Röhre zu ihm zu senden. Wenn das passiert, kollidieren unsere beiden Energien irgendwo in der Röhre, ohne dass eine von beiden letztendlich ihr Ziel erreicht. Das Ergebnis zeigt einen mangelnden inneren Fluss zwischen uns und unserem Pferd, was dazu führt, dass wir uns ausschließlich auf physische Hilfsmittel verlassen müssen, um zu kommunizieren. Das liegt daran, dass unsere interne Verbindung – der Teil, der es unserem Pferd ermöglicht, auf unsere Absicht zuzugreifen – nicht verfügbar ist. Das Gleiche kann übrigens passieren, wenn wir die Öffnung an unserem Rohrende absichtlich verschließen, beispielsweise wenn wir von unserem Pferd eigentlich nur Ergebnisse erwarten, ohne uns große Gedanken darüber zu machen, wie das Pferd darüber denkt. In einem solchen Fall versucht es normalerweise, uns durch die Röhre zu erreichen, aber weil wir unser Ende verschlossen haben, können sie nicht zu uns gelangen. Im schlimmsten Fall könnte es sein, dass das Pferd den Versuch, eine Verbindung herzustellen, ganz aufgibt und letztendlich auch sein Ende der Röhre verschließt, sodass wir überhaupt nicht mehr viel haben, mit dem wir arbeiten können.

Verstehen Sie mich nicht falsch, der Einsatz physischer Hilfsmittel zur Kommunikation ist sicherlich keine schlechte Sache, insbesondere wenn dies mit der richtigen Absicht geschieht. In vielen Fällen erfordert es körperliche Hilfengebung, insbesondere in den frühen Phasen einer Beziehung mit einem Pferd, wenn wir versuchen, mit ihm auf eine gemeinsame Wellenlänge zu kommen. Suchen wir jedoch nach einer tieferen Beziehung zu unserem Pferd, in der physische Hilfen überwunden werden können, müssen wir über das Physische hinausschauen und uns mehr nach innen wenden.

An dieser Stelle möchte ich der Gleichung ein paar Teile hinzufügen, die hilfreich sein könnten. Das Erste ist, wie ich bereits erwähnt habe, dass Menschen im Allgemeinen nicht gut damit umgehen können, Kontakte zu knüpfen. Pferde hingegen schon, auch hinsichtlich Öffnungen zu finden. Sie können Lücken in Zäunen, in der Absicht eines Reiters, in der mangelnden Führung oder dem mangelnden Urteilsvermögen einer Person ausfindig machen.

Andererseits liegt es Menschen, Öffnungen zu schaffen. Tatsächlich sind wir so gut darin, dass wir sie oft entwickeln, selbst wenn wir gar nicht wissen, dass wir es tun. Auch gelingt es uns sehr gut, Führung zu übernehmen – anderen zu sagen, wohin sie gehen und was sie machen sollen.

Um es noch einmal zusammenzufassen: Menschen sind gut darin, Öffnungen zu schaffen und Regie zu führen, und Pferde darin, Öffnungen zu finden und Kontakte zu knüpfen.

Unter Berücksichtigung dieser Faktoren haben wir eine Art Roadmap gefunden, die dabei helfen kann, erfolgreich eine Verbindung zu Pferden aufzubauen. Der Grundgedanke besteht darin, dass sowohl wir als auch unser Pferd unsere Stärken ausspielen. Es beginnt damit, dass wir eine Öffnung für das Pferd schaffen. Das Pferd findet die

Öffnung, geht durch die »Röhre« und verbindet sich. Dann führen wir Regie.

Hier ist ein Beispiel dafür, wie das im wirklichen Leben aussehen könnte. Nehmen wir an, wir reiten und möchten vom Schritt zum Trab übergehen. Anstatt zuerst eine Schenkelhilfe einzusetzen, um den Übergang zu erreichen, spüren wir stattdessen den Rhythmus des Trabs, den wir in unserem Körper suchen. Dies ist keine physische Sache, die wir tun, sondern alles läuft innerlich ab. Wir könnten uns sogar vorstellen, wie es sich *anfühlen* würde, wenn wir ohne unser Pferd auf dem Boden wären und vom Spazierengehen zum Joggen übergehen würden. Wir müssen uns fragen, was der *interne* Prozess in uns ist, wenn *wir* uns auf den Übergang vorbereiten. Das entspricht dem gleichen Gefühl, das wir unserem Pferd vermitteln, wenn wir den Schritt-Trab-Übergang reiten wollen.

Auf diese Weise schaffen wir eine Öffnung für den Trab, indem wir das Trabgefühl in unseren Körper übertragen. Das Pferd findet die Öffnung und geht in den Trab über. An diesem Punkt werden wir fast immer eine gewisse Anstrengung des Pferdes spüren. Manchmal gehen sie mühelos in den Trab. In anderen Fällen bieten sie vielleicht eine subtile Änderung der Geschwindigkeit, ein Zucken des Ohrs, eine Veränderung in der Art und Weise, wie sie atmen, oder manchmal werfen sie sogar einen Blick zurück in unsere Richtung. So oder so haben wir eine Öffnung geschaffen, das Pferd hat die Öffnung gefunden und sich mit dem verbunden, was wir anbieten. Schließlich können wir bei Bedarf mit einer leichten Schenkelhilfe die Richtung vorgeben.

Selbst wenn das Pferd nicht sofort in den Trab geht, was viele nicht tun, vor allem, wenn sie nur mechanische Signale kennen, müssen wir nur mit uns selbst in Verbindung bleiben (unter Verwendung einiger der Elemente, die ich zuvor erwähnt habe). Wir sollten uns auf die Aufgabe konzentrieren und unsere Absicht bei Bedarf mit körperlichen Hilfsmitteln ergänzen. Wenn wir konsequent und beständig sind, wird unser Pferd bald auf unsere Absicht reagieren, und dann kann man die physischen Hilfen weglassen.

Viele Reiter aus der ganzen Welt haben mir erzählt, dass sie beim Reiten gerade darüber nachdachten, etwas zu tun und plötzlich haben ihre Pferde genau dies einfach getan, ohne dass sie darum gebeten wurden. Ich glaube, das liegt daran, dass die Reiter – vielleicht unabsichtlich – zuließen, dass sich ihre Pferde mit ihnen verbinden und dass die Pferde wiederum auf die Absicht der Reiter reagierten.

Zu Beginn habe ich erwähnt, dass ich damals den Kontext nicht ganz verstand, als mir die Leute zum ersten Mal sagten, sie wollten eine Verbindung zu ihren Pferden herstellen. Ich habe auch erwähnt, dass das Wort »Verbindung« für verschiedene Menschen unterschiedliche Bedeutungen hat. Ich denke immer noch, dass es für verschiedene Menschen unterschiedliche Bedeutungen hat und dies kann sicherlich nicht schaden.

Ich denke, wie bei den meisten Dingen, wenn es um Pferde und Reitkunst geht, müssen wir uns die Ideen und Konzepte, die uns präsentiert werden, anschauen und herausfinden, was sie für uns bedeuten und dann daran arbeiten, sie so zu gestalten, dass sie am besten zu unserer eigenen Reitkunst passen.

Auch wenn mir das Konzept der Verbindung in Bezug auf Pferde anfangs vielleicht fremd war, glaube ich, dass die zugrunde liegende Philosophie hinter der Idee (so wie ich sie heute verstehe) mich schon immer begleitet hat. Ich sage das, weil mein übergeordnetes Ziel fast immer darin bestand, dass meine Pferde mit mir auf dem Rücken genauso problemlos funktionieren können, als wenn sie alleine auf der Weide unterwegs sind. Wenn mich nun jemand fragt, wie ich

Verbindung in Bezug auf Pferde definiere, sage ich normalerweise nur, dass ich darunter Leichtigkeit in der Kommunikation verstehe, die zu Leichtigkeit in der Bewegung führt.

Was die Ziele angeht, denke ich, dass dies gar keine so schlechte Zielvorstellung ist.

Perspektivwechsel

Ich behebe keine Probleme. Ich korrigiere mein Denken.
Dann lösen sich die Probleme von selbst.

LOUISE HAY

Es klingt vielleicht etwas komisch, aber bis Mitte der 1980er-Jahre habe ich das Wort »Technik« nie mit der Arbeit mit Pferden in Verbindung gebracht. Für mich war die Arbeit mit Pferden immer nur *die Arbeit mit Pferden.*

Dann kaufte der Chef während meiner Arbeit auf der großen Gästeranch ein Paar junge belgische Zugpferde, die er einfahren wollte und fragte mich, ob ich mithelfen würde. Ich war zu dieser Zeit einer der wenigen Wrangler mit Erfahrung als Fuhrmann und hatte tatsächlich den ganzen Sommer über eines der beiden Arbeitsgespanne der Ranch für die abendlichen Heuwagenfahrten gelenkt. Der Chef fuhr das andere Gespann. Da die Sommersaison zu Ende ging und ich Zeit hatte, sagte ich ihm, dass ich ihm gerne helfen würde.

Wie sich herausstellte, waren die Jungpferde nicht ganz unerfahren. Anscheinend hatten sie etwa dreißig Tage Erfahrung damit, auf einer Ranch irgendwo im Norden verschiedene von Pferden gezogene Ausrüstung zu ziehen. Mit ihrer Erfahrung ging ich davon aus, dass der Chef jeden von ihnen mit einem seiner erfahrenen Zugpferde zusammenspannen wollte, um ihre Ausbildung fortzusetzen und sie an die neue Umgebung zu gewöhnen. Ich dachte mir, sobald die Jungpferde mit den älteren Pferden im Gespann gut laufen würden, sei der nächste natürliche Schritt, sie zusammen anzuspannen.

Stattdessen entschied der Chef, dass er das junge Gespann einfahren wollte, indem er es auf dem Gelände herumkutschiere. Ich sollte dort eine Art Führperson einnehmen, die neben den Köpfen des Gespanns herging, um es zu beruhigen, falls sie anfingen, sich Sorgen zu machen. Das haben wir also getan. Er fuhr, ich ging leicht voraus und knapp neben dem linken Pferd her. Auf diese Weise stellte ich sicher, dass das Jungpferd mich sehen konnte, ohne durch die Scheuklappen, die es trug, beeinträchtigt zu werden.

Nach einer Weile wechselte ich auf die andere Seite und nahm diese Position etwas vor und direkt neben dem rechten Pferd ein. Nach etwa einer Stunde ohne Zwischenfälle spannten wir das Gespann aus und wiederholten die gleiche Aktion am folgenden Abend.

Etwa fünfzehn oder zwanzig Minuten nach unserem zweiten Anspannen wurde klar, dass es dem Gespann gut ging. Wenn man es nicht besser gewusst hätte, würde man denken, es handle sich um ein paar alte Hasen, die schon viel Erfahrung mitbrachten. Um sicherzustellen, dass sie nicht nur ruhig waren, weil sie mir folgten, verschwand ich schließlich wieder aus ihrem Blickfeld – es erfolgte keine Änderung.

Abgesehen davon, dass die Pferde nicht wirklich an etwas befestigt waren und somit noch kein Gewicht zogen, fehlten bis zu diesem Zeitpunkt nur noch die Geräusche von hinten. Natürlich redete der Chef mit ihnen, während sie gefahren wurden, aber im Allgemeinen war es in der Gegend, in der wir arbeiteten, ziemlich ruhig, sodass wir nicht wussten, wie sie auf unerwartete Geräusche oder Lärm reagieren würden.

Ich erwähnte dies dem Chef gegenüber und fragte ihn, ob er wollte, dass ich mir eine Möglichkeit überlege, ein wenig Lärm von hinten zu veranstalten, und er stimmte zu. Schließlich fand ich direkt an der Schotterstraße, auf der wir fuhren, ein zwei Meter langes Metallrohr mit einem Durchmesser von zwei Zoll. Ich ging hinter dem Chef her und begann damit, das Ende des Rohrs jeweils ein paar Sekunden lang über den Kies zu ziehen, wobei ich die Pferde genau beobachtete.

Die ersten paar Male, als sie das Rasseln des Rohres hörten, zuckten sie ein wenig zusammen, beruhigten sich danach aber schnell. Nach kurzer Zeit, in der ich die Zeitspanne mit dem Rohr Lärm zu machen, langsam steigerte, konnte ich das Rohr bald kontinuierlich ziehen, fallen lassen, auf den Boden werfen oder was auch immer, ohne dass sie auch nur mit der Wimper zuckten.

Nachdem wir fertig waren und die Pferde ausspannten, schaute der Chef zu mir herüber.

»Wo hast du diese kleine Technik gelernt?« fragte er.

»Technik?«

»Ja, das mit dem Rohr.«

»Wir wollten etwas Lärm verursachen, also habe ich das Rohr benutzt.«

Dieser kurze Austausch verdeutlicht mein damaliges Verständnis der »Technik« bei Pferden. Bei Walter hatten wir nie Spezialwerkzeuge, besonderes Pferdematerial oder was auch immer. Wenn ein Werkzeug benötigt wurde, aber nicht verfügbar war, haben wir einfach alles verwendet, was wir hatten, um die Arbeit zu erledigen. Wenn wir ein Pferd von Punkt A nach Punkt B führen mussten und kein Halfter oder Seil vorhanden war, funktionierte ein Gürtel, Schnürsenkel oder Bindegarn genauso gut. In diesem Fall brauchten wir etwas, was Lärm erzeugt, und ein Rohr war ein ebenso gutes Werkzeug dafür wie alles andere.

Der Teil, der mir entgangen ist, war, dass mein Chef das Rohr selbst nicht als Technik bezeichnet hat. Er bezog sich darauf, *wie ich das Rohr benutzte.* Die *Technik* bestand darin, nach und nach Geräusche zu machen und die Intensität des Geräusches und die Dauer erst dann zu erhöhen, wenn sich die Pferde daran gewöhnt hatten. Ebenso stellt die Verwendung eines Gürtels, Schnürsenkels oder Bindegarnes zum Führen eines Pferdes keine Technik dar. Die Frage ist, wie man sie mithilfe dieser Dinge in Bewegung bringt – das nennt man Technik.

Mit anderen Worten: Bei der Technik kommt es nicht darauf an, *was* man anwendet, sondern darauf, *wie* man es anwendet. Zumindest habe ich es so verstanden. Vielleicht anders ausgedrückt: *Wir* sind die Technik. Wenn wir also unsere Technik verbessern wollen, müssen wir uns auch selbst weiterentwickeln. Ich habe die Erfahrung gemacht, dass wir umso weniger externe Werkzeuge benötigen, je mehr wir uns auf unsere eigene Selbstverbesserung konzentrieren.

Das sieht nicht jeder so. Bei einigen sind bestimmte Techniken oft mit bestimmten Werkzeugen verbunden, wie beispielsweise Flaggen, Peitschen, Gerten, Sporen, Ausbinde- oder Schlaufzügel und so weiter. Ich meine damit, dass manche Leute so sehr an ihre Werkzeuge gebunden sind, dass sie (und ihre Pferde) sich ohne sie verloren fühlen.

Wir haben im Laufe der Jahre einige Pferde gesehen, die völlig problemlos in einen Anhänger geladen werden können, solange der Besitzer eine Flagge in der Hand hat, aber überhaupt nicht einsteigen, wenn die Flagge fehlt. Wir haben Pferde gesehen, die sich erstklassig longieren lassen, solange der Besitzer eine Longierpeitsche in der Hand führt, sich aber ohne die Peitsche kaum bewegen, und auch solche, die extrem reaktionsfreudig waren, solange der Reiter Sporen trug, aber das genaue Gegenteil geschah, als die Sporen entfernt wurden. Das Gleiche gilt für Pferde, die mit Hebelgebissen geritten werden. Wenn der Reiter das Pferd mit einem Hebelgebiss gezäumt hatte, machte es alles, was der Reiter verlangte. Ohne die Hebelwirkung vergaß es plötzlich, wie es auf die Hände des Reiters reagieren sollte.

Ich gehe davon aus, dass es Menschen gibt, die sagen würden, dass die Pferde, die ich gerade erwähnt habe, mit diesen Werkzeugen trainiert wurden, sodass sie nur wissen, wie sie auf das Werkzeug reagieren. Darüber hinaus ist es dem Pferd gegenüber unfair, das Werkzeug zu entfernen und zu erwarten, dass es reagiert, als ob das Werkzeug noch da wäre. Dem würde ich nicht widersprechen. Aber in gewisser Weise denke ich, dass das Argument beweist, dass die Technik eher an das Werkzeug (extern) als an die Person (intern) gebunden ist.

Was die Technik angeht, ist mir im Laufe der Jahre aufgefallen, dass es mehr oder weniger vier Arten von Reitern gibt:

Zum einen solche, die sich ausschließlich auf die äußere Technik verlassen und sich nicht so sehr um die inneren Aspekte des Reitens kümmern. Dieser Reitertyp ist bis zu einem gewissen Grad in fast jedem Winkel der Pferdewelt anzutreffen, vom einfachen Wanderreiten über die Arbeit auf der Ranch bis hin zu Turnieren auf höchstem Niveau und darüber hinaus.

Etwa auf derselben Linie stehen Reiter, die sich ausschließlich auf die externe Technik verlassen, aber *sagen*, dass sie intern arbeiten. Ich glaube, dass viele dieser Leute eine andere, vielleicht achtsamere Art des Umgangs mit ihrem Pferd kennengelernt, aber nicht ganz verstanden haben, was das ist oder was es für sie wirklich bedeutet – noch nicht.

Dann gibt es Reiter, die zwischen interner und externer Technik hin und her springen. Sie konzentrieren sich darauf, ihr Pferd innerlich in einer Situation zu handhaben oder zu reiten, beispielsweise bei einer Aktivität, an die es sich gewöhnt hat und bei der es sich gut fühlt, wechseln dann aber zum äußerlichen Reiten, wenn das Pferd nicht so ruhig ist. Diese Leute verfügen in der Regel über gewisse Kenntnisse zu den internen Aspekten des Reitens, sind aber aufgrund ihrer begrenzten praktischen Erfahrung gezwungen, auf die externen Aspekte zurückzugreifen, wenn es mal etwas heikel wird.

Schließlich gibt es noch die Reiter, die sich fast ausschließlich auf die internen Aspekte der Technik konzentrieren.

Bevor wir diese internen Aspekte diskutieren, möchte ich erwähnen, dass alle diese Beschreibungen lediglich auf Beobachtungen basieren und nicht als Urteil gegenüber irgendjemandem gedacht sind. Tatsächlich haben die meisten Reiter, unabhängig vom aktuellen Niveau ihres Könnens, zweifellos eine oder mehrere dieser Ebenen schon einmal durchlaufen oder werden das noch tun. Dies setzt natürlich voraus, dass sie aktiv versuchen, ihre Ausbildung weiter zu verbessern, woran einige ehrlich gesagt nicht so sehr interessiert sind.

Bei den Leuten, die sich dafür entscheiden, den Lernprozess nicht fortzusetzen, ist es ganz ähnlich, wie man es oft bei manchen Schülern in einem Kampfsport-Dojo sieht. Die Schüler beginnen mit der Ausbildung und steigen schließlich im Rang auf. Vielleicht sind sie innerhalb weniger Jahre auf ein Niveau irgendwo in der Mitte des Ausbildungssystems angelangt. Es ist klar, dass die Schüler über Talent verfügen, das sich im Laufe der Zeit sicherlich in einem besseren Verständnis und der Entwicklung von Fertigkeiten innerhalb der Kunst niederschlagen wird. Doch aus welchem Grund auch immer zeigen sie sich mit dem erreichten Stand zufrieden und beschließen, ihr Lernen nicht weiter zu verfolgen. Dies hat zur Folge, dass ihre Wissens- und Fähigkeitsentwicklung, sobald sie ein bestimmtes Niveau erreicht hat, faktisch zu Ende geht.

Von da an und unabhängig von der Art der Situation, mit der sie in Zukunft konfrontiert werden, ist die maximale Reaktionsfähigkeit, die ihnen zur Verfügung steht, auf das Letzte beschränkt, was sie am Tag des Abbruchs ihrer Ausbildung gelernt haben.

Anders ausgedrückt könnte man es so weitergeben, wie eine Reitschülerin es mir einmal sagte: Eine Reiterin namens Jo ritt in die Bahn. Wie so oft bei Personen, mit denen ich noch nie zusammengearbeitet habe, fragte ich sie, wie viel Reiterfahrung sie habe. Sie erzählte mir, sie hätte zwanzig Jahre Erfahrung.

Wir arbeiteten die nächsten vier Tage zusammen und sie und ihr Pferd machten wirklich schöne Fortschritte. Am letzten Tag des Kurses, als die Reiter ihre Pferde für die Heimfahrt verluden, kam Jo auf mich zu.

»Erinnerst du dich an den ersten Tag, als du gefragt hast, wie viel Reiterfahrung ich habe, und ich zwanzig Jahre gesagt habe?«

»Ja.«

»Nun«, fuhr sie fort. »Nach diesen vier Tagen wird mir klar, dass das nicht ganz stimmt.« »Oh?«

»Ja. Was ich wirklich hatte, war zwanzig Mal ein Jahr Erfahrung.«

~

Ich möchte nicht, dass man meint, ich hätte eine Abneigung gegen das Erlernen externer Techniken. Das stimmt nicht. Die Entwicklung einer guten, soliden Mechanik ist äußerst wichtig, unabhängig davon, ob es sich um Reitkunst, Bowling, Autofahren, das Spielen eines Instruments oder was auch immer handelt. Die physikalische Mechanik ist die Grundlage, auf der alles andere aufbaut. Mehr als zehn Jahre lang begann sogar jeder Aikido-Kurs, den ich besuchte, mit mindestens dreißig bis fünfundvierzig Minuten Übung in Grundlagen-Techniken.

Da ich bereits in jungen Jahren wiederholt die Wirksamkeit subtiler Arbeit mit Pferden erlebt habe, hat sich mein Verständnis davon, was *jenseits* äußerlicher Technik möglich ist, unwiderruflich geprägt. Genau wie mein Aikido-Lehrer brachte mich dieses Zeichen (zunächst unbewusst, später bewusst) dazu, Wege zu finden, über die körperliche Technik hinauszugehen, ohne sie ganz aufzugeben.

Ich bin mir nicht sicher, wie viele Phasen ich bei dieser Suche durchlaufen habe, aber ich weiß, dass es viele waren. Anfangs verließ ich mich auf das Gießkannenprinzip und probierte alles Mögliche aus, um dem Geheimnis auf die Spur zu kommen. Einige Dinge blieben in dieser Zeit hängen, andere nicht. Schließlich entschied ich mich für die Idee der körperlichen Sanftheit von außen und legte zusätzlichen Fokus auf die Verbesserung von Gefühl, Timing und Gleichgewicht, weiche Hände und Beine, einen ruhigen und ausgewogenen Sitz und dergleichen.

Während dieser Zeit begann ich, körperlich besser auf mich selbst aufzupassen. Ich fing an, regelmäßig Chiropraktik und Körperarbeit in Anspruch zu nehmen. Zusätzlich zu meinem Kampfsporttraining trainierte ich regelmäßig. Ich aß gesünder und hörte auf, Alkohol zu trinken. All diese Dinge veränderten meine Gefühle positiv, was wiederum eine bewusstere Kontrolle darüber ermöglichte, wie mein Körper reagierte, wenn eine Reaktion nötig war.

Diese Bemühungen zahlten sich definitiv aus, denn es wurde immer besser, und ich fühlte, dass ich mich immer mehr der Art subtiler Kommunikation mit Pferden annäherte, die ich beobachtet hatte, als ich jünger war. Aber im Laufe der Zeit – vermutlich nicht unerwartet – stieß ich langsam an eine Grenze, und der Fortschritt in Richtung meines Ziels verlangsamte sich.

Lernplateaus kommen nie unerwartet und sind in der Tat Teil des Prozesses, daher sorgte ich mich nicht allzu sehr, als ich zum ersten Mal merkte, dass dies der Fall war. Nach einigen Jahren der Stagnation wusste ich jedoch, dass es Zeit für eine Veränderung war. Eine Frage stellte sich aber: Wie sollte diese Veränderung aussehen?

Ungefähr zu dieser Zeit ereigneten sich ein paar Dinge, die scheinbar nichts miteinander zu tun hatten. Das Erste war, dass das *Dojo*, in dem ich fast zwei Jahrzehnte lang trainiert und unterrichtet hatte, von unserem langjährigen Standort an einem Ende der Stadt an einen neuen am anderen Ende der Stadt verlegt wurde. Aus irgendeinem Grund sanken die Teilnehmerzahlen bei unseren Aikido-Kursen plötzlich auf nur noch ein oder zwei Schüler. Dies bedeutete, dass die Aikido-Kurse im *Dojo* komplett abgesagt und die verbleibenden Schüler in die laufenden Karate-Kurse aufgenommen wurden.

Ich besuchte diese Kurse eine Zeit lang sowohl als Ausbilder als auch als Schüler, wann immer ich in der Stadt war, entdeckte aber langsam den Wettbewerbscharakter einiger Karate-Schüler. Während sie eine hervorragende Übung für mein Aikido-Training waren (man findet ziemlich schnell heraus, ob die eigenen Techniken tatsächlich funktionieren, wenn jemand dich *wirklich* schlagen oder treten möchte), entsprachen sie nicht meinem Gesamtziel, eine subtile Kommunikation mit Pferden zu entwickeln. Infolgedessen zog ich mich nach und nach von diesen Kursen zurück.

Ungefähr zur gleichen Zeit begannen Crissi und ich, Kurse in einem anderen Aikido-*Dojo*, etwa 75 Kilometer entfernt, zu besuchen, die Ikeda Sensei leitete. Diese speziellen Kurse konzentrierten sich ausschließlich auf die internen Aspekte des Aikido und nicht auf externe Techniken, und es dauerte nicht lange, bis mir klar wurde, dass das genau das beinhaltete, was ich auf meiner Suche nach dem Verständnis subtiler Kommunikation suchte.

Sensei bot in diesen Kursen eine Übung nach der anderen an, um das Zentrieren, die innere Verbindung (sowohl zu uns als auch zu unseren Partnern), Sanftheit, Ausgeglichenheit und Kraft besser zu entwickeln. Schon nach wenigen Unterrichtsstunden fand ich Möglichkeiten, diese Ideen direkt in meine Reitkunst zu integrieren und die Ergebnisse waren unmittelbar zu sehen.

Mir wurde sehr schnell klar, dass ich den wahrscheinlich wichtigsten Teil der Gleichung übersehen hatte, indem ich mich fast ausschließlich auf die äußerlich körperliche Sanftheit konzentrierte. Einfach ausgedrückt: Sanftheit kommt nicht von außen, sondern von innen. Mit anderen Worten: Es ist toll, sich beim Reiten darauf zu konzentrieren, mit weicher Hand zu reiten, aber letztendlich spielt es keine Rolle, wie weich unsere Hände sind, wenn unser Inneres eng zusammengeschnürt ist.

Fast über Nacht verlagerte ich meinen Fokus von äußerlicher körperlicher Sanftheit auf die Entwicklung meiner eigenen inneren. Ich habe daran gearbeitet, dies flächendeckend bei jedem Pferd anzuwenden, mit dem ich in Kontakt kam und hatte fast durchweg positive Ergebnisse. Ein oder zwei Jahre, nachdem Crissi und ich begannen, regelmäßig mit Sensei zu trainieren, zeigte sich ein Beispiel für die Ergebnisse, die ich erlebt hatte, in einem sehr öffentlichen Rahmen – der Pferdemesse in Minnesota. Mehr dazu gleich.

~

Mitte bis Ende der 1980er-Jahre war meine Zeit bei Walter bald zwanzig Jahre her und die Weiterentwicklung meiner Fähigkeiten im Umgang mit Pferden in der Zwischenzeit bestenfalls lückenhaft gewesen.

Dies war auch die Zeit, in der ich auf der großen Gästeranch arbeitete und der Chef kein großes Interesse daran hatte, dass wir außerhalb der Geschäftszeiten mit den Pferden arbeiteten. Infolgedessen verbrachte ich zwar viele Stunden im Sattel und kümmerte mich gelegentlich um die Pferde auf dem Gelände, absolvierte aber nicht viel formelles »Training«.

Die Nebensaison verbrachte ich mit meinem Kumpel auf der von ihm verwalteten Rinderfarm, wo ich mit Pferden und Rindern arbeitete und wann immer ich darum gebeten wurde, half ich den Ortsansässigen mit ihren Pferden. Die Grundlagen, die ich von Walter erhalten hatte, waren in dieser Zeit äußerst hilfreich, auch wenn meine Ausbildung mit Sicherheit viele Lücken aufwies. Aus diesem Grund half ich jemandem mit einem Pferd meistens umsonst. Ich hatte kein gutes Gefühl dabei, den Leuten Geld für die Arbeit zu zahlen, die ich leistete, während ich ihre Pferde für meine eigene Ausbildung nutzte.

Ebenfalls in den 1980er-Jahren erlebte die Pferdebranche einen Zustrom von Pferdetrainings-»Programmen«, die von verschiedenen Trainern zusammengestellt wurden. Viele dieser Programme, oder zumindest die, die man mir vorstellte, propagierten eine Art einheitlichen Ansatz für das Pferdetraining. Die Grundannahme der meisten war: Wenn man A macht, wird das Pferd *immer* mit B antworten.

Eine der Wranglerinnen, mit denen ich auf der Gästeranch zusammengearbeitete, hatte einige Videos von einem dieser Trainingsprogramme gekauft und bot an, sie eines Abends mit uns anzuschauen – lange vor der Zeit der Plattformen wie YouTube oder der Verbreitung von Computern. Bevor wir uns die Videos ansehen konnten, mussten wir uns also einen Videorecorder besorgen, ihn programmieren und irgendwie an einen Fernseher anschließen (damals keine Kleinigkeit) und hoffen, dass das Videoband keinen Fehler hatte. Ein Bandsalat im Videorecorder hätte dazu geführt, dass der ganze Apparat zum Stillstand gekommen wäre und dadurch nahezu keine Möglichkeit mehr bestand, die Videocassette wieder herauszunehmen.

Einige von uns setzten sich zusammen und schauten die Videos an. In einem davon wurde mir ein Konzept vorgestellt, von dem ich noch nie zuvor gehört hatte.

Bevor ich fortfahre, möchte ich darauf hinweisen, dass Pferde relativ gut vorhersehbare Wesen sind. Wenn wir beispielsweise ein Pferd, das sich nicht gern einfangen lässt, in einen Roundpen bringen und es ein wenig herumlaufen lassen, wird es bald einen Weg finden, das Laufen einzustellen, vor allem, wenn wir keinen übermäßigen Druck auf das Pferd ausüben. Treten Sie ein paar Schritte zurück, wenn das Pferd anhält, und die Chancen stehen gut, dass es sich zu Ihnen umdreht. Wenn wir ein paar kleine Bewegungen hinzufügen und zur richtigen Zeit die richtige Richtung einschlagen, während es uns ansieht, wird es höchstwahrscheinlich direkt auf uns zukommen.

Für das ungeübte Auge oder einen Pferdeanfänger erscheint dies wie Magie – ist es aber nicht. Was wir erleben, entspricht der Natur des Pferdes in Aktion. Aufgrund der falsch-positiven Voreingenommenheit des Pferdes (alles, was nicht richtig aussieht, klingt oder riecht, stellt eine potenzielle Bedrohung dar) wird es zunächst vor allem davonlaufen, was es beunruhigt. Wenn ein Mensch, der versucht, das Pferd zu fangen oder sich ihm zu nähern, und Anlass zur Sorge gibt, versucht es natürlich, zu entkommen. Dies ist eine angstbasierte Reaktion.

In freier Wildbahn kann ein fliehendes Pferd in Panik etwa eine Viertelmeile mit Höchstgeschwindigkeit laufen, bevor es an Kraft verliert. Diese Viertelmeile entspricht ebenso der Distanz, die die Pferde zurücklegen müssten, um den meisten Raubtieren zu entkommen. Die von mir beschriebene Round-Pen-Technik basiert in groben Zügen auf dieser Idee.

Es gibt viele Gründe, warum Pferde sich nicht einfangen lassen, aber bei dieser speziellen Technik spielt der Grund fast keine Rolle. Wenn man auf die oben beschriebene oder eine ähnliche Weise mit ihnen arbeitet, erzielt man fast immer das gleiche Ergebnis, denn sobald das Pferd davon überzeugt ist, dass der Mensch keine Gefahr darstellt, wird es aufhören zu fliehen. An diesem Punkt beginnt sich ihre Angst in Neugier umzuwandeln, was durch ein paar einfache Bewegungen von unserer Seite unterstützt werden kann, die einerseits den Druck verringern, den das Pferd möglicherweise verspürt, und andererseits dazu beitragen, seine Neugier zu steigern.

Das Verhalten eines Pferdes in einer solchen Situation ist so vorhersehbar, dass Forscher in Europa kürzlich in der Lage waren, dieselben Reaktionen bei Pferden in Roundpens hervorzurufen, indem sie statt eines Menschen ein kleines ferngesteuertes Auto als Motivator verwendeten.

Auf diese Idee kam ich zum ersten Mal bei Walter, als ich sah, wie er etwas Ähnliches mit diesen Tieren machte, die aus welchen Gründen auch immer kein Interesse daran hatten, gefangen zu werden. Wie bei den meisten Dingen, die er mit Pferden tat, verbrauchte er bei seiner Version des Verfahrens selten viel Energie.

Als ich anfing, mich selbstständig zu machen, reproduzierte ich das, was ich von Walter gesehen hatte, wenn mir ein Pferd präsentiert wurde, das man schwer fangen konnte. Anfangs habe ich wie Walter so wenig Energie und Druck wie möglich eingesetzt und im Großen und Ganzen auch dabei helfen, dass das Pferd mit dem Thema Einfangen besser umgehen konnte. Aus diesem Grund war es für mich sehr interessant, dass eines der Videos, die wir uns angesehen haben, sich speziell mit schwer zu fangenden Pferden befasste und dabei zunächst scheinbar die gleiche Grundannahme verwendete.

Im Video hatte der Trainer einen Wallach im Roundpen, der sich immer wieder von ihm entfernte, wenn er sich näherte. Nach ein paar Minuten blieb der Trainer stehen und blickte in die Kamera.

»Wie Sie sehen können«, sagte er. »gibt es hier nicht genug Motivation für dieses Pferd, es überhaupt zu versuchen. Wir werden also das Falsche schwierig und das Richtige einfach machen.«

Moment mal, dachte ich bei mir. *Das Falsche schwierig und das Richtige einfach machen? Was bedeutet das?*

Damit warf er die Schlaufe des Lassos, das er getragen hatte, in Richtung der Hinterhand des Pferdes. Der Wallach erwachte zum Leben und galoppierte um den Roundpen herum. In den nächsten Minuten warf der Trainer weiterhin das Lasso in Richtung des Pferdes und es rannte weiter.

»Er will sich bewegen und das ist nicht das, was ich will«, ertönte die Stimme aus den Lautsprechern des Fernsehers. »Also werde ich ihn dazu bringen, das noch mehr zu tun.«

Nach einigen schnellen und sorgenvollen Runden kam der Wallach plötzlich zum Stehen und drehte sich mit erhobenem Kopf und großen Augen zum Trainer um. Dieser hörte auf, das Seil zu werfen und ging mehrere Schritte zurück.

»Das ist besser«, sagte er, während der Wallach einige Mal laut schnaubte. »Also mache ich es hier einfacher, indem ich ihn nicht verfolge.«

Dann näherte sich der Wallach halb tänzelnd, halb schreitend. Er verkürzte den Abstand schnell auf die Hälfte, bevor er sich umdrehte und wieder davonrannte. Der Trainer begann erneut mit dem Werfen des Seils. Während er das Pferd bewegte, sagte er immer wieder, er suche nach dem kleinsten »Versuch« im Pferd, der ihm verriet, dass es anhalten wollte.

Es lässt sich nicht mit Sicherheit sagen, da das Bild am Fernseher sehr grobkörnig war, aber ich glaube, dass das Pferd mehrmals anbot anzuhalten. Der Trainer drängte es trotzdem weiter. Dies ging eine Weile so weiter, bis es sich schließlich schwer atmend auf ihn zutrottete, während ihm der Schweiß vom Bauch tropfte.

»So sieht das aus«, sagte der Trainer, »wenn man das Falsche schwierig und das Richtige einfach macht.«

Die Pferdemesse in Minnesota fand im April des Jahres statt, in dem ich den Veranstaltungsort zum ersten Mal besuchte. Ich sollte am Wochenende ein paar Vorträge und Demos zum Thema Pferde halten, obwohl aufgrund eines kürzlichen Ausbruchs von EHV-1 (einer Form des hochansteckenden Pferdeherpesvirus) in Minnesota und Wisconsin die meisten Pferde von der Veranstaltung ausgeschlossen wurden.

Allerdings war nicht alles verloren. Es kam immer noch eine respektable Besuchermenge. Eines der Pferde, die ich für eine Demo verwenden sollte, war vom Verbot ausgenommen und hatte es zur Show geschafft, und ein alter Freund aus der Gegend, Lloyd Alm und seine Familie, kamen vorbei, um Hallo zu sagen.

Lloyd war schon immer Reiter gewesen und damals in seinen frühen Achtzigern. Er erholte sich gerade von einem Hüftgelenksersatz, der ihn seiner Aussage nach daran hinderte, viel zu reiten. Er hatte gehofft, schnell zu genesen, weil er ein paar Jungpferde hatte, die angeritten werden sollten.

Vor einigen Jahren stellte ein gemeinsamer Freund Lloyd und mich einander vor, und wir wurden nicht nur Freunde, sondern ich kaufte schließlich auch eine Reihe guter Reitpferde von ihm. Außerdem habe ich von ihm einen AQHA-Foundation (= aus grundlegenden Quarter-Horse-Zuchtlinien) Hengst und eine Handvoll Zuchtstuten erworben, um sie in unserem Zuchtprogramm zu verwenden, als wir noch unsere eigenen Jungpferde großzogen. Mein Ranchpferd Buck stammte von Lloyd, mein langjähriges Kurspferd Rocky ebenso. Zu sagen, dass er gute Pferde gezogen hat, wäre eine Untertreibung.

Lloyd und seine Familie kamen am Sonntag an meinem Stand vorbei, kurz bevor meine Demo begann. Seine Ankunft gab uns Gelegenheit, uns auszutauschen, gemeinsam ein paar Fotos zu machen und über Pferde zu reden. Es dauerte nicht lange, bis er mir sagte, dass er sich auf den Weg zum Zuschauerbereich für meinen Kurs machen müsse, weil er wegen seiner beeinträchtigten Hüfte und allem, was dazu gehörte, etwas länger bräuchte, um dorthin zu gelangen.

Ich hatte die Stute, mit der ich an diesem Tag arbeiten sollte, noch nicht gesehen, obwohl ich den Besitzer kennengelernt hatte. Er war ein netter Kerl mit einem kleinen Pferdebetrieb in der Nähe und erzählte mir, dass die Stute, mit der ich mich beschäftigen würde, ein sehr nettes kleines Pferd sei, das er vor etwa einem Jahr als Geländereitpferd an eine Frau verkauft hatte. Aus irgendeinem Grund kamen die Frau und die Stute nicht miteinander klar, und nach einer Weile nahm er sie zurück. Als er sie nach Hause brachte, hatte sie offenbar ein paar Probleme, unter anderem war sie etwas aufdringlich und schwer zu fangen.

Ich erschien etwa fünfzehn Minuten zu früh, als das Platzpersonal gerade abschloss, den Roundpen in der Mitte der Arena aufzubauen. Die Demo an diesem Sonntag war die letzte geplante Veranstaltung der Messe, und viele der Besucher waren bereits nach Hause gegangen, um einem Frühlingssturm zu entgehen, der später am Abend aufziehen sollte.

Als der Traktor, der die Zaunelemente für den Roundpen transportierte, das Gebäude verließ, wurde die Stute, mit der ich arbeiten sollte, durch dasselbe Tor gebracht. Sie war ein kleines Ding, nicht größer als etwa 1,42 m Stockmaß, gut gebaut, hübsch und überhaupt nicht glücklich über ihren Aufenthalt auf der Messe. Sie wieherte, bockte auf der Stelle, trat mit den Hinterfüßen aus, bäumte sich auf, schnaubte, umkreiste ihre Führperson und wieherte erneut.

Es kostete ein wenig Mühe, mit ihr zum Roundpen zu gelangen, da ihr der Anblick und die Geräusche des Ortes nahezu unerträglich vorkamen. Sobald sie im Roundpen war, verstärkten sich ihre Rufe und ihr Verhalten. Sie rannte wie wild, prallte gegen die Paneele, bockte gedankenlos und warf den Kopf so heftig hin und her, dass sie fast von den eigenen Füßen gerissen wurde.

Der Besitzer kam auf mich zu, als er mich über Lautsprecher vorstellte.

»Könnten Sie der Menge mitteilen, dass sie zum Verkauf steht?« In seiner Stimme war nicht einmal eine Spur von Sarkasmus zu hören.

»Das werde ich machen«, antwortete ich.

Der freundliche Applaus, den ich von der Menge erhielt, beruhigte die kleine Stute nicht, sondern sie steigerte ihr Verhalten noch, was fast unmöglich schien.

Als ich den Roundpen erreichte, dankte ich der Menge für den herzlichen Empfang und kam dann der Bitte des Besitzers nach und erwähnte, dass die Stute zum Verkauf stehe. Kurzes, aber nicht unerwartetes Gelächter erfüllte die Arena, und als es still wurde, erklärte ich, was wir tun würden, um dem Pferd zu helfen.

»Letztes Jahr lief es für die Stute nicht besonders gut«, sagte ich, und meine Stimme hallte durch den weitläufigen, halbgefüllten Raum. »Und sie war nicht oft unterwegs, daher scheint sie sich ein wenig überfordert zu fühlen.«

Ich erklärte weiter, dass sie nicht nur in Panik war, sondern auch an einem Punkt angelangt zu sein schien, an dem sie keinen Weg sah, sich selbst zu retten, was für ein Pferd nie ein guter Moment ist. Als ich in den Roundpen ging, war es mein Ziel, *kein* Öl mehr ins Feuer zu gießen, sondern ihr lieber ein wenig Richtung zu geben, sobald sich eine Möglichkeit ergab, und zu sehen, ob das ausreichte, um sie dazu zu bringen, sich wieder mit ihrer Situation auseinanderzusetzen. Wenn sie wieder mitarbeiten würde, könnte sie vielleicht anfangen, nach einer Lösung für ihr Problem zu suchen, und anschließend vielleicht bei mir nach Hilfe suchen. Wenn sie mich dann tatsächlich als eine Quelle der Hilfe sehen würde, ginge es ihr vielleicht besser.

»Weil ihr die Art und Weise, wie sie sich gerade fühlt, ganz sicher nicht gefällt.«

Das sagte ich, während ich Halfter und Strick in meiner Armbeuge hielt und in den Roundpen ging.

Zuvor hatte ich mich über vier Jahre lang fast ausschließlich auf Möglichkeiten konzentriert, Zentrierung, innere Verbindung, Sanftheit, Ausgeglichenheit, Erdung und Kraft besser zu entwickeln. Ich hatte bereits zwanzig Jahre lang Aikido trainiert, um mein Horsemanship weiterzuentwickeln, und schon seit etwa 46 Jahren war ich ständig auf der Suche nach besseren Möglichkeiten, die subtile Kommunikation mit Pferden zu entwickeln.

Während dieser ganzen Zeit stellte ich fest, dass ein Element entscheidend für den Erfolg ist: Die Art und Weise, wie ich mein Leben lebe, muss meine Ziele widerspiegeln. Wann immer ich innerlich oder äußerlich vom Weg abkam, lief es selten gut. Mit anderen Worten: Ich habe herausgefunden, dass ich die Dinge, die ich erreichen wollte, mit Pferden *leben* musste. Diese Dinge mussten *dauerhaft* in mir präsent sein würden, nicht nur, wenn es gerade passte.

Als ich also zu der Stute in den Roundpen ging, hatte ich eine ziemlich gute Vorstellung davon, wann ich »das lebte, wonach ich suchte« und ich wusste, wann ich es nicht tat. An diesem Tag lebte ich, was ich suchte.

Ich betrat den Roundpen mit der klaren Absicht, dort zu helfen. Ich ging auch mit einer lebhaften Vorstellung davon hinein, wie das Endergebnis zwischen uns meiner Meinung nach aussehen würde, nämlich dass wir uns beide ruhig und gelassen verhielten. Darüber hinaus war ich bereit, das anzunehmen, was die Stute geben konnte.

Die Stute rannte immer noch gedankenlos im Roundpen herum, als ich hineinging, also begab ich mich in die Mitte, um zu sehen, ob meine Anwesenheit irgendeine Wirkung haben würde. Das war nicht der Fall und als sie sich an einer bestimmten Stelle im Roundpen befand, ging ich direkt zu dieser Stelle, sodass ich ihr im Weg stand, als sie erneut vorbeikam.

Sie kam schlitternd zum Stehen, drehte sich zum Zaun und rannte in die andere Richtung davon. Als sie an einer anderen Stelle im Roundpen war, ging ich wieder darauf zu, sodass ich ihr im Weg stand, als sie vorbeikam. Wir machten das vier oder fünf Mal, bevor sie von einem panischen Lauf zu einem langsameren, wenn auch noch nicht entspannten Galopp wechselte. Als sie die Geschwindigkeit änderte, ging ich zurück in die Mitte des Roundpens, um zu sehen, was sie als Nächstes tun würde.

Sie beschleunigte und verlangsamte ein paar Mal, aber insgesamt sah es so aus, als versuchte sie, sich wieder in den Griff zu bekommen. Nach ein paar weiteren Runden warf sie ein paar kurze Blicke in meine Richtung, und als sie das tat, konterte ich mit einer leichten Bewegung. Manchmal war das ein kleiner Schritt in die eine oder andere Richtung, manchmal kaum mehr als eine Gewichtsverlagerung, aber alles, was ich tat, sollte dazu beitragen, ihre Aufmerksamkeit von ihrer Sorge auf meine Bewegung abzulenken.

Ich möchte klarstellen, dass ich nicht versucht habe, ihre Aufmerksamkeit *auf mich* zu lenken. Ich hatte gehofft, ihre Aufmerksamkeit *auf die Bewegung zu lenken, die ich machte.* Deshalb war meine Bewegung so klein. Kleine Bewegungen in Situationen wie dieser mit der Stute könnten die Neugier beeinflussen, während große Bewegungen oft zu Sorgen führen. Auf dieses Bewegungsangebot antwortete das Pferd mehrmals mit einem Richtungswechsel und wurde jedes Mal noch langsamer. Nach ein paar Minuten war klar, dass sie nach einer Möglichkeit suchte, sich zum Stillstand zu bringen. Der Knick in ihrem Schweif verschwand, ihr Kopf begann sich zu senken,und sie fing an, rhythmisch zu atmen, während sie dies noch vor wenigen Minuten kaum machte.

Ich erklärte den Zuschauern alles, was ich tat, und gerade als ich es erwähnte, hatte ich das Gefühl, als wolle sie sich stoppen lassen, und fast wie aufs Stichwort ging sie von ihrem Galopp über einen

Trab zu einem Schritt über und blieb schließlich stehen. Viele in der Menge reagierten mit Applaus und schickten sie damit wieder in einen besorgten Galopp, der nur ein paar Runden dauerte, bevor sie wieder langsamer wurde. Dieses Mal bat ich die Menge, nicht zu klatschen, damit sie sich beruhigen konnte.

Anstatt anzuhalten, wandte sie sich mit gesenktem Kopf und stillem Blick vom Zaun ab und ging auf mich zu. Sie kam bis auf etwa eine Armeslänge heran und blieb dann stehen. Dies ist normalerweise der Ort, an dem die meisten Leute nach einem Pferd greifen und es streicheln möchten, besonders wenn es einige Probleme hatte, an diesen Punkt zu kommen. Das tue ich aus mehreren Gründen nicht.

Der erste Grund ist, dass bei manchen Pferden, die in solchen Situationen Probleme haben, die bloße Annäherung an die Person schon am Rande ihres Komfortniveaus sein kann. Wenn man nach ihnen greift, um sie zu streicheln, führt das unter Umständen dazu, dass man sie über die Grenze ihrer Komfortzone bringt und sie den Wunsch verspüren, wegzugehen. Selbst wenn sie bleiben, haben sie vielleicht das *Gefühl*, dass sie gehen wollen, was nicht der Einstellung entspricht, die ich mir von ihnen wünsche.

Der zweite Grund, insbesondere in diesem Fall, war, dass ich gehofft hatte, die Stute würde den Körperkontakt suchen und nicht, dass ich ihn initiierte. Wenn sie sich um einen solchen bemühte, wie sie es ein paar Minuten später tat, dann wusste ich, dass sich ihr Nervensystem soweit beruhigt hatte, dass sie dazu bereit war.

»Ich würde ihr hier gerne eine Minute Zeit geben«, sagte ich über das Mikrofon. »Also werden wir eine Weile gar nichts von ihr verlangen und sie Luft holen lassen.«

Ich rekapitulierte für die Menge, was wir bisher mit ihr gemacht hatten, und nach vielleicht ein oder zwei Minuten begann die Stute eine Phase des Leckens, Kauens und Gähnens, die eine ganze Weile dauerte. Ich hoffte, dass sie sich mehr entspannen konnte, wenn ich nicht direkt neben ihr stand, also entfernte ich mich langsam von ihr.

Ich bewegte mich ein paar Meter, weit genug bis zu einem Punkt, an dem ich vermutete, dass sie mir nicht folgen würde, dann drehte ich mich um, ging weg und nahm eine Position in der Nähe des Zauns ein, während ich weiterhin die Zusammenfassung machte. Von Zeit zu Zeit warf ich einen Blick auf die Stute. Sie stand etwa in der Mitte des Roundpens, den Kopf gesenkt, die Augen halb geschlossen. Ein oder zwei Minuten später drehte sie sich um, sah mich an, kam dann zu mir und stellte sich neben mich.

Ich halfterte sie auf und erwähnte der Menge gegenüber, dass eines ihrer Probleme darin bestand, ihre Grenzen im Umgang mit Menschen zu verstehen. Ich sagte den Zuschauern, dass wir uns ein wenig Zeit nehmen würden, um dieses Missverständnis auszuräumen, solange sie in einem etwas ruhigeren Geisteszustand sei.

In den nächsten fünf Minuten arbeiteten wir daran, ihr dabei zu helfen zu erkennen, wo sie im Verhältnis zu den Menschen sein sollte, wann immer sie geführt wurde oder auch, wenn wir nur zusammenstanden. Sie verstand alles sehr schnell, was ich ihr anbot, und wirkte fast sofort recht zugänglich.

Zu diesem Zeitpunkt waren seit unserem ersten Start etwa fünfzehn Minuten vergangen und noch über eine Stunde Zeit für die Vorführung. Ich bemerkte, dass die Zuschauer begannen, die Arena zu verlassen, und nachdem wir alles erreicht hatten, was wir uns vorgenommen hatten, verbrachte ich den Rest der Zeit damit, sie herumzuführen, sowohl innerhalb als auch außerhalb des Roundpens. Etwa eine Stunde nach der Arbeit, bat ich die Menge, von Zeit zu Zeit zu klatschen, damit die Stute sich angesichts des Lärms, der sie zu Beginn unserer Zusammenarbeit so sehr beunruhigt hatte, ein wenig besser fühlte. Nach vier- oder fünfmaligem Applaus geschah dies auch.

Nachdem die Stute ruhig, ansprechbar und friedlich war und wir noch gut zwanzig Minuten Zeit hatten, verkündete ich, dass wir den Tag hiermit beenden würden. Der Besitzer kam herein, um sie abzuholen, und unter dem Applaus der Menge, der durch den hohlen Raum hallte, folgte sie ihm ruhig aus der Arena.

Kurz vor der Arena traf ich erneut Lloyd mit seiner Familie, und wir unterhielten uns noch etwas länger. Nach einigen Minuten sagte er, dass sie jetzt wohl besser losfahren sollten, da sie noch ein paar Stunden Fahrt vor sich hätten, um nach Hause zu kommen. Wir verabschiedeten uns, und sie machten sich auf den Weg. Sie waren nur wenige Schritte gegangen, als Lloyd anhielt und sich umdrehte.

»Du hast mit dem Pferd gute Arbeit geleistet«, sagte er mit einem leichten Nicken.

Es war eines der schönsten Komplimente, die ich je bekommen habe, besonders von einem Pferdemenschen wie ihm.

Ein paar Minuten später befand ich mich wieder am Messestand, wo schon viele Leute auf mich warteten. Einige hofften, ihre Bücher signieren zu lassen, andere wiederum kamen nur vorbei, um Hallo zu sagen, und einige wollten mir Geschichten über ihre Pferde erzählen.

Mehrere Personen standen an dem Tisch, den ich für die Signierstunde nutzte, als ein Mann mittleren Alters mit Cowboyhut und Jeansjacke zwischen die am Tisch Stehenden schlüpfte und sich nach vorne drängte.

»Das war die langweiligste Demonstration, die ich je gesehen habe«, sagte er und zeigte in Richtung der Arena. »Völlige Zeitverschwendung.«

»Der Meinung bin ich nicht«, sagte die Frau, die neben ihm stand.

»Das Pferd hätte so lange gejagt werden sollen, bis es nicht mehr atmen kann«, knurrte er.

Das muss alles gewesen sein, was er sagen wollte, denn noch bevor er die letzten Worte aussprach, hatte er sich bereits umgedreht und war weg. Ich signierte das Buch, das vor mir lag, und reichte es seiner Besitzerin, einer vernünftig aussehenden Frau in sauberen, aber abgetragenen Jeans, Stiefeln, Hemd und einer ausgeblichenen Scheunenjacke.

»Ich bin mit Langeweile einverstanden«, sagte ich und zuckte mit den Schultern.

»Das ist völlig richtig«, antwortete sie und steckte das Buch in eine Einkaufstüte voller neu gekaufter Artikel von der Messe. »Langweilig ist mir immer lieber.«

~

Ungefähr ein Jahr vor dieser Messe in Minnesota hatte uns jemand ein Buch mit dem Titel »Beyond Horse Massage« von Jim Masterson, dem Gründer der Masterson Methode® (der deutsche Buchtitel lautet »Körperarbeit für Pferde«, erhältlich beim Kosmos-Verlag), geschenkt. Das Buch ist eine Schritt-für-Schritt-Anleitung zur Linderung von Körperspannungen bei Pferden, und Crissi setzte die darin enthaltenen Informationen bei einigen unserer Tiere ein.

Wie sich herausstellte, präsentierte sich auch Jim in Minnesota auf der Messe, und am Morgen des ersten Tages vor Eröffnung der Messe gingen Crissi und ich zu seinem Stand, um uns vorzustellen. Wir hatten am Wochenende mehrmals die Gelegenheit, uns zu besuchen, und Jim und ich stellten viele Gemeinsamkeiten in unseren allgemeinen Zielen mit Pferden fest. Die Ähnlichkeiten sind so groß, dass Crissi gerne sagt, dass Jim außer mir der einzige andere Pferdeprofi sei, den sie je sagen hörte: »Wenn Sie Zweifel haben, seien Sie sanfter.«

Durch unsere Diskussionen wurde deutlich, dass Jim mit seiner Körperarbeit dasselbe tat, was ich durch Training erreichen wollte.

Wir versuchen Wege zu finden, dem Pferd dabei zu helfen, körperliche und emotionale Spannungen abzubauen, insbesondere wenn diese Spannungen potenzielle Kommunikationsprobleme zwischen Pferd und Mensch verursachen. Darüber hinaus konzentrieren wir uns auch auf die Verfeinerung unserer selbst und darauf, wie wir dem Pferd Informationen als Anreiz zur Unterstützung dieser Veränderung präsentierten.

Crissi und ich waren beide sehr daran interessiert, mehr darüber zu erfahren, was Jim machte, und als die Messe zu Ende war, hatte Crissi uns für einen zweitägigen Einführungskurs mit Jim sowie einen fünftägigen Fortgeschrittenenkurs angemeldet, die beide im kommenden Sommer stattfinden sollten.

Beide Kurse bereicherten Crissi und mich enorm. Wir schlossen eine anhaltende Freundschaft mit Jim, die schließlich dazu führte, dass wir gemeinsam Schulungen durchführten, wir beide ausgebildete Pferde-Körpertherapeuten wurden und Crissi sich anschließend nach Jims Methode zertifizieren ließ.

Für mich bot die Zusammenarbeit mit Jim die Gelegenheit, ein noch tieferes Verständnis für funktionelle Anatomie zu entwickeln, um dadurch zu einem umfassenderen Verständnis der internen Elemente der Kommunikation zu gelangen. Dies hat bei der Verfeinerung meiner Hilfen und damit auch bei der Verfeinerung der Antworten des Pferdes sehr geholfen.

Anstatt beispielsweise ein Pferd, das auf das Gebiss drückt, zunächst zu bitten, den Kopf mechanisch zu senken oder die Spannung im Kiefer zu lösen, kann ich mich stattdessen auf die Konvergenz der Nackenmuskulatur direkt hinter dem Genick konzentrieren, um sie weicher zu machen. Diese Muskelgruppe liegt mehr oder weniger über dem zweiten Halswirbel und ist der Ort, an dem drei relativ große Muskeln zusammenkommen, die bei der Bewegung der Vorderbeine und der Bewegung von Kopf und Hals helfen.

Diese (und alle) Muskeln können sich nur anspannen oder auch nicht, und offensichtlich spannt ein Pferd, das auf das Gebiss drückt, diese Muskeln an. Dennoch ist die Tatsache, dass die Muskeln beansprucht werden, nicht das Problem, sondern die Intensität, mit der sie angespannt werden. Das Pferd hat gelernt, sich gegen den Druck zu wehren, sodass sich die Intensität der Energie im Muskel beispielsweise bei »8« oder »9« auf einer Skala von »0« bis »10« befindet. In solchen Fällen liegt der Grund dafür, dass der Muskel mit dieser Intensität angespannt wird, darin, dass das Pferd bei seinem ursprünglichen Versuch, nach Entspannung zu suchen, sich zweifellos bemühte, den Muskel zu entspannen. Aber als es das tat, kam es zu keiner Erleichterung. Tatsächlich hat der Reiter, der den Versuch des Pferdes loszulassen (aufgrund des subtilen Versuchs), nicht gespürt hat, die Spannung wahrscheinlich weiterhin bestehen lassen, was dazu führte, dass das Pferd noch defensiver und angespannter wurde. An diesem Punkt ist das Pferd davon überzeugt, dass das Loslassen keine Lösung darstellt, und verteidigt sich daher jedes Mal mit einer »8« oder »9«, wenn es Druck verspürt.

Um den Prozess der Umkehrung einzuleiten, üben wir Druck aus und fühlen die Muskelgruppen, die ich erwähnt habe. Irgendwann, normalerweise nachdem das Pferd andere Möglichkeiten ausprobiert hat, um den Druck loszuwerden, wie beispielsweisel stärkeres Drücken oder das Heben oder Werfen des Kopfes, wird es die Intensität in diesen Muskelgruppen fast immer ganz leicht verringern. Wenn wir nicht innerlich und äußerlich weich sind, spüren wir wahrscheinlich nie, dass der Muskel weicher wird, weil es auf einer so subtilen Ebene geschieht.

Wenn wir jedoch die Abnahme der Intensität fühlen (von »9« auf »8,75«), bedeutet das auch, dass das Pferd eine entsprechende Entspannung des Drucks verspürte. Die Druckentlastung, so subtil sie auch war, gibt dem Pferd einen Schuss Dopamin und somit das

Selbstvertrauen, beim nächsten Mal, wenn es Druck verspürt, nach der gleichen Art der Entspannung zu suchen. Dadurch beginnt nicht nur der Prozess der Umkehrung der in diesen Muskeln verwendeten extremen Intensität, sondern es wird auch das Gefühl der Sicherheit des Pferdes wiederhergestellt, damit es überhaupt einen Versuch starten kann, um die Intensität zu verringern.

Langsam aber sicher wird das Pferd einen Weg finden, der auf die gemeinsam entdeckte Entspannung als Grundlage aufbaut, und irgendwann kommt es an den Punkt, an dem es kein Bedürfnis mehr verspürt, sich zu wehren. An diesem kann auch die innere und äußere Sanftheit des Pferdes zum Vorschein kommen.

Eine der Hauptkomponenten besteht darin, dass wir unsere Selbstbeherrschung so weit bewahren, dass unsere innere und äußere Sanftheit intakt bleibt, unabhängig davon, was das Pferd anbietet. Wenn das Pferd angespannt ist und wir innerlich ruhig und weich sind, schaffen wir eine Öffnung für die Verbindung zur Sanftheit. Bei innerlicher und äußerlicher Besorgnis und Angespanntheit des Pferdes ist das Einzige, was ihm zur Verfügung steht, besorgte Anspannung.

~

Ich habe im Laufe der Jahre von Trainern und Ausbildern gehört, die ihren Schülern gesagt haben, dass man »Gefühl« nicht unterrichten könne. Das stimmt aber nicht. Alles, wozu Menschen fähig sind, sind sie auch in der Lage zu lehren. Tatsächlich handelt es sich bei »Gefühl« um eine werkseitig beim Menschen installierte Ausrüstung. Ohne sie hätten wir nicht so lange auf diesem Planeten überlebt.

Nicht nur das »Fühlen« mit Pferden kann gelehrt und gelernt werden, sondern auch *alle* Aspekte des Fühlens, einschließlich der inneren Aspekte, über die wir gesprochen haben. Zugegebenermaßen ist es nicht jedermanns Sache und muss es auch nicht sein, so tief in die Kompetenzentwicklung einzutauchen. Aber für diejenigen, die sich dafür entscheiden, den Weg zu gehen, kann ich mit einiger Sicherheit sagen, dass die Offenbarungen, die sie unterwegs finden, die Reise lohnenswert machen wird.

KAPITEL 4

Considering the Horse – 30 Jahre später

Rückblick und Ausblick

Eines Tages werden mir die Tage der Auseinandersetzung im Nachhinein als die schönsten erscheinen.

SIGMUND FREUD

Es ist dreißig Jahre her, dass ich »Considering the Horse« geschrieben habe und um es mit den unsterblichen Worten von The Grateful Dead zu sagen: Was für eine lange, seltsame Reise das war. Nur wenige Jahre nach der Veröffentlichung des Buches kratzte ich nicht länger meinen Lebensunterhalt mit Pferdetraining zusammen, sondern war als Verantwortlicher für den Tierbestand auf der Ranch angestellt und schließlich Vorarbeiter auf einer anderen Ranch.

Während ich hier noch meiner Tätigkeit als Vorarbeiter nachging und erwartete, dort bis zu meiner Rente bleiben zu können, beschlossen die Besitzer plötzlich zu verkaufen. Die neuen Eigentümer waren fundamentalistische Christen, die nach einem Jahr mit mir als Vorarbeiter beschlossen, mich gehen zu lassen, weil ich (wie sie es ausdrückten) kein »ausreichend guter Christ« war, um auf ihrer Ranch zu arbeiten.

In der Woche nach meiner Entlassung rief ich eine Frau an, die ich in meiner letzten Woche als Angestellter auf der Ranch dort zufällig traf. Sie hatte mich ermutigt, in die Welt hinauszugehen und in Vollzeit als Pferdetrainer Kurse zu geben. Sie sagte mir, dass sie gerne meine Geschäftsführerin sein möchte, was die Organisation der Kurse anginge, und alles, was ich tun müsste, sei hier aufzutauchen und die Kurse durchzuführen.

Am Ende dieses Telefongesprächs meinte sie, sie würde sich bei einigen ihrer Kontakte erkundigen und sich dann bei mir melden. Ein paar Tage später waren eine einmonatige Tour mit Kursen in Australien, eine dreiwöchige in Europa sowie mehrere weitere Kurse in den Vereinigten Staaten für mich gebucht.

Mein ursprünglicher Plan bestand darin, die Kurse als Überbrückungsmaßnahme zu nutzen, um etwas Geld zu verdienen, während ich irgendwo nach einem Job als Rancher suchte. Wie sich herausstellte, gab es keine Jobs auf der Ranch, wohl aber immer mehr Kurse. Tatsächlich hatte ich eine Zeit, in der ich umso schneller Kursbuchungen erhielt, je intensiver ich nach einer Stelle auf einer Ranch suchte.

Einer der Gründe, warum ich die Kurse verlassen und wieder zur Rancharbeit zurückkehren wollte, war, dass ich mich bei der Durchführung von Kursen chronisch unbehaglich fühlte. Es gefiel mir viel besser, wenn nur ich und das Pferd irgendwo auf einem kleinen Bauernhof versuchten, die Dinge gemeinsam zu klären. Ohne eine fundierte Ausbildung in der Pferdeausbildung sammelte ich einen Großteil meiner Erfahrungen durch Versuch und Irrtum. Wenn ich etwas mit einem Pferd ausprobierte und es funktionierte, war das großartig, und wenn nicht war das auch in Ordnung. Selten schaute mir jemand dabei über die Schulter und sagte mir, dass ich Recht oder Unrecht hatte oder dass ich die Dinge auf diese oder jene Weise tun sollte, und es gab nie jemanden, der das, was ich tat, mit der Art und Weise verglich, wie jemand anderes es machen würde.

Das änderte sich alles, als ich anfing, Kurse zu geben, insbesondere in den Vereinigten Staaten. Damals gab es bereits eine ganze Reihe etablierter Trainer, von denen viele mit eingängigen Phrasen und Spielereien einheitliche Programme anboten und Legionen treuer Anhänger hatten. Ich war der Neue, der mit einer Segeltuchtasche (in der sich zwei Paar Baumwollleinen, ein oder zwei Halfter oder zwei, drei oder vier Halfterstricke befanden) sowie einem Sattel und einer Satteldecke reiste, alles auf der Ladefläche meines Pickups gestapelt. Ehrlich gesagt glaube ich, dass das Einzige, was die Leute überhaupt zu meinen Kursen gebracht hat, der Tatsache entsprach, dass ich bereits zwei Bücher herausgebracht hatte und ein drittes noch kam. Ich war das nächste neue Gesicht, das auftauchte, und ich glaube, die Leute wollten sehen, worum es bei mir ging.

Ich würde sagen, in den ersten ein oder zwei Jahren begann mehr als die Hälfte der Fragen, die ich von Zuschauern und Reitern gleichermaßen beantwortete, mit: »*Warum machst du das nicht so wie der und der?*« Viele weitere Kommentare, die ich erhielt, fielen in die Kategorie »*Das wird nie funktionieren*« und »*So kann man das nicht machen*«.

Hier ein Beispiel für die Dinge, die ich damals gesehen und gehört habe: Am ersten Tag eines Kurses brachte eine Frau einen Amerikanischen Riesenesel mit, den sie unter dem Sattel nur mit Mühe anhalten konnte. Wir verbrachten die erste Einheit damit, ihm dabei zu helfen herauszufinden, wie er dem Druck des Gebisses nachgeben kann, und brachten ihm schließlich bei, wie man anhält und rückwärts geht.

Als die Frau und der Esel am zweiten Tag hereinkamen, rekapitulierte ich für die Zuschauer, was in der vorherigen Einheit erarbeitet wurde. Dann fingen wir an, die Dinge zu wiederholen, mit denen wir ihn am Vortag unterstützt hatten, einschließlich des Rückwärtsgehens, welches er williger als am Vortag machte.

Während sich der Esel auf Aufforderung seiner Reiterin ruhig nach rückwärts bewegte, stand eine Frau im Publikum auf, die am Tag zuvor nicht da gewesen war, und verkündete lautstark, dass es Zeitverschwendung sei, Eseln das Rückwärtsgehen beizubringen, weil Esel körperlich bedingt nicht in der Lage seien, das zu tun. Nochmals: Dieser Kommentar wurde abgegeben, während der Esel bereits rückwärts ging!

Wie dem auch sei, da mir nur wenige Ranch-Möglichkeiten zur Verfügung standen, kämpfte ich mich weiter durch die Kurse und fand schließlich einen angenehmen Rhythmus, der auf Dingen basierte, die ich im Umgang mit Pferden und Menschen für wahr und richtig hielt. Langsam aber sicher trennten sich die Reiter und Zuschauer, die sich nicht so sehr für das interessierten, was ich zu bieten hatte, und wurden durch diejenigen ersetzt, die sich dafür interessierten.

Erstaunlicherweise begann etwa zur gleichen Zeit die Beliebtheit der einheitlichen Pferdetrainingsprogramme etwas nachzulassen. Viele dieser Programme basierten auf verzerrten Interpretationen der Dynamik von Pferdeherden, bei denen behauptet wurde, dass jenes Pferd, welches andere in der Herde herumschubst, der »Boss« sei oder das »Alpha«-Pferd. Zu diesem Zweck lehrten die Programme größtenteils, dass Pferde ihre Besitzer als Alphatiere der Herde sehen sollten. Als Alpha hatte der Besitzer dann die Erlaubnis, so viel Druck auszuüben, wie nötig war, um das Pferd dazu zu bringen, auch nur auf einfache Anfragen zu reagieren. Derartige willkürliche Ausbrüche des Besitzers führen in der Regel nur dazu, dass sich das Pferd unsicher fühlt, und infolgedessen hatten etliche davon mehr als nur ein wenig Schwierigkeiten, mit der Idee einverstanden zu sein. Es überraschte nicht, dass es zu Problemen kam.

Dies alles geschah zu Beginn dessen, was als »Natural Horsemanship«-Bewegung bezeichnet wurde und immer noch wird. Das übergeordnete Marketingthema hinter der Bewegung lautete: »*Wenn etwas ›natürlich‹ ist, muss es gut sein.*« Leider können wir nur sehr wenig für unsere Pferde tun, was im wahrsten Sinn des Wortes natürlich für sie ist, und auch die angebotenen Programme hatten nichts Natürliches an sich.

Diese Programme förderten eine Atmosphäre, in der das Pferd *etwas* tun sollte, um ein Ziel zu erreichen, statt Dinge *gemeinsam mit* dem Pferd zu tun, um eine Beziehung aufzubauen. Dies war der Fall, obwohl in vielen Programmen die Beziehung als Hauptschwerpunkt angepriesen wurde.

Ungefähr zur gleichen Zeit nahmen wir auch einen Zustrom von Leuten wahr, die sich von diesen Einheitsmethoden wieder abwandten. Das waren wohlmeinende Leute, die an einem der »Horsemanship-Programme« in der Erwartung teilnahmen, Harmonie mit ihren Pferden zu entwickeln, nur um ein, zwei oder drei Jahre zu entdecken, dass mit ihren Pferden kaum mehr umzugehen war. Viele dieser Pferde hatte man während ihres Trainings und Umgangs mit so vielen sinnlosen Wiederholungen konfrontiert, dass sie mit niemandem mehr etwas zu tun haben wollten.

Das bedeutete für mich einen Wendepunkt. Die meisten dieser Pferde waren bereits halbtot »technisch trainiert« worden, und aus diesem Grund stellten wir schnell fest, dass der Einsatz weiterer Techniken sicherlich nicht den richtigen Weg darstellte, um ein besseres Gefühl zu erreichen. Diese Pferde haben mir geholfen zu verstehen, dass es Zeiten gibt, in denen es am besten ist, ganz von der Technik Abstand zu nehmen und sich stattdessen ein wenig mehr darauf zu konzentrieren, mit dem zu verschmelzen, was vor einem liegt und dann eine kleine Richtung vorzugeben, wenn sich die Gelegenheit dazu bietet.

Ich wusste es damals noch nicht, aber diese Art der Arbeit mit Pferden und Menschen sollte irgendwann zu einem der Grundprinzipien dessen werden, was wir bis heute tun.

~

Inmitten all dieser Dinge traf ich auch auf bestimmte Profis aus der Pferdeszene, die mich dazu brachten, meine lang gehegten Vorstellungen über andere Aspekte der Reitkunst zu überdenken. Dies begann damit, dass ich einem Sattler begegnete, der seine Sättel mit Sattelbäumen herstellte, die im Verhältnis zum Pferderücken biomechanisch korrekt waren. Nachdem ich diesen Hersteller kennengelernt und getestet hatte, wie seine Sattelbäume zum Pferderücken passten, konnte ich leicht erkennen, wie die richtige Sattelanpassung dazu beitragen kann, einen Großteil potenzieller Verhaltensprobleme bei Pferden zu beseitigen.

Schließlich kaufte ich von diesem Hersteller einen guten Arbeitssattel für Buck, den er bis zu seinem Tod trug und den ich immer noch habe. Ich erwarb bei diesem Hersteller auch einen Sattel für unterwegs, damit ich, wenn ich auf ein Pferd mit einem schlecht sitzenden Sattel stoße, den Sattel austauschen und in der Lage bin zu erkennen, welche Veränderungen sich gegebenenfalls im Verhalten des Pferdes ergeben. Wenn der Sattel eine positive Veränderung bewirkt, kann ich den Reiter mit dem Hersteller in Verbindung bringen.

In einem Kurs in Tennessee kam ein Typ mit einem fuchsfarbenen Quarter Horse herein, das zwar alles tat, was sein Besitzer verlangte, aber immer ein wenig nervös wirkte. Es war klar, dass der Sattel, den er benutzte, nicht besonders gut auf das Pferd passte, und ich schlug vor, unseren Ersatzsattel auszuprobieren, um zu sehen, ob er eine Verbesserung bewirke.

Nachdem der Reiter abgestiegen war, überprüfte ich noch einmal den Sitz seines Sattels, der sehr eng am Widerrist und am Schulterblatt des Pferdes sowie am unteren Rücken saß. Dieser bildete außerdem eine *Brücke*, wodurch zwischen den Auflageflächen und der Oberseite des Pferderückens, etwa dort, wo der Reiter saß, ein Spalt von etwa anderthalb Zoll entstand. Es war einer der am schlechtesten sitzenden Sättel, die ich bisher gesehen hatte, sodass ich mir sicher war, dass der andere, obwohl er wahrscheinlich nicht perfekt passte, zweifellos viel besser sitzen würde als dieser.

Wir tauschten die Sättel aus und wie erwartet passte der neue Sattel viel besser. Wir konnten die Passform sogar noch etwas verbessern, indem wir ein paar kleine Polster direkt hinter dem Schulterblatt des Pferdes verwendeten. Nachdem wir das geschafft hatten, war viel Platz über dem Widerrist und dem Schulterblatt, viel Entlastung über dem unteren Rücken und keinerlei Anzeichen einer Brückenlage.

Zufrieden mit der Passform des Sattels saß der Reiter auf, und beinahe sofort begann der Wallach zu buckeln. Der Reiter blieb im Sattel und konnte ihn stoppen, aber das Pferd war nicht glücklich. Er drängte ihn sanft vorwärts und beim ersten Schritt begann es erneut mit Bocksprüngen.

»Ich glaub, er mag diesen Sattel nicht«, sagte der Reiter, nachdem er den Wallach zum zweiten Mal angehalten hatte.

»Das glaube ich auch«, stimmte ich zu.

Wir wechselten wieder zu dem schlecht sitzenden Sattel, und der Wallach kam sofort zur Ruhe und lief sogar etwas besser als vor dem Sattelwechsel.

Ich schätze, trotz unserer unendlichen Weisheit über alles, was mit Pferden zu tun hat, und selbst wenn wir es richtig machen, zeigt sich einfach, dass das Pferd vielleicht immer noch etwas dazu sagen möchte.

Von den paar hundert Pferden, bei denen wir im Laufe der Jahre die Passform des Sattels anpassten, war dieser Wallach der Einzige, der die schlechte Passform einer besseren vorzog. Es ist lustig, aber selbst jetzt, über zwanzig Jahre später, fällt mir immer dieser Wallach ein, wenn ich mit jemandem über die Sattelpassform spreche. Er erinnert mich daran, dass Hilfe nur Hilfe ist, wenn der Empfänger es auch so sieht. Ein bisschen wie der Junge, der der alten Dame über die Straße hilft, nur um dann festzustellen, dass sie gar nicht hinübergehen wollte.

Auf meinem Weg bin ich auch Hufschmieden und -bearbeitern, Ernährungswissenschaftlern, Zahnärzten, Körpertherapeuten, ganzheitlichen Tierärzten, Chiropraktikern, Gebissherstellern und natürlich meinem Freund und Pferdeneurowissenschaftler Dr. Peters begegnet und habe von ihnen gelernt. All diese Leute und noch mehr trugen dazu bei, meine Ausbildung voranzubringen, indem sie Fragen beantworteten, die ich vielleicht hatte, und andere wiederum aufwarfen, von denen ich nicht einmal wusste, dass sie existieren. Es dient als Beweis dafür, dass man umso mehr merkt, dass man nichts weiß, je mehr man weiß.

Für einige Leute mag ein solcher Gedanke entmutigend wirken, aber ich sehe das nicht so. Wenn ich auf die letzten dreißig Jahre zurückblicke, sehe ich, wie viel besser die Pferdebranche im Allgemeinen und die Pferdeleute im Besonderen ausgebildet sind. Natürlich hilft es, das Internet mit allen Informationen aus aller Welt zur

Hand zu haben, aber das Internet allein ist nicht der einzige Grund. Pferdemenschen sind heute sachkundiger, weil sie sich die Mühe machen, dies auch zu sein.

Als ich zum ersten Mal in die Branche kam, schien es, als könnten und würden einige Trainer fast alles zu Pferden und ihren Besitzern sagen oder tun und ungeschoren davonkommen können. Die Leute hielten das, was sie sahen und hörten, oft für bare Münze, weil sie das Gefühl hatten, der Trainer wisse mehr über Pferde als sie selbst. Diese Zeiten gehören nun so gut wie der Vergangenheit an, und das gilt auch für viele dieser Trainer.

Evidenzbasierte Daten sind heute so leicht zugänglich, dass es fast keinen Aufwand erfordert, Informationen zu entkräften, die noch vor ein paar Jahren als Evangelium galten. Ein typisches Beispiel ist die Vorstellung, dass ein Pferd Angst beim Menschen spüren kann, was wiederum beim Pferd Sorge auslöst.

Eine Studie an der University of Guelph in Ontario, Kanada, aus dem Jahr 2014 bestätigte, dass Pferde offenbar in der Lage sind, Angst beim Menschen zu spüren, sich darüber jedoch keine Sorgen machen. Tatsächlich zeigte die Studie, dass sie auf den Menschen mit etwas reagierten, das wir als Mitgefühl bezeichnen könnten.

In der Studie trugen sowohl Pferde als auch Menschen Geräte zur Herzfrequenzmessung. Dann wurden Menschen, die Angst vor Pferden hatten, die Augen verbunden und mit Pferden in einen Roundpen gesteckt. Während sich die Herzfrequenz des Menschen während der Zeit des Zusammenseins mit dem Pferd erhöhte, sank die des Pferdes währenddessen. Darüber hinaus senkten die Pferde ihre Köpfe und bewegten sich sehr langsam um die besorgten Menschen herum. Das Endergebnis der Studie war, dass die Forscher herausfanden, dass die Anwesenheit besorgter oder gestresster Menschen bei den Pferden *weder* Angst noch Stress verursachte.

In diesem Sinne zeigen Untersuchungen, dass einer der Hauptgründe, warum Pferde sich in irgendeiner Situation Sorgen machen, darin besteht, dass sie sich nicht sicher fühlen. Das erinnert mich an die Geschichte, die ich über Wayne und sein Pferd Marty erzählt habe und wie die Leute in Waynes Stall ihm immer wieder erzählten, sein Pferd sei die ganze Zeit besorgt, auch wenn es überhaupt nicht besorgt aussah (siehe S. 130). Pferde sind nicht wie Menschen, die ihre Sorgen leicht verbergen können. Wenn Pferde sich Sorgen machen, dann tun sie das, weil sie sich nicht sicherfühlen. Wenn das der Fall ist, können sie nicht so handeln, als ob sie sich sicherfühlen würden, es sei denn, sie sind emotional abgeschaltet, was man auch als *erlernte Hilflosigkeit* kennt.

Ich habe im Laufe der Jahre viele Pferde gesehen, die am ersten Tag einer Schulung in die Reitbahn kamen und ziemlich besorgt aussahen und sich auch so verhielten, aber am zweiten Tag jedoch ruhig und bereit zur Arbeit waren. Ein wichtiger Grund dafür ist, dass Pferde an einem neuen Ort am ersten Tag fast immer mehr Angst an den Tag bringen, weil sie, wie wir bereits bemerkten, eine *falsch-positive Tendenz* haben. Alles außerhalb ihrer Komfortzone stellt eine potenzielle Bedrohung dar. Deshalb werden sie sich am zweiten Tag natürlich besser fühlen, nachdem sie erfahren haben, dass die Reitbahn tatsächlich ein sicherer Ort ist.

Oft habe ich einem Reiter, dessen Pferd am ersten Tag einer Schulung Probleme hatte, gesagt, dass es dem Pferd am nächsten Tag besser gehen würde, und das traf auch fast immer ein. Das liegt nicht daran, dass ich eine Art Gedankenleser für Pferde bin oder dass das Training, das wir durchführten, eine weltbewegende positive Wirkung auf das Pferd hatte. Das liegt daran, dass sich das Pferd jetzt sicherfühlt. So einfach ist das.

Als ich anfing, Kurse zu geben, ritt ich die Pferde der Teilnehmer, vor allem, wenn eines Probleme mit dem Reiter hatte. Ich saß auf, brachte das Pferd an einen guten Punkt und gab es dann dem Besitzer zurück. Mit der Zeit bemerkte ich, dass das gleiche Problem fast jedes Mal wieder auftrat, wenn der Reiter sein Pferd wieder eine Zeitlang selbst ritt.

Schließlich wurde mir klar, was los war: Dadurch, dass ich ihre Pferde für sie ritt, entwickelten die Besitzer nicht die nötigen Fähigkeiten, um die Probleme selbst zu lösen. Fast ausnahmslos brachten sie das Pferd nach Hause, ein, zwei oder drei Monate lang lief alles gut, dann schlichen sich langsam aber sicher wieder alte Gewohnheiten und Verhaltensweisen ein, bis zu dem Punkt, an dem sie fast wieder dort landeten, wo sie begonnen hatten.

Drei oder vielleicht vier Jahre nach Beginn meiner Lehrtätigkeit beschloss ich, die Pferde der Kursteilnehmer nicht mehr zu reiten. Für mich war es aus mehreren Gründen ein schwieriger Übergang. Erstens fiel es mir schwer, Reitern und Pferden dabei zuzusehen, wie sie sich abmühten, während sie lernten, miteinander auszukommen (weshalb ich überhaupt begonnen hatte, ihre Pferde zu reiten). Der zweite Grund war, dass die Schüler, die selbst ritten, mich dazu zwangen, ein besserer Lehrer zu werden. Ich musste lernen, Dinge zu beschreiben, die ich bis dahin nur gefühlt hatte, auch das Gefühl, das über die Zügel übertragen wurde.

Um dieses Gefühl zu vermitteln, musste ich in den meisten Fällen ein Ende der Zügel ergreifen, während ich am Boden war und der Schüler das andere Ende vom Sattel aus ergriff. Dann übten wir gemeinsam unterschiedlich viel Druck aus, um ein Gefühl füreinander zu bekommen. Wir begannen damit, dass ich der »Reiter« und der Reiter das »Pferd« war. Dann tauschten wir die Rollen.

In erster Linie machten wir, neben vielen anderen Dingen den Reiter mit dem Konzept des *Drucks ohne Ziehen* bekannt, das ich bereits im Kapitel »Das Pferde-Gehirn« (S. 137) vorgestellt habe. Das bedeutet einfach, dass wir, sobald wir einen bestimmten Druck ausüben, beispielsweise auf einer Skala von null bis zehn, diesen nicht erhöhen, unabhängig davon, wie viel davon das Pferd als Reaktion auf unsere Hände ausübt. Mit anderen Worten: Sobald wir bei der Eins sind, werden unsere Hände stabiler. Wenn sich das Pferd also gegen den Druck Eins lehnt, erhöht es den Druck auf sich selbst.

Meine vorherige Erklärung bestand darin, ein Seil an einen Pfosten zu binden und dann am Seil zu ziehen. Wenn wir uns den Pfosten wie die Hände eines Reiters vorstellen und die Person, die am Seil zieht wie ein Pferd, das auf das Gebiss drückt, können wir erkennen, dass der Druck umso größer ist, je stärker die Person am Seil zieht, weil der Pfosten sich nicht bewegt. Wenn diese Person jedoch etwas so Subtiles tut, wie einfach darüber nachzudenken, die Hände in Richtung des Pfostens zu bewegen (auch ohne es tatsächlich zu tun), wird sie eine sofortige, wenn auch sehr kleine Erleichterung verspüren. Wie ich bereits sagte, haben wir viel mehr Lebendigkeit in uns als ein Pfosten, daher werden unsere Hände nie vollkommen stabil sein, aber die Idee ist dieselbe.

Sobald der Reiter die Rolle des Pferdes übernahm und die Art von Druck und Entspannung verspürte, von der wir sprechen, bestätigte fast jeder, wie subtil die Dinge zwischen uns abliefen. Dann startete der Reiter mit dem Pferd, und wenn er das gleiche Gefühl vermittelte, besserten sich die Dinge zwischen ihnen in der Regel recht schnell.

Den Reitern einfach nur die Werkzeuge an die Hand zu geben, um *spüren zu können*, wonach sie suchten, erwies sich für sie als Anreiz, dauerhafte Fähigkeiten zu entwickeln, die ihnen vielleicht entgangen wären, wenn ich einfach ihre Pferde für sie geritten hätte. Ungefähr zu dieser Zeit wurde mir klar, dass meine Aufgabe nicht so sehr darin besteht, dem Pferd zu helfen, dass es ihm besser geht, obwohl das sicherlich einen großen Teil davon ausmacht. Meine Aufgabe bezieht sich darauf, Reiter zu stärken, indem ich ihnen dabei helfe, sich zu verbessern.

Diese Idee führte schließlich zur Entwicklung der von uns unterrichteten *Aibado*-Kurse, deren Hauptaugenmerk, wie ich bereits erwähnt habe, darauf liegt, den Reitern dabei zu helfen, innere und äußere Sanftheit, Verbindung, Erdung, Balance und Kraft zu entwickeln. Das Faszinierende an diesen Kursen ist, dass wir Schüler sehen, die morgens zu einem *Aibado*-Kurs kommen und das Gelernte am Nachmittag beim Reiten sofort anwenden können.

Heute besteht der überwiegende Teil unserer Kurstätigkeit darin, Reitern dabei zu helfen, kleine, manchmal sogar unsichtbare Anpassungen an sich selbst vorzunehmen, die wiederum in der Regel zu erheblichen positiven Veränderungen beim Pferd führen. Obwohl wir bei Bedarf Reit- und Handhabungstechniken anbieten, machen diese Zeiten im Allgemeinen nur einen kleinen Teil einer Reitstunde bei uns aus. Stattdessen sind wir fast immer in der Lage, die Technik, die der Reiter bereits verwendet, gerade so weit zu optimieren, dass er die gewünschte Veränderung hervorrufen kann.

Vor diesem Hintergrund haben wir auch festgestellt, dass die Art und Weise, wie wir die Beziehung zwischen Pferd und Reiter entwickeln, nicht jedermanns Sache ist und daran kann man sicherlich auch nichts aussetzen. Manchmal verlassen sich die Menschen so lange auf ihre Techniken und Mechaniken, dass fast alles andere als das, was sie kennen, nicht nur ein Schritt zu weit geht, sondern selbst der Weg dahin als zu weit erscheint.

Es gab Zeiten, in denen das, was wir anbieten, bei den Leuten einfach keinen Anklang fand und andere, in denen *ich* bei ihnen vielleicht keinen Anklang fand. Manche Leute wollen einfach nur, dass sich ihr Pferd verbessert, ohne dass sie die Arbeit machen müssen, und manche haben buchstäblich keine Zeit, eine solche in die Arbeit zu investieren, und das Fazit daraus, dass es viele Möglichkeiten gibt, mit Pferden freundlicher und rücksichtsvoller zu arbeiten und diejenige davon, die für den Einzelnen funktioniert, ist die jeweils richtige.

Vor ungefähr fünf Jahren hielt ich einen Vortrag auf einer großen Pferdemesse in Ohio. Eines Nachmittags saßen Crissi und ich in einer ruhigen Zeit an unserem Stand und sahen zu, wie die Leute auf dem Gang vor unserem Stand vorbeiliefen.

»In der Pferdewelt verändern sich die Dinge«, sagte sie aus heiterem Himmel.

»Was meinst du?«

»Die Art und Weise, wie Menschen Fragen stellen, ist anders.« Jemand, der vorbeikam, winkte. Sie grüßte zurück. »Jedes Mal, wenn Menschen in der Vergangenheit eine Frage zu ihren Pferden gestellt haben, begann diese immer mit: »*Wie bringe ich mein Pferd dazu, …?*« Auf dieser Messe fingen fast alle Fragen an mit: »*Wie kann ich mich für mein Pferd verbessern?*«

»Ja?«

»Ja.« Sie lächelte. »Das ist schön.«

Sie hatte natürlich recht, und das hat sie fast immer. Dinge verändern sich. Menschen werden bewusster, gebildeter und einfühlsamer gegenüber Pferden. Natürlich nicht jeder, aber ausreichend viele, um etwas zu verändern.

Der Funke, den ich sehe, der diese Veränderung in die Zukunft trägt, ist die Begeisterung, die in den jüngeren Generationen von Reitern und Reiterinnen zum Ausdruck kommt, wenn sie beginnen, nach freundlicheren, rücksichtsvolleren und effektiveren Wegen für den Umgang mit Pferden zu suchen. Ich sehe dieses Licht in den Augen von Einzelpersonen wie unseren Ausbildungsschülern, acht äußerst talentierten Reitern aus den gesamten Vereinigten Staaten sowie England. Obwohl sie alle unterschiedliche Werdegänge und Disziplinen aufweisen, hat sich jeder auf seine eigene Weise dafür entschieden, die Prinzipien eines achtsamen Lebens mit Pferden zu suchen und mit seinen eigenen Schülern zu teilen. Diese Grundsätze sind in guten Händen.

Dreißig Jahre, nachdem ich »Considering the Horse« geschrieben habe, konnte ich mir damals einfach nicht vorstellen, auf welche unglaubliche Reise ich mich begeben würde. Jedes Pferd in diesem Buch hatte seinen Anteil daran, mich an diesen Punkt zu bringen. Eine ganze Pferdeherde bahnte sich ihren Weg in eine unbekannte Zukunft, und ich war einfach mit dabei.

Diese Pferde haben mich mittlerweile buchstäblich um die ganze Welt geführt. Dank ihnen war ich an Orten, an denen ich nie gewesen wäre, habe Dinge gesehen, die ich nie gesehen, Dinge getan, die ich nie getan und Menschen getroffen, die ich sonst nie getroffen hätte. Sie stellten mich Freunden auf der ganzen Welt vor und auch meiner Frau.

Tatsächlich: Alles, was ich habe und all das, was ich bin, verdanke ich den Pferden, und das ist eine Schuld, die ich niemals zurückzahlen kann.

Aber es wird mich nicht davon abhalten, es zu versuchen.

Nachwort
Ein Besuch von Walter

An einem Mittwochabend im September 2021 gingen Crissi und ich mit unseren Freunden John und Bernadette Spillane, den Besitzern der Happy Dog Ranch, wo wir unsere zehntägigen Intensivkurse abhielten, in Littleton, Colorado, zum Abendessen. Wir gingen zu einem unserer Lieblingsrestaurants, einem asiatischen Bistro unweit der Ranch. Es war ein schöner Abend, also entschieden wir uns, einen Tisch im Außenbereich im großen Innenhof einzunehmen.

An diesem ruhigen Abend im Bistro waren wir die einzigen, die draußen saßen. Ich hatte kürzlich das zweite Kapitel dieses Buches beendet, und nachdem wir bestellt hatten und bevor das Essen kam, fragten John und Bernadette, was in dem Kapitel stehe. Ich war froh, die Quintessenz dessen, was ich geschrieben hatte, weiterzugeben, nicht nur, weil es mir noch frisch im Gedächtnis war, sondern auch, weil es eine besondere Bedeutung für mich hatte. In diesem Kapitel bespreche ich eine Reihe von Verhaltensweisen, die ich unwissentlich von Walter übernommen habe, während ich mit ihm zusammenarbeitete.

Nachdem ich beschrieben hatte, worum es in dem Kapitel ging, begann ich ihnen zu erzählen, wie Walter sich fast immer eine Zigarette angezündet hatte, wenn ihm eine Frage gestellt wurde und bevor er antwortete.

Ich erklärte, dass dies immer zu einer gedanklichen Pause in der Diskussion führte und dass ich, vielleicht unbewusst, auch die Angewohnheit entwickelte, eine Pause einzulegen, wenn mir eine Frage gestellt wurde.

Als ich über Walter sprach, geschah etwas Ungewöhnliches. Der deutliche Geruch von Zigarettenrauch breitete sich langsam über dem Tisch aus.

»Riechst du das?« fragte Crissi. »Ist das Zigarettenrauch?«

Der Innenhof, in dem wir saßen, lag zwischen zwei Gebäuden – dem Bistro und einem weiteren Gebäude, etwa sieben bis zehn Meter entfernt. Hinter Crissi und mir war der Hof weit offen und erstreckte sich etwa fünfundvierzig Meter nach Westen. Hinter John und Bernadette, die uns gegenübersaßen, war der Hof ebenfalls weit offen und ging noch knapp dreißig Meter nach Osten, wo er an einer kleinen Straße endete. Hinter der kleinen Straße befand sich ein riesiger Parkplatz und dahinter eine sechsspurige Hauptstraße.

Crissi setzte sich in ihrem Stuhl auf und suchte die gesamte Umgebung in alle Richtungen ab.

»Woher kommt das?« fragte sie mit Überraschung in ihrer Stimme. »Wir sind die einzigen hier.« Auch wir anderen sahen uns um, und tatsächlich waren nirgendwo andere Menschen zu sehen, nicht einmal auf dem Parkplatz gegenüber.

Ich möchte hier darauf hinweisen, dass der Zigarettengeruch ziemlich stark war. Tatsächlich stark genug, dass es schien, als hätten wir Rauchschwaden sehen können. Es gab aber keine. Der Geruch veranlasste uns, das Gespräch zu unterbrechen, während wir uns alle umsahen und versuchten, die Quelle zu finden, aber es war keine zu finden.

Ein Lächeln huschte über Crissis Gesicht. »Ich glaube, Walter ist hier«, sagte sie. »Er hat gehört, wie du über ihn gesprochen hast.«

Nach ein oder zwei Minuten fuhr ich langsam mit meiner Geschichte fort, während der Geruch hartnäckig über dem Tisch hing. Ein paar Minuten später, als ich mich dem Ende der Geschichte über Walter und seiner Neigung näherte, sich eine Zigarette anzuzünden, sobald ihm eine Frage gestellt wurde, verflog der Geruch langsam.

In all den Jahren, in denen wir das Bistro besucht haben, ist so etwas noch nie passiert, und auch seitdem ist nichts Vergleichbares geschehen. Es überrascht nicht, dass sich das Diskussionsthema auf der Rückfahrt zur Ranch nach dem Abendessen um die Einzigartigkeit des Erlebnisses drehte. Was die Situation noch einzigartiger machte, war, dass sich die Geschichte, die ich erzählte, um die Pause drehte, die entstand, wenn Walter sich eine Zigarette anzündete und wie es durch das Wahrnehmen des Rauchgeruchs am Tisch unwillkürlich zu einer solchen beim Erzählen der Geschichte selbst kam.

Normalerweise bin ich nicht der Typ, der bei solchen Dingen voreilige Schlüsse zieht. Schließlich hätte es eine durchaus vernünftige Erklärung für den Geruch geben können, die uns einfach nicht bewusst war. Als wir jedoch in die Einfahrt zur Ranch einfuhren, war ich mir ziemlich wohl bei dem Gedanken, dass Walter tatsächlich zu Besuch vorbeikam. Was könnte es denn schon schaden?

~

Der zehntägige Kurs auf der Happy Dog Ranch im September 2021 war mit zwölf Teilnehmern voll ausgebucht. Die Tage in diesen Kursen sind voll und abwechslungsreich. Wir verbringen üblicherweise drei halbe Tage pro Woche im *Dojo* der Ranch mit der Arbeit an *Aibado* und fünf halbe Tage mit der Rinderarbeit, zwei in der ersten Woche, drei in der nächsten. Den Rest der Zeit verharren alle damit, an verschiedenen Aspekten der Reitkunst zu arbeiten, entweder mit den Pferden, die sie mitgebracht haben, oder mit denen, die von der Ranch zur Verfügung gestellt werden. Wir haben außerdem zwei Gruppentreffen pro Tag, eines vor dem Reiten und eines am Ende des Tages. Bei unseren morgendlichen Treffen geht es darum, sich mit allen zu treffen und herauszufinden, was sie an diesem Tag mit ihren Pferden vorhaben sowie alle Fragen zu beantworten. Bei den Treffen am Nachmittag handelt es sich wiederum darum, den Stand der Dinge zu klären und herauszufinden, wie es allen im Laufe des Tages ergangen ist, sowie Fragen zu beantworten.

In unseren zehntägigen Kursen gibt es in der Regel mindestens drei Ausbilder. Crissi, unser leitender Ausbilder Gray Graves und ich. Manchmal kommen einige unserer anderen Dozenten hinzu und unterrichten ebenfalls, wodurch sich die Anzahl unserer Dozenten oft auf fünf oder sechs erhöht.

Als dieser spezielle zehntägige Kurs begann, hatten wir weltweit insgesamt sieben Ausbildungsstudenten. Die Anzahl unserer Ausbilder ist gering, da wir bei Reitern und Reiterinnen nach sehr spezifischen Eigenschaften suchen, bevor wir sie in diese Rolle einladen. Umfangreiche praktische Pferdeerfahrung ist natürlich ein Muss, aber auch der gute Umgang mit Menschen und die Fähigkeit, ein talentierter Ausbilder zu sein, sind Voraussetzung, ganz zu schweigen davon, dass die allgemeinen Prinzipien, die wir weitergeben möchten, genau bekannt sein müssen.

Es gibt keine spezifischen Kurse, die man belegen kann, um einer unserer studentischen Ausbilder zu werden. Vielmehr treffen wir unsere Auswahl aus der Gruppe von Menschen, die regelmäßig unsere Kurse besuchen und deren Wachstum in allen Bereichen, die ich erwähnt habe, sowie in mehreren anderen, einen Punkt erreicht, an dem wir der Meinung sind, dass der beste Fortschritt für sie darin besteht, zu lehren, was sie lernen. Wir müssen ihnen auch genug Zuversicht entgegenbringen, um darauf vertrauen zu können, dass sie den Schülern Informationen auf freundliche, durchdachte und sinnvolle Weise weitergeben.

Irgendwann haben wir lange genug mit Menschen zusammengearbeitet, um zu wissen, dass sie alle Qualitäten besitzen, die wir von einem studentischen Ausbilder erwarten, mit der Ausnahme, dass wir ihnen nicht wirklich beim Unterrichten zugeschaut haben. Bei solchen Gelegenheiten teilen wir ihnen mit, dass wir sie für eine Stelle in Betracht ziehen. Bevor wir sie jedoch offiziell einladen, müssen wir sehen, wie sie unterrichten.

Einer dieser potenziellen studentischen Ausbilder war in diesem zehntägigen Kurs. Ihr Name war Jessica. Sie nahm schon seit mehreren Jahren an Kursen teil, und Anfang des Sommers wurde Crissi, Gray und mir bei einem weiteren zehntägigen Kurs, den sie als Teilnehmerin besuchte, klar, dass sie eine großartige Kandidatin als Ausbilderin sein würde. Das Einzige, was fehlte, war, dass wir nicht die Gelegenheit hatten, ihr beim Unterrichten zuzusehen, obwohl sie das schon seit Jahren auf ihrem eigenen Hof tat.

Jessica hatte in der ersten Woche dieser zehn Tage ein wenig zu kämpfen, nicht weil sie keine talentierte Lehrerin war, sondern es sah so aus, als würden ihre Nerven ihr in die Quere kommen. Wir ermutigten sie und machten ihr ein paar Vorschläge für mögliche Anpassungen und am Ende der ersten Woche begannen ihr natürliches Talent, ihre Fähigkeiten und ihr Können zu glänzen.

Am Ende des Tages – am Montag der zweiten Woche – trafen sich Crissi, Gray und ich. Nach einer kurzen Diskussion ergab sich, dass wir alle der Meinung waren, dass sie über die Lehrfähigkeiten verfügte, die wir von einer studentischen Ausbilderin erwarten , und wir beschlossen sie offiziell einzuladen, sich uns in dieser Rolle anzuschließen. Dies wollten wir alle drei zusammen im Anschluss an unseren Kurstag tun, aber aufgrund von Grays Zeitplan nach der Arbeit würde sie erst am Mittwoch dieser Woche verfügbar sein.

Also trafen wir uns zwei Tage später, am Mittwoch, und unmittelbar im Anschluss an das Gruppentreffen am Nachmittag mit Jessica boten wir ihr die Stelle an. Sie nahm das Angebot dankend an. Wir saßen etwa eine Stunde lang zusammen und besprachen die Position ausführlicher, beantworteten ihre Fragen und unterhielten uns einfach im Allgemeinen. Als wir fertig waren, luden wir sie und Gray zum Abendessen mit Bernadette, John, Crissi und mir ein. Gray hatte bereits einen Termin und Jessica sagte, sie würde zwar gerne mitkommen, wollte aber stattdessen ihren Mann und ein paar Freunde anrufen, um ihnen die Neuigkeiten mitzuteilen.

An diesem Abend besuchte uns offenbar Walter im Bistro.

Am nächsten Morgen verkündeten wir allen während unseres Gruppentreffens, dass Jessica offiziell zur Ausbilderin befördert worden war, was mit lautem Applaus und begeisterten Glückwünschen beantwortet wurde. Als sich die Lage beruhigte, sagte ich der Gruppe, dass ich ihnen noch etwas mitteilen wollte. Dann erzählte ich die Geschichte vom Zigarettenrauch vom Vorabend.

Ich erzählte der Gruppe vom zweiten Kapitel dieses Buches und wie ich Walters Zigaretten anzünden als seine Art beschrieb, um ein Gespräch zu pausieren. Ich erzählte ihnen, wie der Geruch des Rauchs vom Vorabend aus dem Nichts kam, wie er über unserem Tisch hing, während ich die Geschichte erzählte und wie er erst verschwand, als die Geschichte zu Ende war.

Während ich der Gruppe das alles erläuterte, bemerkte ich, dass sich Jessicas Gesichtsausdruck veränderte. Ihr breites Lächeln verwandelte sich in einen besorgten Ausdruck. Sie sah auch so aus, als ob sie etwas sagen wollte, tat es aber nicht.

Nachdem ich fertig war, fügten Crissi und Bernadette, die ebenfalls in der Gruppe waren, ihre Gedanken hinzu, woraufhin ich zu Jessica hinüberschaute.

»Kann ich euch etwas Seltsames erzählen?« sagte sie. »Die ganze letzte Woche hatte ich den Geruch von Zigarettenrauch an meinen Händen, und ich rauche nicht.«

Sie erklärte weiter, dass der Geruch ihr beinahe sofort nach ihrer Ankunft auffiel und nichts, was sie tat, ihn beseitigen konnte. Zuerst hatte sie gedacht, es liege an der Seife, die sie benutzte, oder an der Handlotion oder am Shampoo. Aber nichts davon war es. Sie hatte ihrem Mann davon in einem Telefonat erzählt und es auch einigen der Kursteilnehmer gegenüber erwähnt.

»Dann ist der Geruch am Montag dieser Woche einfach verschwunden«, fügte sie hinzu.

»Das ist interessant«, sagte ich. »Montag war der Tag, an dem wir beschlossen haben, dir die Stelle als studentische Ausbilderin anzubieten.«

Es entstand eine kurze Pause.

»Wisst ihr, was ich denke?" Jessica lächelte. »Ich war wirklich nervös, als ich hier ankam, weil ich mir sicher war, dass ich überfordert wäre. Ich wette, dieser Geruch war Walters Art, mir zu sagen, dass schon alles gut werden würde.« Sie sah sich am Tisch um. »Es wird für uns alle gut werden.«

Dem konnte ich nur zustimmen.

Aus dem Amerikanischen übersetzt von Sabine Bühlmann.
Titel der Originalausgabe: For the Love oft he Horse, erschienen in den USA bei Trafalgar Square Books

Impressum

Umschlaggestaltung von Gramisci Editorialdesign, Isabelle Fischer, unter Verwendung zweier Farbfotos von Crissi McDonald.

Gedruckt auf chlorfrei gebleichtem Papier

Für die deutschsprachige Ausgabe:

ISBN 978-3-440-17856-0
Redaktion: Katja Pauls
Gestaltung und Satz: DOPPELPUNKT, Stuttgart
Produktion: Claudia Frank
Druck und Bindung: Friedrich Pustet GmbH & Co. KG, Regensburg
Printed in Germany / Imprimé en Allemagne